JEREMY FELDMAN
WIKI BRIGADES

EXPLORER
VIAGGIO NEL MISTERO

la case books

EXPLORER. VIAGGIO NEL MISTERO.
Jeremy Feldman, Wiki Brigades

LA CASE Books
PO BOX 931416, Los Angeles, CA, 90093
info@lacasebooks.com || www.lacasebooks.com

INDICE

Jeremy Feldman

IL SEGRETO DELLE PIRAMIDI

TRA STORIA E LEGGENDA

A Giza, non lontano dal Cairo, si ergono maestose le piramidi più famose al mondo: la piramide di Cheope, la piramide di Chefren e quella di Micerino. A tutt'oggi queste mastodontiche costruzioni conservano intatto tutto il loro fascino e il loro mistero. Decenni di studi ufficiali e ricerche archeologiche non sono riusciti ancora a trovare una risposta alle troppe domande che emergono non appena si ha la possibilità di osservare da vicino questi prodigi dell'architettura.

Secondo la versione ufficiale le piramidi di Giza sarebbero state costruite 4.500 anni fa da alcuni faraoni della quarta dinastia quali mausolei per i loro corpi dopo la morte. Questa, per l'appunto, è la versione "ufficiale". Ma allora per quale motivo all'interno di queste meraviglie architettoniche non si trova nessuna insegna o nessuna iscrizione per i posteri che ricordi il nome del loro costruttore? Perché in quelle che dovrebbero essere tombe non è mai stata rinvenuta traccia di alcuna sepoltura? Qual è il mistero che si cela dietro alla sfinge e alle tracce di erosione alla base della sua struttura?

Ma, soprattutto, siamo ancora disposti a credere che circa 30 milioni di tonnellate di roccia compatta, una quantità per capirsi sufficiente alla costruzione di una moderna città, siano stati trasportati attraverso il deserto solo a forza di braccia?

A queste e a molte altre domande ancora cercheremo di dare una risposta proponendo da una parte le teorie dell'egittologia ufficiale e dall'altra le intuizioni di una nuova generazione di studiosi che, attraverso l'ausilio delle più moderne tecnologie, stanno sfidando ogni giorno il fronte compatto dei dogmi accademici.

Questa nuova generazione di brillanti e coraggiosi ricercatori infatti negli ultimi anni ha proposto delle teorie alternative supportate da prove ed indizi che ormai non possono più essere ignorati.

UN POPOLO ANTICO E MISTERIOSO

Gran parte delle conoscenze sull'organizzazione sociale degli antichi Egizi ci sono giunte attraverso l'opera di un sacerdote del tempio di Eliopoli di nome Manetone. L'opera originale di Manetone, dal titolo la Storia dell'Egitto, scritta intorno al 3 secolo avanti Cristo, è purtroppo andata perduta per sempre. Fortunatamente, come spesso accade per documenti così antichi, molti brani di questo testo si sono salvati grazie ai commentari e alle citazioni di altri scrittori. La comunità degli storici dunque ha potuto ricostruire gran parte del testo originale grazie alle opere di Sesto Africano, Eusebio di Cesarea e Giuseppe Flavio.

Manetone suddivide la storia dell'antico Egitto in 31 dinastie di faraoni classificate a loro volta in Antico Regno, Primo Periodo Intermedio, Medio Regno, Secondo Periodo Intermedio e Nuovo regno. L'egittologia ufficiale utilizza ancora questa classificazione e per semplicità la adotteremo anche noi. Altre fonti importanti per la classificazione e la comprensione delle diverse dinastie faraoniche sono gli elenchi di Abido e quelli di Saqqara ma, soprattutto, il cosiddetto papiro di Torino. Nel tempio funebre del faraone Seti I a Abido è stato rinvenuto un prezioso elenco di ben 76 nomi di antichi regnanti. Nell'elenco di Saqqara abbiamo un'altra lista di 58 nomi, da Anedjib fino a Ramesse.

Le due liste in alcuni punti differiscono ma, sostanzialmente, ci danno un quadro abbastanza chiaro dei diversi faraoni che si sono succeduti sul trono del regno egizio in quel periodo. Il papiro di Torino si spinge più indietro nel tempo e, all'inizio di questo documento, si menzionano due dinastie che avrebbero preceduto la prima dinastia regale, ovvero le dinastie degli dei e dei semidei. Per il momento ricordiamo questa informazione, ci torneremo successivamente.

Un'altra fonte storica sull'antico Egitto è rappresentata dal secondo libro delle Storie di Erodoto. Secondo l'opinione dominante Erodoto avrebbe visitato l'Egitto intorno al 450 avanti Cristo. Le sue fonti sono state probabilmente i racconti degli eruditi locali, forse dei sacerdoti. Le notizie storiche che si possono ricavare dal testo di Erodoto sono purtroppo spesso contaminante da leggende e credenze dell'epoca che si sono rivelate in molti casi false ed inattendibili. A ogni buon conto secondo Erodoto il primo re dell'Egitto sarebbe stato Menes a cui dobbiamo la fondazione della città di Menfi. A questo primo regnante ne sarebbero succeduti 350 tra cui Cheope, Chefren e Micerino, che sarebbero stati famosi per le loro imprese militari e per aver costruito le omonime piramidi. Questa ricostruzione è la stessa che viene proposta anche dallo storico Diodoro, vissuto circa 400 anni dopo Erodoto.

Secondo gli egittologi accademici l'inizio della storia dell'Egitto antico andrebbe fatto risalire al primo sovrano della prima dinastia, quel re Menes, o Narmer secondo un'altra dizione, di cui parlava anche Erodoto. Menes avrebbe unificato l'alto e il basso Egitto verso il 3.100 avanti Cristo, proprio quando veniva inventata la scrittura: da questo momento in poi dunque dobbiamo parlare di Storia e non più di Preistoria, dato che è proprio l'invenzione della scrittura a segnare uno spartiacque fondamentale tra questi due periodi.

Ecco come lo studioso T.G.H. James descrive l'inizio della storia dell'Egitto antico e le fonti utilizzate dall'egittologia convenzionale:

«Il primo periodo storico, nel vero senso della parola, va situato nel momento in cui fu inventata la scrittura noto come Primo Periodo Dinastico, che va dal 3.100 avanti Cristo al 332 avanti Cristo e che prende il nome dalle 31 dinastie in cui tutti i re dell'Egitto sono ordinati, in base ad uno schema tramandato dall'opera di Manetone un sacerdote e storico vissuto durante il regno dei primi re tolemaici»[1].

In poche parole per gli egittologi ufficiali tutto cominciò con il re Menes per poi seguire l'ordine cronologico delle dinastie tramandatoci dal sacerdote Manetone. Secondo gli studiosi dunque prima di allora in Egitto c'erano solo dei primitivi popoli nomadi dell'età della pietra. Contrariamente a quanto si possa pensare l'egittologia è una branca della storia relativamente recente: fino al XIX secolo infatti la comunità scientifica non era in grado di decifrare i geroglifici egiziani, e quindi il maestoso passato di una delle più grandi civiltà del nostro pianeta era avvolto nella leggenda.

Fu grazie a Jean François Champollion che cadde finalmente il velo su questo eccezionale mistero archeologico: il punto di partenza fu la celebre Stele di Rosetta, un decreto redatto da Tolomeo V nel 196 a.C ed inciso su un blocco di pietra in tre lingue: geroglifico, demotico e greco. All'epoca di Tolomeo infatti nella zona dell'odierno Egitto venivano correntemente parlati diversi idiomi tra cui il greco. La Stele di Rosetta venne rinvenuta dalle truppe napoleoniche in Egitto nel 1799. In molti tentarono di decifrare quell'eccezionale reperto archeologico ma fu Champollion, nel 1822, il primo a riuscirci. Sempre a Champollion si deve il ritrovamento dei molti frammenti che compongono il Papiro Reale di Torino, conservato nel celebre museo egizio del capoluogo piemontese.

Ecco come Champollion descrisse l'emozione provata di fronte a quel documento di importanza capitale in una lettera al fratello scritta nel 1824:

---

[1] T.G.H. James, *Ancient Egypt: The Land and Its Legacy*, British Museum Press, 1998.

«Il papiro più importante, quello di cui rimpiangerò per sempre la quasi completa mutilazione, e che era un vero tesoro per la storia, è una "tavola cronologica", un vero e proprio "computo reale" in ieratico, che nel suo stato originario conteneva un numero di dinastie almeno quattro volte superiore a quello della Tavola di Abido. Ho raccolto in mezzo alla polvere una ventina di frammenti, pezzetti talvolta non più grandi di uno o due pollici, che tuttavia contengono i nomi più o meno mutilati di settantasette faraoni […] e sono convinto che appartenessero tutti alle dinastie anteriori [...]»[2].

Proviamo a fermarci per un attimo. Facciamo un passo indietro ed andiamo a vedere cosa ha detto di preciso Manetone. Il sacerdote e storico tolemaico in realtà parla di un periodo antecedente a quello delle dinastie faraoniche, il cosiddetto Zep Tepi, ovvero il primo tempo o età dell'oro. Secondo Manetone in quel periodo sull'Egitto regnarono le stirpi di dei e semidei, non proprio semplici "rozzi nomadi del deserto". Il primo periodo degli dei sarebbe culminato con il regno di Horo, il figlio di Iside ed Osiride. Questa dinastia divina si sarebbe successivamente corrotta mescolandosi con l'uomo, dando quindi origine al periodo dei cosiddetti semidei. Solo alla fine di questo periodo sarebbe cominciata la dinastia degli uomini con Menes e i faraoni successivi.

Manetone è ancora oggi la fonte più accreditata per chi voglia studiare le diverse dinastie regali dell'antico Egitto. In tutti questi anni gli elenchi del sacerdote tolemaico si sono sempre dimostrati accurati e precisi, e hanno trovato conferma in diverse altri fonti antiche come le liste di Adibo e Saqqara. Per quale motivo, si chiedono ancora oggi in molti, Manetone viene ritenuto una fonte affidabile solo quando parla delle dinastie umane, mentre viene liquidato come un fantasioso dalla grande immaginazione quando parla delle dinastie di dei e semidei? È possibile prendere una fonte e utilizzarne solo la parte che ci si sembra più verosimile scartando tutto il resto? Su che base possiamo determinare questa cesura netta tra verità storica e fantasia? È possibile avanzare delle ipotesi concrete su questi cosiddetti dei e semidei della preistoria dell'antico Egitto?

A tal proposito l'egittologo non convenzionale Graham Hancock ha un'idea molto precisa:

«Non ho dubbi che gli egizi fossero gli eredi di conoscenza e saggezza più antiche. È assurdo credere, come fanno gli egittologi, che questi monumenti siano stati la creazione dell'infanzia di una civiltà. Questi monumenti secondo me sono l'approdo di qualcosa non il suo inizio»[3].

---

[2] Jean-François Champollion, *Lettre Sur La Découverte Des Hiéroglyphes Ac*, Nabu Press, 2010.

[3] Graham Hancock, *Fingerprints of the Gods: The Evidence of Earth's Lost Civilization*, Random USA, 2017.

LE ANTICHE PIETRE

Passiamo ora ad analizzare più da vicino le piramidi della piana di Giza. Oggi Giza è un sobborgo del Cairo, distante appena 20 chilometri dal centro della capitale egiziana. Su un piano roccioso si trovano alcuni tra i più stupefacenti capolavori che la storia ricordi: la piramide di Cheope, la piramide di Chefren, quella di Micerino e l'inquietante monumento chiamato Grande Sfinge. Secondo la storiografia ufficiale le tre piramidi portano il nome dei faraoni che le avrebbero costruite durante la quarta dinastia, vale a dire circa 4500 anni fa. La più grande e allo stesso tempo la più antica delle 3 piramidi è quella di Cheope che, secondo la versione ufficiale, sarebbe stata edificata intorno al 2.570 avanti Cristo.

La Piramide di Cheope

Per circa 3.800 anni questo imponente edificio è stato la costruzione più alta sulla faccia della Terra, ovvero fino a quando non ha ceduto il primato alla cattedrale di Licoln in Inghilterra nel 1.300 dopo Cristo. Quando venne eretta, la piramide di Cheope era alta circa 146 metri. Oggi la sua altezza è di 138 metri ed è pertanto pertanto di poco più alta della piramide di Chefren, che misura 136 metri. Originariamente la piramide di Cheope era interamente rivestita di lastroni di pietra di Tura perfettamente levigati del peso di oltre 4 tonnellate ciascuno. Questa copertura rendeva la piramide brillante e il suo scintillio era visibile a chilometri di distanza. Tutte le lastre di pietra levigata vennero distrutte da un tremendo terremoto che colpì la zona del Cairo nel 1301 dopo Cristo. La pietre vennero quindi utilizzate dagli abitanti della capitale come materiale da costruzione. Le pochissime lastre di Tura ancora visibili sono tutte collocate sul lato nord della costruzione, lo stesso lato dove si trova l'ingresso originale della piramide.

La piramide copre una superficie di oltre 5 ettari. Il quadrato che sta alla base della piramide ha una lunghezza di circa 230 metri per lato. La costruzione è precisissima, si si pensa che nei quattro lati della base abbiamo un errore medio di soli 1,52 cm in lunghezza. In sostanza stiamo parlando di un quadrato quasi perfetto. Considerate le dimensioni del fabbricato anche con l'ausilio delle più moderne e sofisticate tecnologie di oggi sarebbe a dir poco difficile ottenere un risultato del genere.

I lati del quadrato sono posizionati in posizione praticamente perfetta lungo le direttrici Nord-Sud ed Est-Ovest. Le quattro facce della piramide infatti presentano uno spostamento di soli 3 minuti di grado, pari allo 0,0015%, esattamente la metà di quanto ottenuto dagli architetti che hanno costruito l'osservatorio astronomico di Parigi nel diciassettesimo secolo dopo Cristo. I lati della piramide hanno un'inclinazione di 51° 50' 35" e non potrebbe essere altrimenti. Pensate che se l'inclinazione fosse stata anche impercettibilmente diversa tutta la struttura sarebbe collassata su se stessa. In poche parole ci troviamo di fronte ad un gioiello dell'architettura e dell'ingegneria che per precisione ed accuratezza non ha nulla da invidiare alle più moderne costruzioni. Va anche ricordato che la piramide di Cheope è l'unica delle sette meraviglie del mondo antico che sia giunta pressoché intatta fino ai giorni nostri.

L'ingresso originale della piramide si trova a 17 metri dal suolo. A partire da questo ingresso si dirama un passaggio alto circa 95 cm e largo non più di un metro che scende attraverso le pietre della piramide con un angolo di 26° fino al basamento di roccia su cui sorge la costruzione. Dopo circa 105 metri il passaggio prosegue in linea orizzontale e continua per 8,84 metri fino alla cosiddetta Camera Inferiore che sembra non essere stata terminata. Secondo alcuni egittologi accademici questa doveva essere l'originale camera sepolcrale, ma il faraone avrebbe cambiato idea in corso d'opera chiedendo che la camera fosse collocata più in alto nella piramide.

Oggi i visitatori accedono alla piramide di Cheope attraverso il pozzetto che ha preso il nome da Al Mamum, un califfo arabo che ha scavato questo ingresso intorno all'anno 800 dopo Cristo. A quell'epoca l'ingresso originale era perfettamente mimetizzato dalle lastre levigate che ricoprivano la piramide. Per accedere all'interno Al Mamum fece quindi praticare un foro sulla struttura esterna.

Non lontano dalla piramide di Cheope sono state trovate sepolte sette navi. Secondo l'interpretazione corrente questi battelli sarebbero state le imbarcazioni a bordo delle quali il sovrano defunto doveva affrontare il suo viaggio nell'aldilà. Salendo verso il vertice della piramide incontriamo la cosiddetta Camera della Regina, un vano misterioso la cui funzione è a tutt'oggi un'incognita senza risposta per storici ed archeologi. Secondo gli egittologi sarebbe un ennesimo cambio di progetto voluto da un faraone incontentabile ed indeciso, ma non esistono prove documentali che sostengano questa ipotesi.

Nelle pareti nord e sud della camera si aprono dei cunicoli che si sviluppano orizzontalmente per due metri, per poi puntare verso l'alto. I due metri di collegamento orizzontale non fanno parte del progetto originale, ma furono intagliati nella pietra nel 1872 da Waynman Dixon, un ingegnere britannico che aveva avuto l'intuizione dell'esistenza di questi passaggi. I cunicoli non hanno collegamenti con le facciate esterne delle piramidi e, come abbiamo già detto, non sfociavano nemmeno nelle camera della regina. In pratica si trattava di due canali intagliati nella roccia la cui funzione resta ancora oggi assolutamente misteriosa. Nel 1992 l'ingegnere tedesco Rudolf Gantenbrink tentò una prima esplorazione del cunicolo sud utilizzando un piccolo robot radiocomandato dotato di un apparecchio fotografico ad alta tecnologia. Al termine del cunicolo il robot incontrò una porta di calcare costituita da una lastra bloccata da due cardini in metallo. Pochi anni dopo un team della National Geographic Society ci riprovò con un robot di ultima generazione che riuscì a perforare la lastra di calcare e a procedere per pochi centimetri lungo lo stretto passaggio, salvo fermarsi di fronte ad una nuova porta ancora più robusta della precedente.

Che cosa si cela di così importante alla fine di un cunicolo la cui esistenza non doveva neppure essere resa nota? Quale oggetto può avere un valore tale da richiedere un sistema di sicurezza in grado di resistere per migliaia di anni a tecnologie così avanzate? L'archeologo egiziano Zahi Hawass è convinto che queste porte nascondano la vera camera funeraria di Cheope e che, dunque, le altre stanze sarebbero semplicemente dei trucchi per ingannare i ladri di tombe. Proseguendo verso il vertice della piramide incontriamo quella che per convenzione accademica viene definita la camera del re.

La camera del Re

Le pareti di questo vano sono interamente ricoperte di granito intagliato con una precisione tale che non è possibile inserire nemmeno un lametta tra un blocco e l'altro.

Leggiamo l'opinione del celebre studioso Robert Bauval in proposito:

«Questo fatto è certamente la prova di una tecnologia molto avanzata e di una progettazione molto rigorosa. Queste non erano genti che usavano schiavi come manodopera e facevano errori grossolani, e non erano certamente genti che cambiavano facilmente idea sulla posizione della camera funeraria all'interno di una piramide. Cambiare il progetto interno una sola volta è follia edificatoria. Cambiarlo non una sola volta ma due è inconcepibile»[4].

All'interno della camera del re si trova solamente un sarcofago scolpito in un blocco di granito. Questo sarcofago è più largo del passaggio che porta alla camera del re quindi deve essere stato messo in opera prima che fosse completato il soffitto. Sentiamo a proposito cosa ne pensa l'americano Christopher P. Dunn, esperto in perforazioni:

«Questo è un oggetto incredibile. È un mistero. Come hanno fatto a costruirlo? La tipica maniera primitiva per farlo sarebbe stato impiegando una sega a staffa con un trapano ad archetto e si sarebbero fatti strada con l'attrezzo nel blocco utilizzando della sabbia o un diamante. Secondo me questo sistema sarebbe stato troppo lungo e sarebbe durato troppi

---

[4] Robert Bauval, Adrian Gilbert, *The Orion Mystery: Unlocking the Secrets of the Pyramids*, Crown, 2010.

anni. Credo quindi che l'abbiano fatto con qualche attrezzo a motore»[5].

Ad ogni modo la Camera del Re è situata a poco più di 42 metri d'altezza dalla base della Piramide. Se si calcola che la Piramide di Cheope originariamente misurava circa 150 metri allora bisogna tener conto che sul soffitto di questo vano gravava un peso di diverse migliaia di tonnellate. Per evitare che il soffitto crollasse dunque ci fu l'esigenza di creare cinque camere di compensazione, vani di altezza ridotta ma con perimetro uguale alla camera del Re. Si tratta di camere sovrapposte in modo tale che una sola lastra di granito fa da soffitto a una e da pavimento per quella sovrastante. All'interno di queste stanze sono state ritrovate anche alcune scritte, lasciate verosimilmente dai capimastro egizi durante la lavorazione della piramide. È proprio tra queste scritte che ci sarebbe l'iscrizione che, nonostante le molte polemiche degli studiosi a proposito, attribuisce la piramide al Faraone Cheope.

Quelle delle camere di compensazione però non è una teoria che ha messo d'accordo tutti gli studiosi. Se si osserva la sezione della Piramide infatti la zona della Camera del Re potrebbe sembrare un gigantesco Zed, antico simbolo legato ad Osiride, formato da una torre intervallata da tre o più livelli, una struttura appunto molto simile alla sezione della piramide di Cheope. Alcuni studiosi non convenzionali hanno avanzato l'ipotesi che lo Zed, o più propriamente il materiale con cui era costruito, avesse anticamente la capacità di "rovesciare il tempo", e che di conseguenza l'intera piramide di Cheope non fosse altro che una macchina del tempo capace di ringiovanire chi si trovasse al suo interno.

In molti hanno pensato che questa stanza dunque potrebbe essere stata qualcosa di diverso da una semplice camera funeraria, ed ecco che acquistano maggior senso le parole dell'archeologo Zahi Hawass che appunto parlava di finte camere mortuarie. Innanzitutto ci troveremmo di fronte all'unica camera funeraria posta sopra il livello della sabbia.

Fa molto pensare anche la totale assenza di geroglifici e decorazioni alle pareti, particolari che invece sono molto comuni in tutte le tombe dei sovrani egizi. Non va dimenticato che perfino l'attribuzione a Cheope è molto discussa. Fino al ritrovamento delle discusse scritte all'interno di una delle camere di compensazione infatti l'unica fonte che attribuiva a Cheope questa piramide era il greco Erodoto. In fin dei conti però l'intera piramide di Cheope appare come un'opera troppo complessa e architettonicamente troppo sofisticata per un popolo uscito da poco dall'età della pietra.

Nel corso degli anni se ne sono sentite di tutti i colori sulla piramide di Cheope: centrale energetica, rifugio antiaereo contro le meteoriti, amplificatore del suono primordiale del pianeta per gli antichi Dei, punto di riferimento per viaggiatori stellari, enorme pompa idrica per irrigare le coltivazioni egizie, osservatorio astronomico...

Alcune di queste teorie affondano le loro radici in idee tanto affascinanti quanto inconsistenti, altre invece hanno dalla loro un punto di partenza puramente algebrico. Proprio per questo motivo abbiamo deciso di soffermarci su alcuni dati tecnici: la piramide occupa una superficie di circa 53.000 metri quadrati e, secondo le stime più recenti, è composta da oltre 2 milioni di singoli blocchi di pietra del peso medio di 2.5 tonnellate

---

[5] Christopher P. Dunn, *The Giza Power Plant: Technologies of Ancient Egypt*, Bear & Co., 1998.

ciascuno. Alla base dell'edificio sono state usate le pietre più grandi e pesanti mentre via via che si sale in altezza le pietre diventano più piccole. Alcuni materiali, come le lastre di sostegno della camera del re sono addirittura più pesanti ancora. Stiamo parlando di diverse tonnellate, ovvero più del peso di 100 moderne automobili assieme. Secondo gli esperti il peso complessivo della struttura sarebbe di non meno di 6 milioni di tonnellate. Un peso a dir poco incredibile.

Allora come è stato possibile per un popolo che, è bene ricordarlo, possedeva attrezzi e strumenti piuttosto rudimentali, estrarre, trasportare ma soprattutto mettere in opera questi enormi blocchi a oltre 100 metri di altezza? I blocchi più vicini al vertice si trovano a più di 130 metri dal suolo e secondo gli esperti pesano circa 2 tonnellate ciascuno. Come si può far raggiungere quel tipo di altezze ad una roccia del peso di due automobili senza l'ausilio di una gru?

E, infine, come potevano gli Egizi sapere che tutta la piana di Giza poggia su un unico zoccolo di roccia in grado di sostenere questi enormi pesi senza aver avuto la possibilità di fare un trivellazione in profondità del terreno? Abbandoniamo per un attimo queste considerazioni, ci torneremo in seguito.

Dentro alla Piramide

Continuiamo il nostro viaggio all'interno della piramide di Cheope. Sopra la camera si trovano cinque comparti vuoti probabilmente con funzioni di scarico del peso della struttura. In una pietra di questi comparti è stato repertata una roccia con un simbolo, probabilmente un marchio di cava, che secondo alcuni sarebbe un riferimento al faraone Cheope.

Se confermato oltre ogni ragionevole dubbio sarebbe l'unico riferimento diretto a Cheope nell'intera struttura. La camera del re nasconde un ultimo inquietante enigma. Dalle sue pareti partono due condotti, perfettamente levigati, che vanno a sbucare nelle pareti nord e sud della piramide. Secondo alcuni si tratterebbe di banali condotti di aerazione anche se apparentemente la lunghezza e il percorso da essi seguito non sembra permettere l'ingresso spontaneo di aria nella struttura.

Vediamo cosa ne pensa Graham Hancock :

«In nessun modo questi potrebbero essere condotti di aerazione. È tutto troppo complesso, essi rimontano su un piano inclinato fino all'esterno della piramide. Devono aver avuto una funzione ben più elevata»[6].

Secondo alcuni si tratterebbe di passaggi creati per permettere all'anima del re defunto di

---

6 Graham Hancock, op. cit.

ascendere al cielo. Secondo una più recente interpretazione però questi fori sarebbero orientati con sorprendente precisione verso alcune stelle: un foro puntava su Alfa Draconis l'equivalente dell'odierna stella polare al tempo delle piramidi. Un secondo foro invece era orientato verso l'orsa minore. Leggiamo cosa ne pensa sempre Graham Hancock, che è uno dei più fieri sostenitori del rapporto tra le piramidi e l'astrologia:

«Gli studiosi dicono che gli antichi egizi non avevano un alta conoscenza dell'astronomia ma qui abbiamo le prove del fascino e della sofisticata conoscenza che essi avevano del cielo. Abbiamo l'intrinseco aspetto astronomico delle piramidi e abbiamo l'allineamento astrale dei fori. Tutti questi indizi ci suggeriscono che la risposta non è quaggiù ma lassù, in cielo»[7].

Per capire fino in fondo la portata di questi recenti studi dobbiamo ricordare che le costellazioni visibili migliaia di anni fa non sono le stesse che possiamo vedere oggi. Questo è dovuto al fenomeno della precessione, ovvero del movimento della Terra intorno al proprio asse. Si tratta di una specie di oscillazione che porta la Terra a muoversi un po'
come una gigantesca trottola. A causa di questo fenomeno, nei secoli, si rendono visibili porzioni di cielo diverse e gli allineamenti astrali di epoche passate possono differire anche notevolmente rispetto a quelli odierni.

La Piramide di Chefren

Poco lontano dalla piramide di Cheope sorge maestosa la piramide di Chefren, il figlio di Cheope. Particolare curioso, questa costruzione ha due ingressi, entrambi appartenenti al disegno originale ed entrambi rivolti a nord: uno all'altezza del suolo ed un altro a circa 11 metri di altezza. Al vertice della piramide sono ancora visibili i resti del rivestimento originale. La base della costruzione è rivestita di granito proveniente dalle cave di Assuan nel sud dell'Egitto. La piramide poggia su uno zoccolo di pietra di 10 metri di altezza. Sul lato settentrionale e su quello occidentale sorge una cava dalla quale sono stati estratti gran parte dei blocchi usati per la costruzione. Avvicinandosi alla cava si scorgono ancora i segni lasciati sul terreno e sulla roccia dalle operazioni di estrazione.

Ciò che ha sempre impressionato tutti gli studiosi è la precisione e la pulizia dei solchi. Solchi e linee così nitide e precise si possono vedere solo nelle cave moderne dove vengono utilizzati strumenti per l'estrazione altamente sofisticati e meccanizzati. Come è stato possibile per un popolo che aveva semplici strumenti in legno e rame estrarre delle rocce pesanti diverse tonnellate con quell'apparente semplicità? Secondo molti studiosi, tra cui Horst Bergmann e Frank Rothe, dobbiamo per lo meno ipotizzare che chi ha estratto quelle rocce possedesse alcune conoscenze tecniche e strumentazioni di precisione di cui ignoriamo completamente l'origine.

Una volta entrati attraverso l'ingresso al livello del suolo si prosegue attraverso un tunnel

---

[7] Ib.

che scende per circa 32 metri fino ad arrivare a quella che secondo gli egittologi accademici sarebbe la camera sepolcrale di Chefren. Il vano misura circa 14 metri per 5 ed è interamente scavato nella roccia. Al suo interno venne ritrovato un unico sarcofago di granito rosso spezzato. Nessuna iscrizione riportante il nome di Chefren è stata mai repertata all'interno della piramide. Dalla camera sepolcrale si risale attraverso una stretta galleria che porta a due camere unite da un corridoio orizzontale. La funzione di questi due vani e tutt'oggi sconosciuta e per alcuni egittologi si tratterebbe del risultato di un cambiamento del progetto in corso d'opera, un po' come quelli già visti nella piramide di Cheope. Ma come si conciliano la sorprendente perfezione di queste costruzioni con questo apparente pressappochismo nella gestione del progetto? Siamo ancora disposti a credere che questo popolo da un lato calcolasse con precisione millimetrica l'angolo di inclinazione dei lati delle piramidi col solo ausilio di strumenti rudimentali e poi, una volta dentro la piramide, cambiasse idea diverse volte sul da farsi scavando stanze e cunicoli assolutamente inutili?

Se questa tesi fosse vera saremmo di fronte ad errori madornali, assolutamente incompatibili con la maestosa armonia di queste costruzioni. Evidentemente ancora oggi c'è qualcosa che ci sfugge. Purtroppo sappiamo per certo che la piramide di Chefren venne violata diverse volta già a partire da epoche remote. Secondo alcune testimonianze nel 1.372 dopo Cristo, infatti, la piramide era accessibile ed aperta. Negli anni successivi però venne chiusa e ben presto si perse ogni memoria dell'ingresso. Soltanto nel 1.818 l'esploratore ed avventuriero italiano Giovanni Belzoni riuscì nuovamente ad individuare l'ingresso della costruzione. Dopo di allora venne esplorata in ogni sua parte solo nel 1.837.

La Piramide di Micerino

Proseguendo oltre la piramide di Chefren dopo 450 metri ci imbatte nella più piccola delle tre grandi piramidi di Giza, la piramide di Micerino. Di dimensioni notevolmente più contenute rispetto alle precedenti due, è alta solo 62 metri, la piramide di Micerino è tuttavia caratterizzata da una struttura interna più complessa e da decorazioni più ricche.

Varcato l'ingresso si scende per circa 30 metri attraverso una galleria rivestita in prezioso granito rosso che sbuca in un ambiente finemente decorato da una splendida serie di bassorilievi. Da questa stanza parte un altro corridoio che giunge in quella che secondo gli studiosi dovrebbe essere la camera mortuaria originale, all'interno della quale troviamo un alloggiamento per contenere un sarcofago. Da questa stanza parte un corridoio che non porta da nessuna parte. Anche in questo caso gli studiosi non hanno saputo trovare una spiegazione migliore del "solito" cambiamento del progetto avvenuto durante le fasi di costruzione. Una rampa porta quindi ad un'altra stanza, che è la camera mortuaria vera e propria.

All'interno di questo vano nel 1837 gli esploratori inglesi Richard Vyse e John Perring rinvennero uno straordinario sarcofago di basalto. Il prezioso manufatto a quanto pare era completamente vuoto, molto probabilmente già depredato dai ladri di tombe nell'antichità. Lo straordinario reperto venne comunque imbarcato pochi mesi dopo per essere spedito al

British Museum di Londra ma affondò assieme alla nave che lo trasportava poco lontano dalle coste di Cartagena. Di questo inestimabile manufatto purtroppo oggi ci resta solo un disegno.

A differenza della piramide di Chefren quella di Micerino, se si escludono i cacciatori di tombe, restò praticamente inviolata fino al secolo scorso. Già nell'antichità si perse memoria del suo ingresso, ragion per cui per secoli circolarono leggende sui favolosi tesori che essa avrebbe custodito. Forse convinto da queste dicerie il figlio di Saladino, il sultano Al-Malik Al-Aziz, diede ordine nel 1.196 dopo Cristo di smantellare la costruzione nella speranza di trovarvi all'interno incredibili ricchezze. Dopo un lavoro di quasi un anno la squadra messa in campo dal sultano però abbandonò il campo. Gli uomini di Al-Malik erano riusciti solo a spostare qualche masso della parete nord. La piramide di Micerino, la più piccola e la meno robusta delle tre aveva sconfitto la superbia e la tecnologia degli arroganti uomini medievali.

La Grande Sfinge

Sempre sulla piana di Giza, non lontano dalle tre grandiose piramidi, si erge maestoso il quarto e forse più misterioso monumento dell'intera area, la Grande Sfinge. La statua della sfinge raffigura un essere dalla testa umana e dal corpo di leone. A differenza di altre sculture simili, anche se di dimensioni notevolmente inferiori, che si possono incontrare in Egitto, la Sfinge di Giza è un monumento isolato. Di solito infatti questa tipologia di statue veniva posta al suolo in coppie a guardia di un tempio o di un altro edificio.

La Grande Sfinge è lunga circa 75 metri, alta 20 e larga 6. A prima vista ci si accorge subito che c'è qualcosa che non va nelle proporzioni. Il corpo di leone infatti risulta esageratamente grande rispetto alla testa umana che sorregge. Dall'analisi della struttura geologica della statua sono emerse alcuni particolari interessanti. Innanzi tutto la sfinge fu realizzata scolpendo roccia viva. In alcuni casi è possibile notare l'aggiunta di alcuni blocchi di roccia provenienti da altre cave, ma si tratta solo di materiale utilizzato per riparazioni o restauri.

L'analisi della roccia poi ha evidenziato che la statua è composta da tre strati rocciosi:

- la base del corpo è di roccia calcarea non molto resistente;
- la parte al centro del corpo è di qualità leggermente superiore rispetto alla base ma si tratta comunque di una roccia non particolarmente solida;
- man mano che saliamo verso il collo e la testa la qualità della roccia migliora notevolmente e, infatti, ancora oggi queste sono le parti meglio conservate dal punto di vista geologico

Osservando da vicino il volto della sfinge ci accorgiamo però che molti dei dettagli del viso sono danneggiati in maniera irreparabile. Questo è dovuto non tanto all'azione del tempo ma a quella dell'uomo. Sembra infatti che alcuni sceicchi mossi da fervore religioso abbiamo ordinato, nei secoli passati, di sfigurare il manufatto.

La testa della sfinge è stata scolpita molto probabilmente durante la quarta dinastia, intorno al 2.500 avanti Cristo. La fisionomia del volto, il copricapo ed alcuni simboli rimandano senza ombra di dubbio a quel periodo storico. Come dicevamo, però, le dimensioni del capo non sono proporzionate con il resto del corpo.

Questo particolare ha spinto alcuni ad ipotizzare che la testa come la conosciamo noi oggi sia in realtà il frutto di una nuova scultura ottenuta sbozzando l'originale che, naturalmente, doveva essere di dimensioni più grandi. Secondo questa teoria la testa originale sarebbe stata modificata e probabilmente riadattata ai canoni e alla sensibilità artistica del momento. Se questa intuizione venisse confermata allora potremmo non solo parlare di due diversi stili, ma anche di due diverse datazioni del manufatto: una per il corpo e una successiva per il volto.

L'egittologia convenzionale dibatte ancora sull'identificazione del volto della sfinge. Per alcuni si tratterebbe di Chefren per altri addirittura di Cheope. A tutt'oggi non esiste un parere concorde su questo punto. Nei secoli in molti hanno creduto che, come nel caso delle tre grandi piramidi, anche la statua delle sfinge nascondesse al suo interno delle camere e dei cunicoli.

Oggi esistono tre gallerie create dall'uomo in epoca moderna. Una di queste gallerie venne scavata nel diciannovesimo secolo dalla coppia di esploratori inglesi Perring e Vyse durante un loro tentativo di localizzare un stanza segreta all'interno della testa. Gli altri due cunicoli sono stati con ogni probabilità scavati su ordine di qualche sceicco. Nonostante questi maldestri tentativi nessun vano o camera nascosta è stato mai trovato all'interno della Sfinge.

È importante ricordare che per molti secoli la Sfinge è rimasta coperta dalla sabbia del deserto fino al collo. Nonostante questa sorta di protezione naturale la parte centrale e soprattutto la base della statua risultano solcate da profonde rughe di corrosione. Questo fenomeno insolito, secondo alcuni archeologi, sarebbe dovuto alla scadente qualità della roccia.

Per altri il fenomeno sarebbe dovuto all'azione deteriorante dell'umidità notturna che penetrerebbe dentro gli interstizi della roccia, per poi evaporare alle prime luci dell'alba. Questa lenta ma inesorabile azione meccanica dell'acqua avrebbe intaccato e corroso la roccia.

Il Mistero della Sfinge

Non tutti però la pensano così. Uno di questi è il ricercatore John Anthony West. West è stato il primo ad accorgersi che la base della sfinge ed il suo corpo presentano le tipiche tracce lasciate dall'azione incessante di un flusso d'acqua. Si tratterebbe in sostanza delle striature che possiamo vedere sul fondo di una cascata o lungo i canyon americani che, come la geologia ci insegna, una volta erano coperti dagli oceani:

«Non è necessario essere un geologo per osservare e scoprire la causa di quel tipo di deterioramento. Solo l'acqua scendendo copiosa sulla parete può aver prodotto questi contorni arrotondati»[8].

Com'è possibile che una tale quantità d'acqua sia piovuta nel deserto del Sahara? Gli scienziati non hanno tracce geologiche di piogge importanti su questa regione negli ultimi 10.000 anni, mentre nei libri di storia leggiamo che l'intera statua della sfinge è stata scolpita solo 4.500 anni fa. È possibile che queste erosioni siano quindi state opera degli straripamenti del Nilo, che come sappiamo allagavano gran parte dei terreni circostanti con cadenza annuale? La risposta è no: se così fosse le tracce lasciate sulla roccia avrebbero una conformazione del tutto diversa. Questi segni sono stati prodotti dall'azione di acqua che è caduta dall'alto, su questo nessun geologo ha nessun dubbio.

Leggiamo a tal proposito cosa dice lo stesso West:

«Le inondazioni del Nilo si sarebbero insinuate dal basso. Se fosse stato il Nilo a creare queste tracce dovremmo avere uno schema di erosione diverso. Le pareti dovrebbero mostrare delle rientranze dal basso verso l'alto cioè troveremmo erosioni più profonde nella parte bassa non in quella alta e non ci sarebbero quelle fessure profonde»[9].

Ma non limitiamoci a West, quella che segue è la testimonianza di un altro geologo, Robert Schoch, che ha compiuto approfonditi studi sulla Sfinge:

«Ho studiato il monumento dal punto di vista geologico, perché sono un geologo. Tradizionalmente la sfinge è stata datata intorno al 2.500 avanti Cristo. Molti egittologi hanno sostenuto che è stata costruita dal faraone Chefren, nel 2.500 avanti Cristo appunto. Osservando gli aspetti geologici, i segni del tempo e quelli delle erosioni io sono giunto a concludere che il corpo della sfinge, che è la parte più antica, risale almeno al 5.000 avanti Cristo quindi una data antecedente di almeno 2.500 anni rispetto alla data tradizionalmente accettata. Ma la datazione potrebbe essere addirittura più antica. Potrebbe insomma risalire al periodo pre-dinastico prima della fondazione dell'Egitto e delle dinastie dei faraoni come la conosciamo noi»[10].

Qualcuno si è chiesto quindi perché la testa della sfinge non presenti queste tracce di erosione. Una risposta plausibile potrebbe essere che il materiale di cui è composto il capo è molto più resistente rispetto al resto della scultura. Non dimentichiamo poi che, data la sproporzione tra il capo ed il corpo della scultura, possiamo addirittura pensare che la testa non sia affatto quella originale. Non possiamo per tanto escludere, a livello teorico, che

---

[8] John Anthony West, *Serpent in the Sky: The High Wisdom of Ancient Egypt*, Quest Books, 2012.

[9] Ib.

[10] Robert Schoch, *Forgotten Civilization: The Role of Solar Outbursts in Our Past and Future*, Inner Traditions, 2012.

anche la testa avesse traccia dello scorrimento dell'acqua ma che ad un certo punto sia stata totalmente riscolpita sbozzando l'originale, cancellando così per sempre ogni traccia del passaggio dell'acqua. A tutt'oggi, comunque, l'egittologia ufficiale non è riuscita dare una valida spiegazione a quello che resta uno dei tanti enigmi senza risposta legato alla piana di Giza.

LE ALTRE PIRAMIDI IN EGITTO
E NEL RESTO DEL MONDO

L e tre piramidi della piana di Giza non sono le uniche piramidi che la civiltà egizia ci ha lasciato in eredità. Contrariamente a quanto si crede infatti sono giunte fino a noi circa un centinaio di piramidi. Si tratta di costruzioni che hanno peculiarità e caratteristiche molto diverse tra loro. Tra tutte le 31 dinastie solo la quarta è stata in grado di costruire ben 10 piramidi in un periodo di tempo stimato di circa 100 anni.

Analizzando queste costruzioni da vicino si può vedere facilmente la cesura netta che esiste tra le costruzioni della quarta dinastia e quelle delle dinastie che l'hanno preceduta o seguita. Per esempio le piramidi della terza dinastia, quella che secondo i libri di storia ha cominciato a edificare questo tipo di costruzioni, sono tutte molto più modeste rispetto alle piramidi di Cheope e Chefren. Inoltre sono costruite con blocchi di pietra più piccoli e leggeri.

Anche all'interno differiscono notevolmente. Queste piramidi, infatti, pur avendo dimensioni molto più contenute, nei loro meandri nascondono un gran numero di camere ed ambienti. Le grandi piramidi della piana di Giza invece, pur essendo delle autentiche montagne di pietra, hanno al massimo due o tre locali al loro interno. Insomma le piramidi della terza dinastia appaiono nel complesso più coerenti con il periodo storico in cui si presuppone che vennero costruite. La tecnologia dell'epoca, infatti, poteva permettere tranquillamente la costruzione di edifici di questo tipo, che sono molto più piccoli e di gran lunga meno precisi rispetto alle grandi piramidi che, secondo l'archeologia convenzionale, sarebbero state costruite solo una manciata di anni dopo.

La piramide di Saqqara

La piramide di Saqqara, nota anche come piramide a gradoni di Zoser, venne costruita con mattoni d'argilla e piccoli blocchi di pietra durante il regno del faraone Zoser della terza dinastia, che regnò tra il 2.630 e il 2.611 avanti Cristo. La piramide in questione è una struttura a gradoni costruita partendo da una base quadrata a cui sono stati via via aggiunti negli anni diversi piani, utilizzando tecniche e materiali diversi. Al suo interno si trova un complesso sistema di tunnel e gallerie lungo oltre 5 chilometri attraverso il quale si accede a decine di stanze, vani e celle.

La piramide di Maidum

Il primo faraone della quarta dinastia fu Snefru che, molto presumibilmente, venne incoronato intorno al 2.620 avanti Cristo. Anch'egli si cimentò con la costruzione di piramidi, anzi se si considera il volume totale delle piramidi costruite durante il suo regno, Snefru può essere considerato il più grande costruttore di piramidi d'Egitto. A lui dobbiamo la famosa piramide di Maidum e le due piramidi di Dahshur, ovvero la piramide romboidale e la cosiddetta piramide rossa.

Non si hanno notizie precise sulla durata del regno di Snefru anche se gli storici pensano che sia durato tra i 24 e i 48 anni.

La piramide di Maidum venne presumibilmente progettata per essere una piramide a 7 gradoni, successivamente il progetto venne modificato varie volte e non siamo in grado di dire con esattezza a quale altezza arrivò la piramide finita. Oggi restano solo un edificio a 3 gradoni circondato dalla sabbia e dai cumuli delle macerie dei massi che completavano i restanti piani dell'edificio. Dall'analisi di queste macerie è stato possibile stabilire che la piramide fu costruita utilizzando tecniche e materiali diversi e seguendo schemi di progettazione e realizzazione assai differenti nelle varie fasi. L'interno della piramide è per certi aspetti più simile alle famose piramidi di Giza rispetto alle piramidi precedenti.

Si accede alla costruzione da un cunicolo sul lato settentrionale che porta alle stanze che sono di dimensione e numero minori rispetto ai vani presenti nelle piramidi della terza dinastia.

Secondo gli storici Snefru avrebbe abbandonato la costruzione della piramide di Maidum dopo circa 15 anni lasciandola incompleta mentre si dedicava alla costruzione delle piramidi di Dahshur. I motivi di questa scelta sono a tutt'oggi un mistero.

La piramide di Dahsur

Spostate le maestranze a Dahshur, una località a circa 40 chilometri da Giza, il faraone diede ordine di costruire la famosa piramide romboidale. Secondo recenti studi questo edificio originariamente doveva essere una piramide a gradoni, ma la cedevolezza del terreno unita a diversi errori nel calcolo dell'inclinazione costrinsero le maestranze a numerosissime modifiche in corso d'opera. Per tutti questi motivi alla fine, per evitare che la struttura collassasse sotto il suo peso, si dovette costruire una specie di solido irregolare a forma di rombo. Per qualche oscura ragione questa piramide è l'unica ad avere, oltre all'ingresso sulla parete nord, anche un secondo ingresso sulla parete rivolta ad ovest.

La piramide rossa

Terminata la piramide romboidale Snefru diede ordine di costruire una terza piramide, oggi conosciuta come piramide rossa. Per altezza e volume la piramide rossa è la terza piramide d'Egitto dopo quelle di Cheope e Chefren. Ultimato questo progetto le maestranze di Snefru tornarono a Maidum dove completarono la piramide a gradoni nei modi che abbiamo già visto. A Snefru succedette Cheope, a questi Djedefre, quindi Chefren, e a quest'ultimo Micerino. Alcune liste riportano un paio di altri nomi ma gli studiosi non concordano sull'effettiva esistenza di altri faraoni appartenenti a questa dinastia.

La Quarta Dinastia e il declino

La quarta dinastia, quella che costruì le piramidi più grandi ed architettonicamente complesse, durò quindi un periodo stimabile tra i 100 ed i 170 anni. Dopo la dinastia che, secondo l'egittologia accademica, edificò le strutture ancora oggi visibili sulla piana di Giza, venne la quinta dinastia che secondo gli storici durò all'incirca 150 anni.

Anche questa dinastia si cimentò nella costruzione di alcune piramidi ma non riuscì a produrre nessun edificio anche solo lontanamente paragonabile alle piramidi di Cheope, Chefren e Micerino. Durante la quinta dinastia vennero portate a termine 6 piramidi, tutte di dimensioni modeste e costruite con materiali e tecniche scadenti. La precisione del progetto e l'accuratezza nella realizzazione non hanno nulla a che vedere con le costruzioni che possiamo ammirare nei sobborghi di El Cairo. Nella maggior parte dei casi di queste piramidi non resta altro che un misero cumulo di macerie che si confondono con la sabbia del deserto circostante.

Secondo gli storici Unis, ultimo sovrano della quinta dinastia, avrebbe governato all'incirca per 30 anni. Durante questo periodo riuscì ad edificare una sola misera piramide di appena 43 metri di altezza. Al suo interno troviamo molti bassorilievi e decorazioni, quindi per molti aspetti questa costruzione è più simile alle piramidi della terza dinastia piuttosto che a quelle della quarta.

La sesta dinastia edificò solo 4 piramidi simili per concezione e decorazioni a quelle di Unis. Di queste piramidi oggi non restano che alcuni penosi cumuli di pietra. Le dinastie successive fino alla dodicesima non costruirono nessuna piramide quindi per convenzione accademica possiamo dire che con il tramonto della sesta dinastia, intorno al 2.150 avanti Cristo, questo tipo di costruzioni venne definitivamente abbandonato per circa 150 anni.

I faraoni Amenehat e Sesostri della dodicesima dinastia edificarono entrambi una piramide a testa, ma queste costruzioni resistettero soltanto pochi anni. Anche di queste piramidi infatti oggi non restano che misere macerie. Anche il figlio di Sesostri, Sesostri II, costruì una piramide nei pressi di Illahun. Sesostri II decise di usare i materiali e le tecnologie che le sue maestranze conoscevano meglio, infatti edificò la sua piramide in mattoni di argilla e pietra calcarea. L'entrata venne posta a sud, forse per ingannare i predoni di tombe. Per i successivi 150 anni non si hanno notizie di costruzioni di piramidi che siano state portate a termine.

Durante la 13a dinastia, non lontano da Saqqara, venne portata a termine la costruzione dell'ultima piramide dell'antico Egitto. Anche questa venne edificata con i materiali e le tecnologie utilizzati alla fine della dodicesima dinastia, ovvero mattoni di argilla e pietra calcarea. Oggi di essa non restano che un paio di metri di polvere e detriti. Da quel momento in poi in Egitto nessun faraone si cimentò mai più con la costruzione di una piramide.

Da quanto abbiamo visto appare evidente che c'è stata un'evoluzione nell'architettura e nell'edificazione delle piramidi. Prima della terza dinastia non furono costruite piramidi di alcun tipo. Con la terza dinastia gli egizi cominciarono a costruire imponenti strutture a gradoni al cui interno si celavano un complesso sistema di tunnel e stanze. Le piramidi di questa dinastia erano inserite in un contesto molto particolare fatto di templi, case e vie di comunicazione. Con la quarta dinastia abbiamo un'autentica esplosione di tecnologia costruttiva. Le piramidi diventano via via più grandi e perfette.

Le superfici si trasformano per passare dalla forma a gradoni a quella liscia delle piramidi della piana di Giza. All'interno di queste costruzioni mastodontiche pochissime camere e nessuna iscrizione. Dalla quinta dinastia in poi è come se gli egizi subissero una fase di arresto e regressione nelle loro conoscenze.

I materiali impiegati sono più poveri e le tecniche sono quelle che ci possiamo immaginare avessero i popoli di quel periodo. L'interno di queste costruzioni venne spesso impreziosito da bassorilievi ed iscrizioni e altre forme di espressione artistica tipiche di quelle epoche. In molti hanno sottolineato questo paradosso: è come se tutta la perizia e le conoscenze matematiche e architettoniche patrimonio della quarta dinastia fossero scomparse nel giro di pochi anni. Per fare un esempio concreto è come se si fosse passati dalla carrozza direttamente all'astronave spaziale per ritornare poi al trasporto a piedi. E tutto nello spazio di neanche 150 anni.

Le piramidi nel resto del mondo

La costruzione di edifici a forma di piramide è stata una prerogativa esclusiva del popolo egizio?La risposta è no, altri popoli nell'antichità sentirono il bisogno di edificare monumenti a forma di piramide. Vediamo dove sono rimaste tracce di tale costruzioni e quali caratteristiche accomunavano questi popoli per altri aspetti spesso diversissimi tra loro.

I popoli mesopotamici

Le civiltà mesopotamiche costruirono piramidi imponenti. In questa regione vennero infatti edificate costruzioni a forma di piramide a gradoni chiamate Ziqqurat sulle cui sommità i sacerdoti officiavano i loro riti sacro. Non si trattava per tanto di piramidi pensate per ospitare il corpo di un re defunto, ma piuttosto di monumenti inseriti nel contesto e nella vita quotidiana di quei popoli. Per alcuni lo Ziqqurat avrebbe rappresentato una sorta di scala che nelle intenzioni dei costruttori serviva a raggiungere il cielo, non tanto però perché l'uomo potesse raggiungere la divinità, quanto piuttosto per invitare la divinità a raggiungere l'uomo sulla terra.

Oltre alle finalità religiose e mistiche gli studiosi ritengono che in alcuni casi queste costruzioni vennero utilizzate anche con scopi di controllo sul territorio circostante. Sfruttando l'altezza di questi edifici infatti un gruppo di sentinelle avrebbe potuto dare l'allarme in caso di calamità naturali o attacchi militari. Per altri studiosi inoltre gli Ziqqurat furono anche utilizzati come osservatori astronomici. Alcuni degli esempio meglio conservati di questo tipo di costruzioni sono visibili nell'odierno Iran.

I popoli precolombiani

Altri popoli che edificarono delle costruzioni a forma di Piramide furono i Maya e gli Inca nel continente americano.

I Maya vissero in una zona corrispondente al territorio che va all'odierno Messico al Guatemala, fondarono alcune città celebri per le numerose piramidi a gradoni come Tikal, Palenque e Chichèn Itzà. A Chichèn Itzà si trova una splendida piramide dedicata al dio Quetzalcoatl che nell'iconografia Maya viene rappresentato come un serpente piumato. Nelle tradizioni centroamericane il dio Quetzalcoatl viene descritto come l'emissario di una cultura superiore arrivato sulla terra per diffondere sapienza e conoscenza. Sempre secondo queste leggende un giorno Quetzalcoatl sarebbe poi tornato in cielo abbandonando gli esseri umani sulla terra.

Complessivamente i Maya costruirono più di 50 piramidi a gradoni, la più grande di tutte è la Piramide del Sole, alta 60 metri e con la base uguale a quella della grande piramide di Giza. C'è un altro particolare inquietante a questo proposito che resta a tutt'oggi privo di spiegazioni. Nel 1976 la ricercatrice francese Michelle Lescot individuò nei tessuti di alcune mummie egizie alcuni residui di tabacco e cocaina piante che, com'è noto, crescevano soltanto nel continente americano e che erano del tutto sconosciute agli antichi egizi. Com'è possibile spiegare dunque questo eccezionale ritrovamento? Più di qualcuno sulla base di queste e di altre informazioni ha ipotizzato che queste due antiche civiltà siano entrate in contatto, ma la storiografia accademica a questo proposito non è in grado di fornire alcuna risposta.

Se ci spostiamo in Perù troviamo alcune delle più misteriose costruzioni dell'antichità come la fortezza di Sacsahuaman o il complesso di Machu Picchu. Questi siti, la cui origine è ancora oggi al centro di vivaci dibatti tra gli storici, presentano non poche similitudini con le grandi costruzioni della piana di Giza. Anche qui si trovano edifici piramidali ma, soprattutto, vi è largo uso di enormi massi di roccia perfettamente levigati come quelli usati per la costruzione della piramide di Cheope. Si ritiene che gli Inca non avessero né le conoscenze né la tecnologia per estrarre e spostare quel tipo di blocchi di pietra.

La storiografia ufficiale del resto non è mai riuscita a trovare delle risposte convincenti ai troppi dubbi che ancora oggi avvolgono questi impressionanti siti archeologici. Comunque siano andate le cose, e nonostante le differenze tra le varie costruzioni che troviamo nelle diverse latitudini, dobbiamo sottolineare un aspetto che unisce tutti questi popoli: sia le dinastie mesopotamiche che i popoli precolombiani avevano sviluppato civiltà con una sofisticata conoscenza astronomica. Questi popoli accomunati dal fascino per l'astronomia, ma per altri aspetti diversissimi, sentirono tutti il bisogno di edificare monumenti poderosi che si ergevano verso l'alto: perché?

I TANTI MISTERI
DELLE PIRAMIDI DI GIZA

L e tre grandi piramidi di Giza, come abbiamo visto, presentano una serie di interrogativi legati alla tecniche di costruzione impiegati per edificarle, oltre che ai materiali utilizzati. Si tratta di misteri che l'archeologia non riesce a spiegare oltre ogni ragionevole dubbio. Vediamo dunque uno a uno questi aspetti e cerchiamo di capire quali interpretazioni sono state avanzate dagli studiosi non convenzionali per cercare di arrivare a una verità condivisa

L'origine dei materiali

Il primo grande quesito riguarda i materiali utilizzati. Secondo l'egittologia tradizionale quasi tutta la roccia impiegata per la costruzione delle tre grandi piramidi fu ricavata dalle cave che sorgevano nell'area circostante la piana di Giza. Ancora oggi sono visibili i segni di scavo in questa zona, quindi non vi è dubbio alcuno sul fatto che questo sito abbia fornito della roccia che venne impiegata nella costruzione delle grandi piramidi. Il materiale di rivestimento, come abbiamo detto, venne trasportato da Tura, una località situata ad oriente rispetto al Nilo. Il granito utilizzato invece proveniva da una zona ancora più lontana, ovvero dalle cave di Assuan nel sud dell'Egitto.

Secondo alcuni ricercatori come Horst Bergmann e Frank Rothe però le cave circostanti la zona di Giza non possono aver fornito roccia a sufficienza per costruire tutte e tre le piramidi. Stando ai calcoli di questi studiosi la piramide di Cheope avrebbe un volume di circa 2.600.000 metri cubi, quella di Chefren si aggirerebbe intorno ai 2.230.000 metri cubi mentre quella di Micerino arriverebbe a 252.000 metri cubi. Stiamo quindi parlando di un volume complessivo di oltre cinque milioni di metri cubi di blocchi di roccia.

Secondo Bergmann e Rothe a livello teorico le cave intorno a Giza possono aver fornito non più di 3 milioni di metri cubi di roccia, ovvero una quantità sufficiente ad edificare la sola piramide di Cheope. A questo numero dovremmo addirittura togliere un 30-50% di sfrido, ovvero materiale di scarto non utilizzabile. Questa cifra può sembrare elevata, ma non dimentichiamo che all'epoca venivano utilizzati mezzi di scavo molto rudimentali e imprecisi rispetto a quelli moderni.

Partendo da questo ragionamento i due ricercatori si chiedono quindi da dove possa essere arrivato il resto del materiale impiegato nella costruzione delle piramidi. A questo proposito il chimico francese Joseph Davidovits ha le idee molto chiare: secondo lo studioso la roccia utilizzata per la piramide di Cheope non sarebbe pietra di cava ma una specie di cemento o calcestruzzo.

Si tratterebbe dunque di una roccia artificiale ottenuta con un procedimento tutt'oggi sconosciuto e di cui si perse memoria già nell'antichità. Il professor Davidovits ha compiuto lunghi e approfonditi studi su molti campioni di materiale roccioso proveniente dalla piramide di Cheope: l'analisi al microscopio di alcuni di questi campioni avrebbe rivelato la presenza di capelli umani. Altri studi hanno evidenziato che all'interno di alcune rocce ci sarebbe una presenza di bolle d'aria, elemento anomalo per una pietra naturale ma del tutto simile a quella che si può riscontrare nel calcestruzzo artificiale. Se tutto questo non bastasse ci sono anche le ricerche indipendenti dell'università californiana Stanford Research University e di quella del Cairo, che nel 1974 tentarono di individuare eventuali stanze e cunicoli ancora inesplorati nella piramide di Cheope attraverso l'uso delle onde ad alta frequenza. Le onde però vennero tutte completamente assorbite dalla struttura, cosa questa assolutamente inconciliabile con l'ipotesi che la piramide sia stata costruita con roccia naturale. Questo fenomeno però sarebbe assolutamente normale se assumessimo che la piramide sia stata edificata con roccia artificiale.

Partendo da questi studi Bergmann e Rothe arrivano quindi ad ipotizzare che il materiale non ricavato in loco dalla cave vicine venne in realtà prodotto artificialmente. Non sarebbe stato quindi necessario spostare pesanti blocchi di roccia per decine o addirittura centinaia di chilometri.

I due ricercatori si spingono ancora oltre ed ipotizzano che il calcestruzzo sia stato utilizzato solo per l'edificazione della grande piramide di Cheope. Le altre due piramidi sarebbero invece state costruite utilizzando la roccia ricavata dalle cave vicine. Se anche così fosse, però, tenuto conto dello sfrido che, come abbiamo detto, vista la tecnologia dell'epoca non poteva essere inferiore al 30-50%, il materiale ricavato dalle cave non sarebbe ancora sufficiente alla costruzione delle piramidi di Chefren e Micerino.

Va detto che secondo i due ricercatori questo scarto del 30-50% non sarebbe da applicare a queste costruzioni perché chi ha edificato le piramidi di Giza aveva accesso a tecnologie e conoscenze di gran lunga superiori a quelle dei popoli della stessa epoca. A questo punto verrebbe da chiedersi perché un popolo che conosce l'utilizzo della roccia artificiale utilizza questo comodo procedimento solo per la costruzione di una piramide, per poi abbandonarlo immediatamente tornando al più complesso e laborioso utilizzo della roccia naturale di cava?

Questo si spiegherebbe con il fatto che, secondo alcuni studiosi non accademici, la piramide di Cheope sarebbe più antica, forse di migliaia di anni, rispetto a tutte le altre costruzioni. Sarebbe dunque stata costruita con l'ausilio di mezzi e conoscenze che sarebbero andate perdute nel corso degli anni. Ecco cosa dicono gli stessi Bergmann e Rothe:

«La piramide di Cheope è la piramide perfetta: dalla cima al fondo è quasi tutta il risultato di un sofisticato lavoro di precisione. In seguito deve essere sopravvenuto un lungo periodo di arresto dei lavori, chissà per quale motivo. Probabilmente la pausa durò circa 10.000 anni e solo dopo fu ripresa la costruzione della piramide di Chefren. Appare chiaro che non si conosceva più la tecnica della produzione di pietra artificiale e si dovette procedere allo scavo di pietra naturale nelle vicinanze. Tuttavia i blocchi di pietra per la costruzione del nucleo della piramide risultarono più piccoli e non più così precisi come quelli utilizzati per la piramide di Cheope»[11].

Se anche volessimo accettare la versione ufficiale dataci dall'egittologia accademica ovvero che il materiale roccioso venne ricavato da normalissime cave, ci troveremmo ancora di fronte a due grossi quesiti: come vennero estratte e lavorate queste pietre? E, soprattutto, come vennero trasportate e messe in opera? Vediamo come gli egittologi rispondono al primo quesito.

Secondo i manuali di storia al tempo della costruzione delle piramidi non esistevano ancora utensili di ferro, quindi gli egizi potevano al massimo contare su strumenti fatti di legno e di rame. Eppure, come abbiamo visto, alcuni dei materiali utilizzati, come il granito nella piramide di Micerino, sono tra i più duri esistenti in natura. Il rame è un materiale morbido e duttile, assolutamente inadatto alla lavorazione e all'estrazione del granito, eppure secondo gli studiosi accademici dalla cave di Assuan ne furono estratti oltre 45.000 metri cubi proprio in quel periodo storico. Com'è stato possibile?

La lavorazione e il trasporto del granito

Possiamo ipotizzare che il granito venne estratto e lavorato impiegando una pietra altrettanto dura, la diorite, di cui sono state trovate diverse schegge non lontano dalle cave. In linea teorica lavorando le pareti di roccia con queste pietre dure è possibile ipotizzare l'estrazione del granito. Questa spiegazione però è convincente quando si parla di blocchi di piccole dimensioni come quelli utilizzati per la costruzione della piramide del faraone Zoser della terza dinastia. Quando invece passiamo ad analizzare gli enormi blocchi del peso di diverse tonnellate utilizzati a Giza non sono pochi i ricercatori che faticano ad accettare questa versione dei fatti.

---

[11] Horst Bergman, Frank Roth, *Der Pyramiden-Code Altägyptisches Geheimwissen von Kosmos und Unsterblichkeit*, Hugendubel Verlag, 2001.

Secondo alcuni studiosi questi enormi blocchi di granito tagliati e levigati alla perfezione sarebbero la testimonianza di tecnologie e strumentazioni ben più complesse ed evolute di semplice mazze di rame o schegge di diorite. Sul come venne trasportato il materiale utilizzato per le costruzioni il dibattito è ancora più vivace.

Se apriamo i libri di storia troviamo grosso modo questa spiegazione: il materiale ricavato dalle cave non lontane da Giza venne letteralmente spinto da uomini e animali lungo una specie di rotaia fatta di tronchi e ghiaia di calcare. Una specie di slitta che permetteva ai blocchi di scivolare sulla finissima sabbia del deserto.

Ora tutti noi abbiamo visto le immagini delle corse automobilistiche che attraversano il deserto africano, come ad esempio la celebre Parigi-Dakar, e sappiamo come sia difficile muoversi sulla sabbia anche per i mezzi motorizzati moderni, che tra l'altro sono molti più leggeri di quegli enormi blocchi di pietra. A onor del vero tracce di queste piste utilizzate per il trasporto di blocchi di pietra sono state trovate accanto ad alcune piramidi della dodicesima generazione, ma non dimentichiamo che queste costruzioni impiegarono blocchi assai più piccoli di quelli utilizzati a Giza.

Sappiamo poi che molto del materiale utilizzato per la ricopertura delle piramidi venne estratto a centinaia di chilometri di distanza, in particolare ad Assuan nel sud del paese. È stato utilizzato questo sistema di slitte anche in questo caso? Solo per arrivare agli argini del Nilo, assicurano gli egittologi, poi da lì il materiale proseguì via nave fino a destinazione. Degli Egizi, però, possiamo dire tutto tranne che fossero un popolo particolarmente esperto nella costruzione di navi e battelli: queste chiatte di legno avrebbero dovuto trasportare blocchi del peso di diverse tonnellate lungo un fiume, il Nilo, che in certi tratti assicurano molti studiosi, non sarebbe neppure abbastanza profondo per garantire un pescaggio sufficiente a un'imbarcazione così pesante. Secondo i ricercatori tedeschi Bermann e Rothe questo non sarebbe assolutamente credibile. Essi sostengono che una movimentazione di volumi di roccia del genere può essere spiegata soltanto ipotizzando che gli antichi Egizi disponessero di conoscenze e di tecnologie a noi ignote. A tal proposito i due ricercatori riportano un passo dell'Hitat, una raccolta di racconti e resoconti di epoca araba scritta tra il XIV° ed il XV° secolo dopo Cristo. L'Hitat raccoglie il sapere tramandato oralmente per secoli dai popoli della zona e ci fornisce importanti elementi per capire come venissero spiegati certi fenomeni dalla cultura dell'epoca. Nel quarto capitolo dell'Hitat, a proposito dello spostamento dei grandi massi usati nelle costruzioni, si legge:

«Avevano dei fogli scritti e quando il masso era stato cavato e la lavorazione adatta completata, allora gli posavano il foglio sopra, gli davano una spinta e con quella spinta lo spostavano per 100 sham; poi ripetevano questa operazione fino a che la pietra non raggiungeva la piramide»[12].

Bermann e Rothe sono convinti che in questo passo si celerebbe il segreto di una tecnologia conosciuta all'epoca della costruzione delle piramidi e di cui si persero le tracce

---

[12] Horst Bergman, Frank Roth, op. cit.

già nell'antichità. Tutta la descrizione del processo di trasporto, che non dimentichiamo venne riportata da uomini del XIV° e del XV° secolo, e che quindi per loro era del tutto incomprensibile, sembra suggerire una sofisticata tecnologia in grado di eliminare l'attrito e la forza di gravità. Non dimentichiamo però che l'Hitat, come molti testi dell'antichità, è infarcito di leggende e credenze assolutamente non scientifiche. Ciononostante non possiamo non restare quantomeno perplessi di fronte a una descrizione del genere.

La geologia di Giza

Continuiamo la nostra lista di enigmi legati alla costruzione delle piramidi dato che recenti studi hanno confermato che tutta la piana di Giza poggia su un unico blocco di pietra. Se così non fosse la costruzione delle tre grandi piramidi non sarebbe stata affatto possibile e il terreno avrebbe ceduto sotto il peso degli edifici già in fase di realizzazione. Com'è possibile che gli Egizi conoscessero questo dato geologico? Si tratta di un'informazione assolutamente impossibile da cogliere attraverso una semplice esplorazione superficiale del terreno e, di certo, a quel tempo non esistevano strumenti e tecniche capaci di fornire agli antichi egizi questo genere di conoscenze geologiche. Se dovessimo fare questo tipo di costruzioni oggi utilizzeremo tecnologie speciali per studiare il terreno in profondità e procederemmo con una serie di trivellazioni del sito per verificare la qualità della roccia a diversi metri di profondità. Eppure sappiamo che trivelle in grado di scavare la roccia non erano disponibili nell'antichità, o per lo meno questo è quello che abbiamo sempre creduto. C'è chi come il geologo Christopher Dunn è convinto che certi risultati tecnici ottenuti nella lavorazione del granito nel sito di Giza siano spiegabili solo attraverso l'utilizzo di trapani e trivelle motorizzate a punta di diamante. Si tratterebbe di strumenti ben più sofisticati e precisi di quelli attualmente in commercio e in grado di lavorare uno dei materiali più duri in natura, il granito appunto, con una precisione ed un dettaglio superiori a quelli ottenibili oggi giorno. Va subito precisato che in numerose cave di granito dell'antico Egitto sono stati trovati decine di fori perfetti che hanno tutta l'aria di essere dei carotaggi fatti per verificare la qualità della roccia. L'egittologia convenzionale non è ancora riuscita a trovare una spiegazione convincente per questi buchi nella roccia. Quello che è certo è che si tratta di fenomeni artificiali prodotti dall'uomo e non di fenomeni naturali originatisi in fase di formazione della roccia o a erosioni successive di qualche tipo. Il quesito è ancora oggi senza risposta.

La posizione delle tre piramidi

Un altro aspetto sconvolgente è la pozione delle piramidi di Giza e l'assoluta precisione delle loro dimensioni. Le tre piramidi di Giza infatti hanno i lati laterali della base perfettamente allineati all'asse nord sud ed est ovest. Alcuni studiosi ritengono che questo perfetto allineamento sarebbe stato possibile soltanto grazie ad uno studio approfondito degli astri ed alla posizione del sole. Questa spiegazione potrebbe essere verosimile, anche se edificare costruzioni di queste dimensioni e con questo livello di precisione col solo ausilio della posizione degli astri sarebbe un'impresa molto difficile anche al giorno d'oggi. Come se non bastasse tutti i monumenti della piana di Giza sono disposti in maniera perfetta a cavallo del 30° parallelo.

Ci sono soltanto due possibili spiegazioni per questo particolare inquietante: o si tratta di una serie incredibile di coincidenze, oppure gli antichi Egizi possedevano conoscenze astronomiche molto più avanzate di quelle che oggi ipotizziamo. Non va dimenticato infatti che la cultura occidentale che ha partorito le "magnifiche sorti e progressive" fino a 500 anni fa non era nemmeno sicura della sfericità della terra.

Ancora più incredibile è la precisione dell'inclinazione dei lati delle piramidi. Quando si costruiscono edifici di dimensioni tanto enormi basta commettere un errore impercettibile per compromettere in modo irreparabile tutta la struttura. Per essere chiari uno scostamento di pochi millimetri alla base, moltiplicato livello dopo livello, fa sì che arrivati in cima i 4 lati della piramide non combacino al vertice. Oggi potremmo utilizzare misuratori di precisione per evitare ogni errore, ma come riuscirono ad ottenere un simile risultato i progettisti e gli operai di migliaia di anni fa? Non dimentichiamo poi che vennero impiegati materiali naturali come le rocce di cava che, per loro natura, se lavorati a mano hanno asperità e piccole imprecisioni millimetriche assai difficili da gestire in fase di realizzazione.

La costruzione di un solido complesso come una piramide poi richiede conoscenze geometriche e matematiche molto precise. Stiamo parlando di calcolo frazionale, trigonometria avanzata e utilizzo dei numeri irrazionali. Tutto questo si scontra con l'apparente empirismo fatto di punti fissati studiando le stelle e strumenti di legno che, secondo la storiografia ufficiale, furono impiegati in questo tipo di costruzioni.

Ma leggiamo il parare di Robert Bauval, ricercatore e scrittore che ha indagato a lungo i misteri delle piramidi e dell'antica civiltà egizia:

«È evidente che ci troviamo di fronte ad un sistema avanzato di matematica e tecnologia in un periodo in cui si supponeva che ciò non esistesse. Per raggiungere questi risultati gli antichi dovettero impiegare un'inclinazione di 52 gradi, qualsiasi altra pendenza non avrebbe assolutamente funzionato. Possono tutte queste cose essere pura coincidenza?»[13].

No, questo tipo di edifici non permette il minimo errore in fase di progettazione e realizzazione, e non è assolutamente pensabile che siano stati portati a termine con tecniche e calcoli così rudimentali o, peggio ancora, affidandosi a incredibili colpi di fortuna. Questo non significa automaticamente che gli antichi Egizi abbiano impiegato sistemi di tipo automatizzato o tecnologia al laser, ma senza alcuna ombra di dubbio furono impiegate conoscenze e tecniche di cui a tutt'oggi ignoriamo l'origine e la portata.

---

[13] Robert Bauval, Adrian Gilbert, op. cit.

INTERPRETAZIONI ALTERNATIVE

Robert Bauval e Graham Hancock sono due tra i più celebri ricercatori che hanno indagato il mistero delle piramidi e, tra le altre cose, hanno anche pubblicato diversi libri sull'argomento. Nel corso degli anni hanno proposto alcune delle teorie più intriganti che tentano di spiegare molti degli antichi misteri delle piramidi di Giza. I due studiosi si sono mossi con metodi innovativi e agli scavi archeologici hanno preferito l'utilizzo di moderni calcolatori elettronici, affidandosi a sofisticati programmi per computer. Vediamo assieme a quali conclusioni sono giunti.

Semplici tombe?

«Secondo i libri di testo l'Egitto era appena uscito dall'età della pietra quando improvvisamente divenne in grado di produrre queste strutture enormi e perfette. E tutto questo a che scopo? Per coprire il corpo di un re deceduto. Questa teoria che parla di semplici tombe non ha senso e, nonostante 100 anni di ricerca scientifica, molte domande di importanza vitale non hanno trovato ancora risposta. La precisione di questi monumenti è ossessiva. Prendiamo la grande piramide ogni lato del quadrato di base misura 230 metri ma la variazione nella lunghezza laterale è di appena dello 0.01%. Questa incredibile precisione potrebbe far crollare le capacità di una moderna squadra di costruttori»[14].

Bauval e Hancock partono dunque dal presupposto che le grandi piramidi di Giza non fossero affatto delle tombe reali. Troppo grandi e complesse architettonicamente ma, soprattutto, prive di alcuna traccia di sepoltura o iscrizione regale. In particolare, fanno

---

[14] Graham Hancock, Robert Bauval, *The Message of the Sphinx: A Quest for the Hidden Legacy of Mankind*, Broadway Books, 1997.

notare gli studiosi, non lontano dalle più celebri piramidi che portano il loro nome si ergono altre 6 piramidi, tre delle quali vengono fatte risalire a Chefren, e tre a Micerino. Perché questi faraoni avrebbero edificato altre tombe? Volevano essere seppelliti in più posti contemporaneamente? Insomma per Bauval e Hancock la spiegazione sul significato di queste costruzioni va cercata altrove.

Messaggi dalle stelle

Ricordate quei misteriosi fori nella roccia che dalla camera del re della piramide di Cheope giungono fino ai lati esterni della piramide? Ebbene studiando nel dettaglio questi misteriosi canali i due ricercatori hanno notato che sono disposti secondo precisi allineamenti astrali. Anche in questo caso possiamo pensare che, all'interno di un progetto preciso al centesimo di millimetro, ci troviamo di fronte ad una semplice coincidenza?

Abbiamo già detto in precedenza che il fenomeno della precessione modifica la nostra visuale degli astri nel cielo con la regolarità di un ciclo di 26.000 anni. Questa perfetta regolarità nei cicli astrali permette di immettere le informazioni in nostro possesso in un calcolatore elettronico e calcolare le stelle visibili e la loro posizione nelle diverse epoche. Secondo Bauval e Graham Hancock il foro della camera della regina, che ricordiamo non arriva fino all'esterno della piramide, doveva puntare su Sirio, ovvero quella che per gli antichi egizi era la dea Iside. Mentre quello della camera del re puntava dritto sulla costellazione di Orione, che invece rappresentava Osiride, il dio della resurrezione.

I canali all'interno della piramide di Cheope quindi sarebbero delle vie verso le stelle e verso le divinità. Una sorta di percorso che serviva ad indirizzare l'anima del defunto nel suo percorso dopo la morte. Secondo i due studiosi tutto il sito di Giza sarebbe dunque un unico grande progetto unitario e come tale va analizzato nel suo complesso. Le tre grandi piramidi sarebbero disposte in maniera sorprendentemente simile alla stelle della cintura di Orione.

Allargando questa intuizione anche ad altre piramidi disseminate un po' ovunque in Egitto, Bauval scoprì che sembravano disposte tutte secondo un preciso disegno astronomico. In sostanza potremmo dire che i faraoni delle diverse dinastie abbiano partecipato ad un progetto unico e complesso in grado di dare una rappresentazione in terra del cielo stellato. Analizzando queste presunte disposizioni astrali però non sembra esserci corrispondenza con il cielo stellato del 2.500 avanti Cristo, l'epoca cioè in cui si presuppone siano state costruite le grandi piramidi. Del resto, secondo i testi di storia, la costruzione delle piramidi cominciò durante terza generazione quindi era possibile ipotizzare che l'allineamento stellare riprodotto fosse quello di quel periodo. Studiando sulla base della precessione la disposizione delle stelle durante la terza generazione però non si aveva ancora una corrispondenza precisa.

Bauval cominciò quindi ad andare indietro nel tempo fino a quando il computer non trovò un allineamento perfetto tra il cielo stellato e la presunta riproduzione di questo fatta attraverso le piramidi egizie. Con grandissimo stupore il ricercatore scoprì che il perfetto allineamento astrale esattamente sovrapponibile corrisponde al 10.500 avanti Cristo. In altre parole il progetto delle piramidi Egizie rimanderebbe ad una situazione planetaria verificatasi ben prima di quando, secondo le teorie ufficiali, vennero edificate le piramidi.

Se tutto questo fosse confermato allora quale oscuro messaggio hanno voluto trasmetterci gli Egizi indicando il 10.500 avanti Cristo? Si tratta forse del cosiddetto "Ted Zepi", il tempo iniziale, in cui a regnare furono gli dei? A sostegno dell'intuizione di Bauval e Graham Hancock ci sarebbe anche la posizione della Sfinge.

Come abbiamo detto la scultura della sfinge di Giza è per molti aspetti addirittura più misteriosa delle tre grandi piramidi. La statua della Sfinge rappresenta infatti una figura ibrida dal corpo di leone e con la testa umana. Le fattezze e gli ornamenti del volto rimandano quasi inequivocabilmente al periodo storico della quarta dinastia ma, come abbiamo già visto, le dimensioni della testa non sembrano essere proporzionate col resto del corpo. Non possiamo quindi escludere che la scultura originale avesse un volto diverso che venne, per qualche motivo, successivamente scolpito di nuovo in modo da fargli assumere le fattezze e le dimensioni che oggi conosciamo. E se l'intera statua della Sfinge originariamente avesse rappresentato un leone? La statua guarda ad est laddove si leva il sole e laddove appaiono per la prima volta all'orizzonte le costellazioni celesti. Bauval e Graham Hancock si chiedono se questa statua non possa essere anch'essa un simbolo, un messaggio che rimanda ad un momento preciso del passato. Le costellazioni dello zodiaco si alternano dietro al sole il giorno dell'equinozio ogni 2.000 anni. Ogni 2.000 anni quindi inizia una nuova era astrologica sotto l'influsso di un particolare segno zodiacale. Ma quando è iniziata l'ultima volta l'era del Leone?

«All'epoca in cui si crede che la sfinge sia stata costruita, nel 2.500 avanti Cristo, il sole sorse nella costellazione del Toro. Sarebbe stato terribilmente assurdo per un faraone costruire a quel tempo un monumento commemorativo equinoziale a forma di leone. In effetti c'è soltanto un'epoca nella quale la costruzione della Sfinge nella sua attuale forma leonina sarebbe stata ritenuta appropriata e questa è l'era del Leone, che ebbe inizio nell'undicesimo millennio avanti Cristo»[15].

Pioggia nel deserto

In precedenza abbiamo parlato delle misteriose tracce di erosione dovute all'azione dell'acqua alla base della scultura che ancora oggi non hanno trovato una spiegazione plausibile. Ma quand'è stata secondo i geologi e gli esperti di clima l'ultima volta che nel deserto egiziano ha piovuto così copiosamente? Possiamo dire con assoluta certezza che questo non avvenne durante nessuna dinastia dell'antico Egitto perché, se così fosse stato, ne sarebbe rimasta traccia nelle costruzioni e nel terreno per non parlare poi dei testi degli storici come Erodoto. Secondo studiosi di diverse discipline attorno all'undicesimo millennio avanti Cristo il pianeta Terra attraversò una serie di cataclismi e sconvolgimenti la cui origine

---

15 Graham Hancock, Robert Bauval, op. cit.

è ancora oggi dibattuta. Si ritiene che, per diverse ragioni, in quel periodo vi fu un veloce innalzamento del livello delle acque a livello planetario, seguito con ogni probabilità da un lungo periodo di piogge torrenziali.

Tracce di questi accadimenti sono probabilmente giunte fino a noi sotto forma di miti e leggende legate al cosiddetto diluvio universale che, è bene ricordarlo, appartengono a culture molto diverse e lontane tra loro. Insomma in linea del tutto teorica potrebbe darsi che per lo meno una parte della statua della Sfinge sia stata scolpita molti millenni prima di quanto finora ipotizzato, oppure che sia stata modellata espressamente su una pietra che recava indelebilmente i segni di quella catastrofe. I pezzi del puzzle paiono lentamente combaciare e il messaggio segreto delle piramidi sembra prendere finalmente corpo.

Un immenso planetario astrale?

Tutto il sistema delle piramidi egizie sarebbe un unico e complesso planetario nel quale gli antichi avrebbero voluto nascondere una precisa data che si situerebbe attorno al 10.500 avanti Cristo. Per alcuni tutto questo non sarebbe altro che una spettacolare coincidenza, per altri come Graham Hancock si tratta invece di un argomento da approfondire ulteriormente:

«Se ricordiamo la splendida precisione con cui i costruttori delle piramidi lavoravano è impossibile attribuire a pura coincidenza questa complessità sincronizzata. Quello che troviamo qui è un massiccio complesso architettonico che ci indica un'epoca precisa, quella del periodo attorno al 10.500 avanti Cristo. Quasi 8.000 anni prima della presunta data di inizio della civiltà egiziana. Noi non pretendiamo che le piramidi risalgano a quell'epoca, quello che sosteniamo è che esse ci parlano di quella data remota. Penso che i faraoni Cheope, Chefren e Micerino, ritenuti tradizionalmente i committenti delle tre piramidi, siano stati coinvolti nella costruzione delle piramidi. Credo infatti che abbiano completato un progetto che aveva avuto origine molte migliaia di anni prima. Quando guardo Giza vedo un sita che parla di due epoche diverse: una che risalirebbe a 12.000 anni fa e l'altra al 2.500 avanti Cristo»[16].

Ma Graham Hancock e Robert Bauval non furono i primi a menzionare il 10.500 avanti Cristo in relazione alle Piramidi. Il primo uomo che parlò di questo periodo storico come dell'effettivo periodo di costruzione delle piramidi fu Edgar Cayce.

Edgar Cayce

A questo punto però è necessario fare un distinguo importante, perché Edgar Cayce non era un archeologo né tanto meno uno storico, ma un sensitivo cristiano, vissuto tra il 1877 e

---

[16] Graham Hancock, Robert Bauval, op. cit.

il 1945. Ai suoi tempi fu molto famoso e ancora oggi a Virginia Beach esiste un importate istituto di ricerca che promuove i suoi insegnamenti. Siamo di fronte dunque ad un qualcosa che va al di là della razionalità e che per tanto non ha nessuna pretesa scientifica, però il dato che emerge è davvero inquietante. Ecco come sono andate le cose: Cayce cadeva in trans-ipnotica e durante questi momenti mistici la sua segretaria gli faceva delle domande a cui il veggente rispondeva.

Nel 1932, durante una di queste sessioni di trance, a Cayce vennero rivolte alcune domande sulle piramidi. Cayce rispose che sotto la piana di Giza esisteva una sala segreta chiamata Sala dei Documenti in cui era ancora custodito un archivio dell'Antico Sapere. A edificare questa sala misteriosa sarebbero stati i costruttori delle piramidi. Per anni nessuno aveva preso minimamente in considerazione le visioni di Cayce, se non i suoi discepoli. Quando però Robert Bauval avanzò l'ipotesi che il complesso delle piramidi di Giza rimandasse in qualche modo alla data 10.500 avanti Cristo qualcuno si ricordò di un dettaglio della vecchia profezia di Cayce. Il visionario veggente americano infatti, dopo aver parlato della mistica Sala dei documenti aveva concluso la sua trance dicendo che le Piramidi erano state costruite nel 10.500 avanti Cristo. Com'è possibile? A oggi nessuno è riuscito a dare una risposta a questa domanda.

Ma c'è di più. Dopo che le scoperte dei ricercatori indipendenti fecero balzare agli onori della cronaca le dichiarazioni mistiche di Cayce un gruppo di studiosi partì alla volta della piana di Giza alla ricerca di questa misteriosa camera segreta. Grazie all'utilizzo di moderne sonde radar vennero individuate delle anomalie nel terreno sotto alla Sfinge, come se fossero presenti delle cavità. Sembra poi ormai assodato che esista uno stretto tunnel che colleghi tra loro le cavità. Purtroppo il governo egiziano non ha autorizzato nessuno scavo sotto la Sfinge quindi al momento non è possibile stabilire se si tratti di cavità naturali, anche se l'ipotesi è molto improbabile. Siamo forse di fronte alla misteriosa Sala dei Documenti di cui ha parlato Cayce? Nessuno può dirlo, per ora.

Un sapere dimenticato

Altri due ricercatori non credono alla versione fornitaci dall'egittologia accademica sono i tedeschi Horst Bergmann e Frank Rothe. Questi studiosi sono convinti che le tecnologia e la precisione delle costruzioni della piana di Giza siano assolutamente inconciliabili con il livello e le conoscenze tecniche di un popolo appena uscito dall'età della pietra. Secondo loro in alcuni casi gli edificatori delle piramidi di Giza ebbero accesso a tecnologie e ad un sapere diverso, probabilmente proveniente da un passato remoto e misterioso. Attraverso lo studio della mitologia egizia e babilonese i due ricercatori si sono convinti che gli antichi ci abbiano voluto trasmettere la loro conoscenza astronomica che, per certi aspetti, sarebbe a tutt'oggi superiore alla nostra. Dall'analisi di queste antiche forme di saggezza sembrerebbe che tutto il sistema solare abbia subito un profondo sconvolgimento in un passato remoto di cui abbiamo perso memoria.

Secondo questa interpretazione la posizione dei pianeti orbitanti attorno al sole si sarebbe modificata e possiamo addirittura ipotizzare che Marte e la Terra, i due pianeti più simili per caratteristiche e dimensioni, si siano scambiati le orbite. Non sarebbe quindi impossibile credere che anche la razza umana sia in realtà entrata in contatto con un popolo più evoluto. Un popolo che avrebbe abitato un altro pianeta prima di trasferirsi sulla Terra in cerca di condizioni di vita migliori a seguito di questo terribile cataclisma cosmico. Questo popolo tecnologicamente molto avanzato avrebbe quindi abitato la terra e trasferito all'uomo alcune conoscenze di cui egli avrebbe perso memoria nel corso dei secoli. Tutto questo sembra coincidere perfettamente con la genesi del mondo trasmessaci dagli antichi egizi.

Quel Tep Zepi, quel periodo d'oro, quando a governare il mondo c'erano gli dei, altro non sarebbe dunque che il momento di contatto tra la razza umana ed un razza superiore. Bergmann e Rothe continuano il loro studio attraverso l'analisi matematica delle misure delle piramidi. Secondo i due ricercatori i rapporti di proporzione che troviamo nei giganteschi solidi della piana di Giza e altre misure trigonometriche non sarebbero assolutamente frutto del caso. All'interno di quel complesso sistema algebrico fatto di numeri ricorrenti sarebbe nascosto un messaggio per la maggior parte ancora incomprensibile ma che racchiuderebbe suggestivi richiami alle proporzioni del pianeta Terra, al DNA umano e concetti astronomici complessi come la già citata precessione.

Leggiamo cosa dicono a proposito gli stessi studiosi nel loro libro "Il codice delle piramidi":

«Riunendo questo calcoli e i loro risultati in un sistema possiamo affermare che il complesso delle piramidi di Giza testimonia di un'unicità che sottintende un ordinamento di alto livello, opera di un'intelligenza superiore che ha sistematicamente pianificato e costruito l'intero complesso.

Anche se tutto non fu edificato allo stesso tempo, già all'inizio c'era a disposizione un piano generale noto ad almeno alcuni iniziati. Con la scoperta della matematica delle piramidi è diventato possibile, per la prima volta, capire il retroscena.

Si deve supporre che, nel complesso delle piramidi di Giza, siano tuttora nascoste molte leggi naturali non ancora scoperte e sarebbe un'impresa lodevole continuare a studiare sistematicamente questa tematica»[17].

Centro di gravità mondiale?

Ci sono altre domande che restano senza risposta per gli storici tradizionali e che sarebbe sciocco liquidare come semplici coincidenze. Nel 1884, quando a New York venne selezionato il meridiano di riferimento per la Terra, non furono tutti concordi nell'utilizzare il meridiano di Greenwich. Ci fu anche chi propose di utilizzare il meridiano che passava per la

---

[17] Horsth Bergman, Frank Rothe, *Il codice delle piramidi,* Newton Compton, 2005.

Grande Piramide. Questo perché dividendo la massa terrestre in parti uguali, il parallelo est-ovest e il meridiano nord-sud, si incrociano in un punto preciso situato sulla Grande Piramide. Gli antichi egizi decisero di erigere la Grande Piramide nell'esatto centro di gravità dei continenti oppure dobbiamo parlare di incredibile coincidenza? Anche questa domanda resta purtroppo senza risposta.

Solo coincidenze?

Ma le incredibili coincidenze, se vogliamo chiamarle così, che hanno alimentato il mito delle piramidi nel corso dei millenni sono tantissime:

• il peso della piramide di Cheope è di 5 milioni e 273 mila tonnellate. Se lo moltiplichiamo per un miliardo di miliardi è uguale al peso della Terra;
• il suo perimetro diviso per la metà dell'altezza è uguale al 3,14, cioè il pi greco, un valore che rappresenta il rapporto tra la circonferenza e il raggio di un cerchio e che sarà scoperto dai matematici molti secoli dopo Cheope;
• la temperatura interna alla piramide di Cheope è esattamente la temperatura media della Terra e varia con il passare del tempo;
• recenti studi inoltre hanno dimostrato che le pareti delle piramide di Cheope non sono perfettamente lisce ma impercettibilmente convesse. La curvatura che se ne ricava corrisponde al valore in gradi della curvatura terrestre.

Mettendo insieme tutti questi pezzi c'è chi ha avanzato l'ipotesi che la piramide di Cheope sia una rappresentazione in scala 1 a 43.200 della Terra. Ci sono poi studiosi che hanno proposto teorie che vanno molto al di là dei confini della scienza e che possono sembrare davvero fantascientifiche.

Macchina del Tempo?

Lo studioso canadese Erick McLuhan ha sostenuto infatti la tesi che all'interno delle piramidi esistessero forze sconosciute, forse di origine gravitazionale. Si tratterebbe di forze misteriose e totalmente ignote alla scienza moderna. Per dimostrare questa sua teoria McLuhan costruì una piramidi in plexiglas di 45 centimetri, con all'interno un banale supporto. Mise poi su questo supporto una normalissima bistecca ed una lama di rasoio. Dopo 20 giorni la lama, che al momento dell'inserimento nella piramide aveva perso l'affilatura, era tornata perfettamente affilata.

La bistecca invece, contrariamente a quanto si sarebbe potuto pensare, si trovava ancora in condizioni perfette. Ecco dunque che tornano le teorie che abbiamo già avuto modo di citare che sostengono che le piramidi riescano ad influire in modo inspiegabile anche sul flusso temporale. Siamo di fronte a enormi macchine del tempo? Impossibile affermarlo con sicurezza, anche se in passato numerosi archeologi o anche semplici turisti hanno raccontato di aver vissuto esperienze quantomeno insolite nei pressi o all'interno delle piramidi della piana di Giza.

Stargate

Non può non essere citata inoltre la teoria che considera le piramidi come veri e propri Stargate spaziali. Dobbiamo precisare però che la concezione di "porta delle stelle" per gli antichi era molto diversa a quella a cui siamo abituati grazie ai moderni film di fantascienza. Gli Stargate infatti potevano essere templi e costruzioni umane ma anche intere zone geografiche, delle dimensioni di diverse migliaia di chilometri quadrati. Solitamente non sono mai luoghi chiusi né luoghi dai confini ben definiti. Gli Stargate vennero costruiti da diversi popoli nell'antichità, spesso anche da civiltà che non avevano nulla in comune tra loro. Si trattava di costruzioni o di luoghi dedicati alle forze primigenie della natura, portali mistici in cui confluivano le antiche energie primordiali. Stonehenge, in Inghilterra, è il classico esempio di Stargate neolitico, costruzione che probabilmente palesava conoscenze ed energie che sono andate dimenticate nella notte dei tempi. Le piramidi della piana di Giza farebbero parte di questi misteriosi Stargate, luoghi mistici in cui confluiscono energie primordiali e che, forse, rimandano a saperi e popoli non originari del nostro pianeta.

Tecniche di costruzione

Ma, tornando all'ambito prettamente scientifico, c'è stato anche chi ha cambiato radicalmente il punto di partenza delle sue ricerche per risolvere il mistero della costruzione delle piramidi. Quasi tutte le teorie avanzate da storici ed archeologici infatti partono dall'idea che gli enormi blocchi che formano le piramidi siano stati messi uno sopra l'altro grazie ad una lunghissima rampa esterna.

A costo di enormi sacrifici gli schiavi egizi avrebbero dunque fatto scivolare questi enormi blocchi di pietra lungo le rampe. Si tratta però di una spiegazione che non ha mai convinto gli studiosi, come ha affermato l'egittologo Bob Brier della Long Island University di New York:

«In realtà tutte le ipotesi che sostengono che le piramidi furono costruite dall'esterno presentano dei problemi irrisolvibili, anche se considera la possibilità di un'unica lunghissima rampa di accesso. Per trasportare blocchi a 147 metri d'altezza, la rampa sarebbe dovuta essere lunga almeno un chilometro e mezzo. Sarebbe stato come costruire due piramidi anziché una. L'ipotesi poi, avanzata da Erodoto nel 450 avanti Cristo, che per la costruzione si sarebbero utilizzate gru o rampe di legno non sta in piedi perché per fare ciò non ci sarebbe stato legno sufficiente in tutto l'Egitto»[18].

L'architetto francese Jean Pierre Houdin ha totalmente ribaltato questa prospettiva: partendo dalla piccola cavità presente all'interno della piramide di Cheope il francese ha avanzato l'ipotesi che le piramidi siano state costruite dall'interno, e non dall'esterno. Per raggiungere la sommità di questi enormi edifici gli antichi egizi avrebbero dunque utilizzato un tunnel inclinato e a forma di spirale che partiva dalla base della piramide. Ecco cos'ha detto a questo proposito Houdin:

«Per secoli gli archeologi hanno ignorato l'evidenza che era lì di fronte a loro. L'idea che le piramidi furono costruite dall'esterno era proprio sbagliata. Ma se si parte da un elemento errato per risolvere un problema non si arriverà mai alla soluzione. E questo è quello che è successo nello studio delle piramidi egizie»[19].

Cerchiamo di capire come sarebbero state dunque costruite le piramidi secondo questa teoria rivoluzionaria. La Grande Piramide secondo Houdin sarebbe stata costruita in due diversi periodi. Prima i blocchi vennero trascinati su una rampa per dare vita alla base della piramide. In un secondo momento i blocchi utilizzati per la rampa iniziale sono stati "riciclati" per costruire la parte superiore della piramide, facendo anche sparire tutte le tracce del piano inclinato utilizzato nella prima fase.

Ma sentiamo di nuovo Houdin a questo proposito:

«Dopo aver costruito la fondazione della piramide, gli operai iniziarono a costruire un tunnel inclinato, interno alla piramide e a forma di cavatappi che seguì la crescita della piramide stessa fino alla sua cima. Poiché il tunnel si trova dentro la piramide, quando questa venne terminata alcuni blocchi chiusero l'uscita e il tunnel, in pratica, scomparve dalla vista»[20].

Una conferma a questa teoria arriverebbe da una specie di buco esistente a circa 90 metri d'altezza nella grande piramide. Secondo Houdin infatti il tunnel in salita avrebbe richiesto aree a cielo aperto ai quattro angoli della piramide, indispensabili per far ruotare i blocchi di 90 gradi. Per effettuare queste operazioni molto probabilmente venivano utilizzati dei tronchi di legno. L'apertura di cui abbiamo parlato è posizionata proprio nella posizione in cui si dovrebbe trovare secondo la teoria elaborata dall'architetto francese. Mancano i due tunnel che si dovrebbero dipartire dalla piazzola, ma secondo Houdin probabilmente oggi i tunnel non sono più visibili perché vennero sigillati una volta che la piramide fu terminata.

Per avere avere una conferma assoluta della teoria di Hodin bisognerebbe studiare la

---

[18] Luigi Bignami, *Piramidi, mistero risolto. "Costruite dall'interno"*, La Repubblica, 18 novembre 2008.

[19] Ib.

[20] Ib.

piramide con i raggi infrarossi, dato che il calore emesso dalle pareti varierebbe rispetto alle zone in cui è presente il tunnel in salita.

«L'unica cosa necessaria è l'autorizzazione delle autorità dell'Egitto. Dopo basterebbe rimanere con una camera all'infrarosso puntata su tre lati della Piramide per circa 18 ore, osservando il calore che fuoriesce. Se l'ipotesi è corretta dovremmo poter osservare l'andamento del tunnel»[21].

---

[21] Luigi Bignami, op. cit.

«L'UOMO HA PAURA DEL TEMPO, MA IL TEMPO HA PAURA DELLE PIRAMIDI»

Oscuri enigmi racchiusi da millenni dietro a complicate formule matematiche, allineamenti astrali che si sono verificati agli albori della razza umana così come la conosciamo, miti e leggende che ci tramandano misteri non ancora comprensibili. Ma anche misteriose tecnologie e oscure conoscenze che nulla hanno a che vedere con il periodo in cui, secondo i libri di storia, le piramidi sarebbero state costruite.

Perché le piramidi ci affascinano così tanto anche dopo migliaia di anni? Perché ogni anno milioni di turisti sentono ancora il bisogno di recarsi presso questi luoghi nel bel mezzo del deserto? Quale oscura attrazione emanano nei confronti della razza umana?

È possibile che in realtà le piramidi parlino un linguaggio primordiale di cui, per ora, riusciamo a percepire il significato solo a livello inconscio? Quando potremo finalmente capire fino in fondo il senso di queste meravigliose costruzioni? Quanto tempo ci separa da quel giorno e quale percorso dovrà fare l'umanità per poter finalmente comprendere tutto questo?

Quel giorno purtroppo appare ancora lontano e nel frattempo le piramidi di Giza si ergono maestose, testimoni silenziose di un mistero ancora tutto da svelare.

Un antico detto arabo recita così:

«L'uomo ha paura del Tempo, ma il Tempo ha paura delle Piramidi».

Finora la storia gli ha dato ragione.

Jeremy Feldman

TUTANKHAMON

IL FARAONE DEL MISTERO

"La morte verrà su agili ali per colui che profanerà la tomba del Faraone"
(scritta incisa sull'entrata della tomba di Tutankhamon)

Per oltre 3000 anni i tesori e i misteri della tomba di Tutankhamon sono stati custoditi dalla sabbia del deserto. Tutto questo fino a quando gli archeologi e gli avventurieri del secolo scorso hanno scoperto l'ultima dimora del faraone bambino e ci hanno messi a confronto. con quello che è a tutti gli effetti uno dei più grandi enigmi della storia. Chi era veramente Tutankhamon?

Il suo regno è stato tra i più brevi della storia dell'Egitto, in vita non venne celebrato come un eroe o un conquistatore, la sua politica economica non fu delle migliori eppure ancora oggi il nome del faraone Tutankhamon è quello che tutti ricordano.

Perché il nome di Tutankhamon suscita ancora oggi un misto di timore e reverenza in chi lo ascolta? Quali segreti si nascondono dietro la famosa "maledizione del faraone" che da decenni sta mettendo a dura prova le credenze di scienziati ed archeologi di tutto il mondo?

Quello che stiamo per intraprendere è un vero e proprio viaggio all'interno del mistero. Un viaggio carico di suspense dove niente è ciò che sembra e dove tutto può essere riletto da una diversa angolatura semplicemente spostando di poco la nostra prospettiva.

Disgrazie e morti misteriose hanno accompagnato il ritrovamento della tomba del re fanciullo sin dai primi giorni di quella sensazionale scoperta. Un destino nefasto che a quanto pare contraddistinse la vita di Tutankhamon fin dalla sua nascita.

Attenzione però qui potremmo trovarci di fronte ad una vera e propria scoperta sensazionale, di quelle in grado di riscrivere la storia come la conosciamo. Recenti studi hanno infatti aperto l'orizzonte a nuove ed avvincenti teorie che, se confermate, potrebbero cambiare per sempre la storia del mondo.

Preparatevi dunque ad un viaggio all'interno dei capisaldi della cultura occidentale. Questo tipo di rivelazioni però non sono per tutti. Se non siete disposti a mettere in gioco le vostre credenze più profonde in fatto di storia e religione è meglio che vi fermiate qui e adesso. Non disturbate il sonno del più misterioso dei faraoni.

A tutti quelli che avranno il coraggio di proseguire nella lettura consiglio di procurarsi una bibbia, in particolare il libro dell'Esodo. Vi servirà, che ci crediate o meno.

UN PADRE INGOMBRANTE

Come abbiamo visto nelle pagine precedenti non sono rimasti molti documenti storici che ci possano aiutare a far luce sulle complicate successioni e sulle dinastie dell'antico Egitto. Non dobbiamo mai dimenticare infatti che presso i faraoni era pratica comune la cosiddetta damnatio memoriae, ovvero sia la cancellazione di ogni riferimento, immagine, statua o menzione scritta del faraone che era venuto prima di loro o comunque di quello che era considerato un nemico o un antagonista, seppure già morto. In alcuni casi questa operazione, che ricorda molto la "cancel culture" di moda ai giorni nostri, è riuscita così bene che oggi non sappiamo con certezza chi abbia regnato in periodi storici più o meno lunghi. Sulla base delle poche fonti disponibili e di complicate ricostruzioni dinastiche, gli studiosi e gli archeologi, specialmente negli ultimi due secoli ovvero da quando è esplosa la mania dell'egittologia, sono riusciti a colmante alcune lacune. Nonostante tutto il dibattito è ancora in molti casi apertissimo.

Negli ultimi anni i progressi della scienza hanno permesso di fare un ulteriore passo avanti dando delle informazioni sicure ed incontrovertibili. In particolare stiamo parlando dell'analisi del DNA. Che ci crediate o meno le mummie dell'antico Egitto, nonostante i trattamenti chimici subiti nell'antichità e le migliaia di anni passati, conservano intatto tutto il loro patrimonio genetico.

A questo punto analizzando frammenti del tessuto osseo o dei tessuti muscolari di un faraone defunto possiamo ricostruire il suo rapporto di parentela con chi è venuto prima e dopo di lui. Anche nel caso di Tutankhamon vi sono state nel corso del secolo scorso accese diatribe riguardo la sua ascendenza. Gli egittologi di tutto il mondo hanno dibattuto alacremente attorno alla figura del faraone bambino (tra poco vedremo perché gli venne dato questo soprannome) nel tentativo di determinare con esattezza chi fosse stato il suo predecessore.

A prima vista quello di cui stiamo parlando potrebbe sembrare un problema di lana caprina, ma questo tipo di indagine ha una valenza molto importante, e non solo per quanto riguarda gli aspetti legati alla cosiddetta veridicità storica. Collocare un faraone o un qualsiasi altro importante personaggio in un determinato periodo storico piuttosto che in un altro, infatti, può cambiare radicalmente la nostra lettura degli eventi storici nel loro complesso.

Per esempio oggi come oggi siamo in grado di collocare storicamente la morte di Cristo perché nei Vangeli sinottici viene fatto il nome di Ponzio Pilato, il prefetto romano in Giudea che sappiamo con certezza ricoprì quel ruolo tra il 26 ed 36 d.C. Proviamo a immaginare le tremende implicazioni che la mancanze di questa informazione avrebbe potuto potenzialmente produrre su tutta la nostra percezione degli eventi storici. Se i registri romani e le altre fonti in nostro possesso non avessero registrato con precisione il mandato di Pilato, adesso probabilmente saremmo qui a dibattere sulla effettiva data di morte di Cristo, spostando in avanti o indietro questo evento magari anche di uno o due secoli, con tutte le implicazioni di carattere politico e religioso che questa operazione potrebbe avere. Ma torniamo a Tutankhamon e ai misteri dell'antico Egitto.

La svolta del DNA

Come dicevamo recenti analisi sul DNA della mummia hanno definitivamente messo fine all'annosa diatriba sull'ascendenza di Tutankhamon. Secondo gli esperti di genetica che hanno analizzato i campioni del corpo mummificato, il Faraone bambino sarebbe figlio di Akhenaton e di una sorella di quest'ultimo. In buona sostanza dunque Tutankhamon sarebbe stato il frutto di quello che oggi definiremmo un rapporto incestuoso, e probabilmente è in questa anomalia genetica che vanno ricercate le cause di alcune malformazioni fisiche ancora oggi visibili nella mummia. Alcuni esperti hanno poi avanzato l'ipotesi che Akhenaton avesse preso per mogli anche alcune delle sue figlie, come dimostrerebbero alcune analisi sul DNA compiute su altre mummie.

Per lo storico indipendente Immanuel Velikovsky, infine, Akhenaton si sarebbe sposato anche con sua madre, la regina Tiye, e sarebbe diventato per il mondo classico l'archetipo di quello che sarebbe passato alla storia come il mito di Edipo. Attenzione però, quella che ci può apparire come una pratica barbara e moralmente esecrabile è stata in uso in molte zone d'Europa fino a non molti anni fa.

Le nobili casate europee infatti avevano l'abitudine di mescolarsi solo tra di loro con risultati spesso mostruosi da un punto di vista genetico. Dopo pochi passaggi era inevitabile che due parenti più o meno stretti (e portatori di un simile patrimonio genetico) finissero per sposarsi. La mancanza di ricambio nei geni produceva delle anomalie (fisiche e mentali) in molti casi invalidanti, se non addirittura mortali.

Come abbiamo detto Tutankhamon era figlio di Akhenaton. Su questo non ci sono più dubbi, quello su cui invece si dibatte ancora è se Tutankhamon sia stato il successore diretto di Akhenaton o meno. In buona sostanza ci si chiede se tra il regno del padre e quello di Tutankhamon non vi sia stato un regno intermedio, durato pochissimi anni o magari solo una manciata di mesi, visto e considerato che a quanto pare Tutankhamon salì al trono quando non aveva ancora 10 anni. Il problema ancora una volta sono le fonti storiche dell'antichità che ci hanno consegnato elenchi dinastici che alle volte fatichiamo a collocare nelle loro interezza con assoluta precisione, o per lo meno con un grado di approssimazione accettabile. Ma chi era Akhenaton? Sono sicuro che molti di voi non lo avranno mai sentito nominare. È certamente meno famoso a livello popolare di altri faraoni come Cheope o Ramses II, che visse più di 80 anni ed ebbe all'incirca 100 figli, ma anche come altri celebre personaggi dell'antico Egitto, come ad esempio Cleopatra o Nefertiti.

Eppure, che ci crediate o meno, Akhenaton è stato se possibile il più importante faraone della storia dell'antico Egitto, o per lo meno quello che probabilmente ha influenzato di più la storia e la cultura mondiale.

Akhenaton

Akhenaton era figlio di Amenhotep III della XIII dinastia. Anche in questo caso gli storici stanno ancora dibattendo sulla linea dinastica che avrebbe portato al trono Akhenaton, quello che però sappiamo con certezza è che appena incoronato re si fece chiamare Amenhotep IV. Amenhotep era probabilmente il suo vero nome, ma ad un certo punto del suo regno decise di cambiarlo in Akhenaton. Quello che può sembrare un gesto insignificante o nella migliore delle ipotesi un semplice vezzo, nasconde in realtà significati ben più profondi e rivoluzionari.

Il nome Amenhotep infatti significa "Gradito dal Dio Amon", un nome molto impegnativo dunque dato che Amon era la principale divinità della religione Egizia. Akhenaton invece significa "strumento nella mani del dio Aton" ovvero il disco solare manifestazione della divinità Aton. Una semplice scaramanzia? Una devozione particolare ad una divinità piuttosto che ad un'altra?Niente di tutto questo.

Akhenaton è stato il primo ed unico faraone egizio ad aver imposto un culto di tipo monoteistico al suo popolo. Passare da un olimpo, chiamiamolo così, di diverse divinità ad un solo dio è un'operazione rivoluzionaria e per nulla semplice. Si tratta in buona sostanza di cancellare in un attimo millenni di credenze di un popolo per sostituirle con qualcosa di nuovo. Il tutto ovviamente confrontandosi con una classe sociale composta da ministri del culto che per secoli avevano ottenuto privilegi e potere proprio in virtù del loro ruolo religioso legato a una divinità piuttosto che ad un'altra.

La conversione di un popolo partendo dal vertice è cosa tutt'altro che semplice. Non dobbiamo poi cadere nell'errore di paragonare questo tipo di operazione con quella del più celebre imperatore romano Costantino che, con l'editto di Milano del 313 d.C., di fatto sdoganò il culto cristiano nell'Impero Romano.

All'epoca di Costantino infatti la diffusione della nuova religione negli strati bassi della popolazione aveva assunto dimensioni tali per cui anche un semplice calcolo di convenienza avrebbe potuto spingere la classe dirigente ad accettare questa nuova forma di fede. Non dobbiamo poi dimenticare che i romani erano una nazione tutto sommato retta su principi laici e che, a differenza di altre culture dell'antichità, i ministri del culto non avevano mai avuto particolare ascendente sul senato o sull'imperatore. Ben diverso è quindi il caso di

Akhenaton che, apparentemente senza una grossa base di supporto a livello popolare, decise di punto in bianco di abbandonare il culto degli dei tradizionali per concentrarsi su di un unico dio. Possiamo solo immaginare quanto traumatica e complicata possa essere stata questa operazione. La transizione avrà sicuramente richiesto del tempo, ma quello che sappiamo è che già alcuni anni dopo la sua incoronazione Akhenaton ordinò di cancellare qualsiasi riferimento scritto o immagine di altre divinità, in modo da rimuoverne per sempre la memoria.

Akhenaton decise di spostare la capitale da Tebe ad Amarna, una città costruita ex novo più a nord in una zona desertica sulle rive del Nilo, dove si trasferì con tutto il suo clan, inclusa la bellissima e misteriosa moglie Nefertiti. Le immagini di Akhenaton giunte fino a noi ci restituiscono il volto e le fattezze di una persona dai tratti androgini, quasi femminili. Anche su questo aspetto poco chiaro gli studiosi dibattono ancora oggi. Qualcuno ha avanzato pure l'ipotesi che Akhenaton potesse avere una sessualità non convenzionale, ma su questo aspetto non esistono prove di alcun tipo.

Non va dimenticato poi che le abitudini sessuali dei popoli antichi erano molto più disinvolte di quanto la morale comune possa credere. Per altri si sarebbe trattato invece del tentativo del faraone di assomigliare alla divinità Aton, che infatti veniva descritta come "padre e madre" in un dualismo dottrinale che impegna esperti delle maggiori religioni monoteiste ancora ai giorni nostri. Questo basterebbe già a fare di Akhenaton una delle figure più controverse e rivoluzionare della storia dell'umanità ma, se possibile, c'è ancora di più.

La schiavitù egizia degli ebrei

Gli anni del regno di Akhenaton (1350-1330 a.C. circa) corrispondono grosso modo con gli anni della fine della schiavitù egizia degli ebrei, così come ci viene raccontata nel libro dell'Esodo della Bibbia. A tal proposito Freud, il padre della psicologia, ha avanzato una suggestiva ipotesi che, se confermata, potrebbe cambiare per sempre la storia del mondo come lo conosciamo. Nel testo biblico Mosè, il prescelto da Dio per guidare il popolo eletto fuori dall'Egitto, è descritto come un ebreo che sarebbe vissuto alla corte reale dopo essere stato ritrovato ancora in fasce sulle sponde del Nilo dalla figlia di un non meglio identificato faraone. Il nome del faraone in questione non viene mai reso noto nella Bibbia, il che ha lasciato adito alle più diverse interpretazioni.

Partendo dalle fonti bibliche Freud ha avanzato una nuova e interessante teoria che con il passare degli anni è sempre più accettata dagli studiosi. Secondo lui il Mosè biblico infatti altri non sarebbe che un sacerdote del nuovo culto monoteistico di Aton. Secondo questa ipotesi alla morte di Akhenaton Mosè e altri convinti sostenitori della nuova fede avrebbero lasciato l'Egitto per andare a stabilirsi altrove. Successivamente il culto di Aton sarebbe stato sostituito con quello di Yahweh nei testi biblici, ma fondamentalmente tutta la tradizione giudaico-cristiana giunta fino a noi altro non sarebbe se non la riproposizione dell'idea originale di Akhenaton e della sua religione monoteista.

Leggiamo cos'ha scritto a questo proposito Freud:

«Vorrei arrischiare una conclusione: se Mosè fu egizio, e se egli trasmise agli ebrei la propria religione, questa fu la religione di Akhenaton, la religione di Aton»[22].

Se accettiamo questa lettura dei fatti possiamo quindi immaginare che lo stesso Tutankhamon, o un suo successore molto vicino in termini di tempo, potrebbe essere il famoso faraone di cui parla la Bibbia, quello che si era rifiutato di trattare con Mosè e il suo gruppo (vedremo ben presto che Tutankhamon restaurò i culti antichi), scatenando così l'ira di Dio manifestatasi attraverso le famose 10 piaghe. Uno di questi flagelli prevedeva la morte del primogenito di ogni famiglia non ebrea. È stato accertato dagli studiosi che due figli di Tutankhamon sono nati morti, particolare che non ha fatto altro che accrescere l'alone di mistero legato a questa affascinante vicenda.

_____

[22] Sigmund Freud, *Moses and Monotheism*, Vintage Books, 1996.

IL RE BAMBINO

A quanto pare Tutankhamon salì al trono all'età di 9 o 10 anni. Vista la giovane età gli storici hanno ipotizzato che sia stato affiancato da tutori o da altri familiari più esperti nelle difficili e complesse decisioni che doveva prendere quotidianamente. In particolare si ritiene che due figure siano state particolarmente influenti nei primi anni del regno: il generale Horemheb e il visir Ay, che alla sua morte prenderà poi il suo posto sul trono.

Poco sappiamo dell'organizzazione del potere decisionale sotto il regno di Tutankhamon. Quello che è certo è che fin da subito decise (non è chiaro se di sua spontanea volontà o meno) di tornare alla pratica dei culti classici rinnegati dal padre, e di spostare nuovamente la capitale a Tebe, di fatto operando una restaurazione in piena regola. Sappiamo poi che cambiò pure il suo nome che all'inizio era quello di Tutankhaton, dove la radice -aton era un chiaro riferimento alla divinità Aton. Il nuovo appellativo invece mostrava con forza il nome Amon (letteralmente Tutankhamon significa "l'immagine vivente di Amon"), ovvero quello della maggior divinità classica della religione tradizionale egizia, in un evidente segnale di ritorno al passato.

Come abbiamo detto la transizione imposta verso una religione di tipo monoteistico era stata probabilmente mal vissuta da gran parte del popolo e sicuramente dai ministri dei culti tradizionali. Lo stesso dicasi poi dello spostamento della capitale in quella che era a tutti gli effetti una cattedrale nel deserto costruita dal niente. L'aver messo mano a queste anomalie avrebbe dovuto elevare il faraone al rango di divinità, di salvatore o per lo meno di idolo delle masse. Ciononostante la figura di Tutankhamon è tra le meno celebrate della storia dell'antico Egitto, al punto tale che in molti si sono interrogati sulle reali decisioni prese dal faraone bambino. Possiamo ipotizzare che già nei tempi antichi apparisse chiaro a tutti che un bambino di neppure 10 anni non avesse ancora sviluppato un sentimento religioso ed un fiuto politico tale da spingerlo a cancellare con un colpo di spugna tutto quello che aveva fatto suo padre prima di lui. Evidentemente, oggi come ieri, era chiaro a tutti che le decisioni più importanti venivano prese da persone vicine al faraone e animate da scopi ben diversi. In sostanza possiamo ipotizzare che la figura di Tutankhamon fosse percepita come quella del classico sovrano di facciata manipolato da poteri occulti.

Gli studiosi non hanno alcun dubbio sul fatto che il consiglio di reggenza, che governò l'Egitto durante la minore età di Tutankhamon agì in maniera assolutamente indipendente dalla volontà del giovane sovrano. Il consiglio era formato da Ay, già consigliere di Akhenaton e futuro faraone dopo Tutankhamon, da Horemheb, il capo dell'esercito, e da Maya, sovrintendente reale e poi sovrintendente della Valle dei Re. Il fatto che Ay sia diventato il successore del faraone bambino ha fatto nascere molti sospetti su questa figura di notevole importanza già ai tempi del regno di Akhenaton. Sotto il padre di Tutankhomn infatti Ay aveva ricoperto incarichi molto prestigiosi, come quello di Portatore del flabello alla destra di sua maestà, Capo di tutti i cavalli del re, Primo degli scribi di sua maestà, Padre del dio. Gli storici non sono riusciti a capire se Ay fosse di stirpe regale o meno, l'ipotesi più accreditata è che Ay e sua moglie Tey fossero i genitori di Nefertiti, la moglie di Akhenaton. Nei rilievi della tomba di Tutankhamon il consigliere Ay è raffigurato mentre sta eseguendo la Cerimonia di apertura della bocca, rito di fondamentale importanza che era riservato esclusivamente all'erede al trono. Anche il regno di Ay durò poco, appena 4 anni, anche perché salì al trono in età molto avanzata per gli standard dell'epoca (quando divenne faraone infatti aveva già 69 anni).

Da un punto di vista di politica internazionale Tutankhamon (o chi per lui) pare abbia intrattenuto buoni rapporti con la maggior parte delle popolazioni vicine, come testimonierebbero i molti regali provenienti da diverse parti del mondo antico ritrovati all'interno della sua tomba. È bene però anticipare subito un dettaglio di non poca importanza. La tomba di Tutankhamon è praticamente l'unica tomba regale egizia arrivata fino a noi pressoché inviolata. La stragrande maggioranze delle altre tombe, se non tutte, sono state infatti saccheggiate fin dall'antichità e tutti i manufatti di valore che in esse erano contenuti sono stati trafugati. Per questo motivo è difficile oggi come oggi stabile una diretta connessione tra gli oggetti ritrovati all'interno della tomba di Tutankhamon e la sua politica estera.

In altre parole manca la possibilità di confrontare la sepoltura di Tutankhamon con quella di un altro faraone che ha avuto cattivi rapporti con altri popoli. Per questi motivi non è impossibile affermante che la presenza di regali o omaggi provenienti dall'estero altro non fosse che una comune usanza a quei tempi anche in situazioni di rapporti internazionali difficili.

Una radiografia del faraone

Da un punto di vista fisico Tutankhamon doveva essere alto circa 165cm (probabilmente 163, ma c'è chi sostiene fosse alto 160 centimetri) e avere una corporatura minuta. Le ossa dei piedi sembrano presentare i segni di una malformazione genetica, probabilmente imputabile alla sua nascita incestuosa. Pare sicuro che zoppicasse, tanto è vero che all'interno del suo sepolcro sono stati trovati ben 300 bastoni. Approfondite analisi hanno poi rilevato la presenza dei batteri della malaria nei tessuti della mummia. Le indagini mediche svolte nel 2009 e rese pubbliche nel 2010 sul JAMA (Journal of the American Medical Association), hanno anche dimostrato in maniera evidente che il faraone soffriva del male di Kohler, che lo obbligava appunto ad utilizzare un bastone per poter camminare. A questo dobbiamo aggiungere i segni di una frattura scomposta alla gamba sinistra che sono emersi attraverso l'analisi ai raggi X. In poche parole stiamo parlando di un quadro clinico molto complicato che, come ormai è accertato, portò alla prematura morte di Tutankhamon quando aveva appena 18 o 19 anni. Per quanto nell'antichità la vita media fosse molto più bassa di oggi, si tratta comunque di una morte prematura anche per quei tempi, soprattutto se si considera che in teoria i faraoni o comunque gli alti dignitari facevano una vita con molte più tutele e benefici del resto della popolazione. Alla morte, si presuppone improvvisa, del sovrano non vi era nessun discendete diretto (come abbiamo visto due figli di Tutankhamon erano morti prima di venire alla luce). Si creò dunque un problema di successione dinastica che Ay seppe sfruttare abilmente per diventare il nuovo faraone.

Le vita quotidiana del sovrano

Gli studiosi, grazie ai reperti rinvenuti nella tomba di Tutankhamon, hanno provato a ricostruire la sua vita e le sue abitudini, incrociando quei reperti con le conoscenze accademiche sulla vita in Egitto in quel periodo e di cui parleremo più avanti nel corso di questo lavoro. All'interno della tomba vennero rinvenuti numerosi archi con più di 400 frecce, ma anche un'enorme quantità di mazze, pugnali e altre armi da lancio. Inoltre erano sepolti nella tomba 6 carri costruiti con legno dorato e con rilievi e intarsi di vetro colorato. Gli storici sono concordi col ritenere che Tutankhamon fosse appassionato di carri e che amasse il nuoto, la caccia e la pesca. Abbiamo anche un'importante testimonianza relativa all'abbigliamento del faraone, dato che all'interno della tomba vennero trovati anche tantissimi abiti, sandali, monili e gioielli. Sotto alla gonnellina tipica degli egizi Tutankhamon era solito indossare un perizoma triangolare di lino, che veniva poi legato alla vita. Il faraone amava indossare inoltre camice di vario tipo, tutte però decorate con ricami lungo la scollatura. Si tratta di capi che a noi possono sembrare normali, ma è importante sottolineare che creare una camicia di questo tipo all'epoca aveva un costo di circa 3.000 ore-lavoro.

Pochi giorni dopo la morte di Tutankhamon pare che la vedova del faraone avesse chiesto al re degli Ittiti di fargli sposare uno dei suoi figli in modo da farlo succedere al trono. A quanto pare il re Suppiliuliuma I avrebbe acconsentito a inviare uno dei suoi figli in quella che potrebbe essere definita una delle prima unioni matrimoniali a scopo politico della storia di cui ci sia una documentazione certa. Purtroppo però il ragazzo venne ucciso in circostanze mai chiarite. Il risultato fu un vuoto di potere nel quale riuscì ad inserirsi Ay, il visir e consigliere di Tutankhamon, che infatti si fece proclamare faraone sposando la vedova del defunto sovrano.

Il funerale del faraone

Il funerale di Tutankhamon fu un evento grandioso, come si confaceva all'addio dalla terra di un essere divino. Vediamo cos'ha scritto a questo proposito Philipp Vandenberg:

«[…] All'ingresso della tomba preparata in fretta e furia, quasi dirimpetto, Teje dorme da pochi anni l'estremo sonno. Su un altare provvisorio scoppietta sul fuoco sacrificale. I partecipanti al funerale si sono andati piazzando intorno al fuoco. I servi cuociono le vettovaglie; anche i preziosi vasi vengono collocati tra le fiamme […] I sordi colpi dei bastoni sui tamburi di legno accompagnano l'oscillare degli incensieri in mano ai sacerdoti che spruzzano anche il latte, mentre in fila tutti entrano nel sepolcro. Dapprima si fa strada una processione di statue, seguita da portatori di casse e cassette; si vedono suppellettili di piccole dimensioni, stoviglie, vasi con unguenti e oli. Ankhesenamon viene accompagnata lontano dal marito; nove uomini prendono la bara. I colpi di tamburo si intensificano; gli incensieri oscillano più rapidi. I nove amici gridano a turno: "Dio viene. Dio viene". Poi la bara scompare nella tomba. Rivedrà la luce tremiladuecentosessantatré anni più tardi. I tamburi di lutto e di tristezza tacciono. Rapidamente la scena cambia. Si stendono le stuoie, si preparano le mense, il cibo viene distribuito, e anche le bevande: inizia il banchetto funebre. La musica è allegra. Danzatrici con il corpo coperto unicamente da qualche fiore di loto fanno di tutto per allontanare la tristezza. Il rito funebre che si svolge nella tomba durerà ancora a lungo. Il sovrano appartiene ormai al regno dei morti, è caduto nelle mani dei sacerdoti. Oscure e misteriose sono le cerimonie che hanno luogo nella sepoltura poche ore prima che essa venga chiusa per sempre. Fu Ankhesenamon a deporre l'ultimo mazzo di fiori sulla bara dell'amato consorte, gli stessi fiori ritrovati poi da Howard Carter […]»[23].

Il pene del faraone

Tra i tanti particolari misteriosi, curiosi e bizzarri emersi in questi decenni sulla figura di Tutankhamon non possiamo non citare quello relativo al misterioso furto del pene del faraone bambino. A dire il vero non si tratta di nessun furto, anche se nel 2007 era circolata con insistenza una voce relativa alla misteriosa sparizione del pene di Tutankhamon.

Zahi Hawass, all'epoca Direttore del Consiglio superiore delle antichità, ha però smentito ufficialmente la notizia:

«È tutto falso. Il pene è caduto nella sabbia due anni fa quando stavamo facendo una tac alla mummia ma l'abbiamo subito recuperato. E comunque per quale motivo avrebbero dovuto rubare il pene? Per venderlo? Come avrebbero provato che era proprio quello di Tutankhamon?».

---

[23] Philipp Vandenberg, *The curse of the pharaohs,* Barnes & Noble, 1992.

La notizia era circolata dopo che l'egittologa Salima Ikram, in un documentario trasmesso dalla televisione britannica Channel Five, aveva dichiarato di aver scoperto il furto del pene reale confrontando le radiografie effettuate sulla mummia nel 1926 con quelle fatte nel 1968. La studiosa aveva poi affermato che il furto sarebbe stato commesso da soldati inglesi di stanza in Nord Africa, oppure nel periodo della Seconda Guerra Mondiale quando, per forza di cose, la sorveglianza sulla tomba era minima.

Ma le curiosità e le pruderie sulla mummia del faraone bambino non sono finito perché, a quanto pare, il cadavere di Tutankhamon venne mummificato con il pene in erezione, per la precisione con un angolo di 90°. A rivelarlo è stata Salima Ikram, egittologa dell'università americani di El Cairo, con un articolo scientifico pubblicato dalla rivista Études et Travaux. Secondo la studiosa il motivo di questa inusuale mummificazione fu il tentativo di combattere lo scisma religioso attuato dal padre di Tutankhamon[24].

---

[24] Salima Ikram, *Some Thoughts on the Mummification of King Tutankhamun,* Études et Travaux 28: 292-301, XXVI
2013.

LA VITA NELL'ANTICO EGITTO

La vita nell'Antico Egitto dipendeva essenzialmente dal Nilo, fiume senza il quale l'intero Egitto sarebbe stato un immenso e desolato deserto. Il Nilo era anche la principale via di comunicazione lungo tutto il paese, di fatto l'unico modo per collegare tra loro città, villaggi e regioni che distavano anche centinaia se non addirittura migliaia di chilometri. A settembre il Nilo straripava e, dopo che le sue acque si erano ritirate, lasciava sul terreno il limo, uno strato di fango nero che rendeva incredibilmente fertile il terreno. Grazie al limo infatti i contadini egiziani avevano la possibilità di coltivare fino a tre raccolti all'anno.

A nord di Menfi il Nilo si divide in piccoli rami, formando un enorme delta che crea un complesso ecosistema naturale. Si trattava di una zona essenzialmente paludosa ma che fin dai tempi antichi era estremamente fertile e facilmente coltivabile.

Il Nilo divideva (e divide) l'Egitto in due parti, il Deserto Orientale e il Deserto Occidentale. Il primo è ricco di preziosi minerali, come ad esempio l'oro. Il Deserto Occidentale invece ha alcune piccole oasi che producono acqua a sufficienza per coltivare raccolti di dimensioni modeste, ma comunque preziosissimi per chi vive all'interno di un ecosistema difficilissimo come quello del deserto, in cui le condizioni di vita sono al limite della sopportabilità. La zone della Valle del Nilo, situata al centro dell'Egitto poco sopra la città di Tebe, è una valle larga appena 19 chilometri che ma che si estende per quasi 6.000 chilometri di lunghezza.

Cronologia dei "Regni" egiziani

Più di 5.000 anni fa l'Egitto era già costituito in un'unica grande nazione che univa l'Alto Egitto, cioè la Valle del Nilo, e il Basso Egitto, vale a dire la zona del delta del Nilo. Dalla III dinastia in poi (2600 a.C. circa) i faraoni vennero considerati vere e proprie divinità viventi. A partire da questo momento gli egiziani iniziarono a costruire le piramidi, gigantesche strutture in pietra che in realtà altro non erano se non le tombe dei faraoni.

Dopo la V dinastia (2200 a.C. circa) però i faraoni persero il loro effettivo potere e il regno venne diviso in due, divisione che continuò fino al cosiddetto Primo Periodo Intermedio (XI dinastia, 2000 a. C. circa).

Ecco comunque una cronologia sintetica dei vari regni che si alternarono nell'Antico Egitto:

- Periodo Arcaico: 3100 - 2600 a.C., I e II dinastia.
- Antico Regno: 2600 - 2200 a.C., III-VI dinastia.
- Primo periodo intermedio: 2200 - 2052 a.C., VII-X dinastia.
- Medio Regno: 2052-1786 a.C., XI-XII dinastia.
- Secondo periodo intermedio: 1786-1567 a.C., XIII-XVII dinastia
- Nuovo Regno: 1567-1075 a.C., XVIII-XX dinastia.
- Epoca Tarda: 1075-332 a.C., XXI-XXXI dinastia.

Come abbiamo visto i faraoni non erano semplicemente i regnanti dell'Antico Egitto, ma erano considerati vere divinità, fatto peraltro comune in quasi tutte le civiltà antiche. La funzione regale era direttamente collegata al dio Horus o, altre volte, al dio Sole Ra. Il dio Horus spesso veniva rappresentato come un falco. Si trattava del dio che aveva un legame più stretto con il faraone in quanto dio vivente. Per questo motivo si credeva che lo spirito di un defunto potesse prendere la forma di un falco. Qualsiasi gesto della quotidianità del faraone, anche il più insignificante, era vissuto come atto religioso dai significati oscuri e profondi. Gli scribi erano i consiglieri del faraone, normalmente si trattava di nobili che vivevano a corte con tutta la loro famiglia. Oltre agli scribi anche i sacerdoti e i capi delle principali province aiutavano il faraone nel gestire gli aspetti burocratico-amministrativi del regno che, come è facile immaginare, erano numerosissimi. Il potere del faraone era illimitato: era il proprietario assoluto di tutto l'Egitto e poteva disporre a suo piacimento della vita degli egiziani senza limitazione alcuna. La sua parola era legge e nessuno poteva opporsi in nessun modo alle sue decisioni.

La religione egizia

Il pantheon egiziano era composto da centinaia di divinità diverse. Tutte le divinità egizie naturalmente erano imparentate tra loro e la stragrande maggioranza era associata ad un animale sacro. Per ogni egiziano dell'antichità qualsiasi momento della vita comune era regolato dalla religione, tanto che in ogni edificio esisteva uno spazio specificatamente dedicato al culto. La ricorrenza più importante era la celebrazione del dio Amon che durava più di un mese e si svolgeva sempre durante il periodo dell'inondazione del Nilo, periodo in cui non era fisicamente possibile lavorare i campi. Wadjit era la dea del Delta del Nilo. Veniva raffigurata con la testa di un leone sormontata da un cobra, animale che rappresentava il Basso Egitto.

Osiride inizialmente era la divinità che curava la crescita delle piante e veniva raffigurato con la pelle verde. Era fratello e marito di Iside, che lo fece tornare dalla morte dopo che il crudele fratello Seth lo aveva ucciso per usurpare il suo trono. Grazie a Iside dunque Osiride divenne il regnante dell'oltretomba.

Hathor invece era la moglie di Horus ed era la dea che proteggeva gli strati più deboli della popolazione, vale a dire i bambini e le donne. Sul suo capo portava il disco del sole circondato da corna di toro, tanto che a volte veniva raffigurata con testa di giovenca.

L'occhio di Horus simboleggiava il sole e la luna e veniva considerato un vero e proprio portafortuna, una sorta di amuleto capace di tenere lontana la sfortuna e di annullare il malocchio.

Anubi, raffigurato con testa di sciacallo, era invece il dio della morte.

La mummificazione

Gli antichi egizi erano profondamente convinti che la vita umana continuasse dopo la morte terrena. Per questo motivo svilupparono un complesso metodo di preservazione dei cadaveri, in modo di garantire ai defunti la miglior vita possibile anche nell'oltretomba. Stiamo parlando ovviamente della mummificazione, che però veniva effettuata soltanto sulle persone di alto rango dato che si trattava di un procedimento lungo e molto costoso per gli standard dell'epoca. I sacerdoti di Anubi si occupavano della mummificazione del cadavere, operazione che richiedeva all'incirca sessanta giorni.

Il cadavere una volta che era stato lavato e pulito veniva completamente disidratato con un particolare tipo di sale di sodio, il natron, mentre veniva bruciato dell'incenso all'interno della sala. Le viscere e il cervello del defunto venivano prelevati dal cadavere per essere poi riposti all'interno dei cosiddetti canopi, vasi decorati che venivano poi sepolti insieme al corpo. Gli egizi avevano raggiunto una così alta perizia nelle tecniche di imbalsamazione che la testa mummificata del faraone Seti I della XIX dinastia (vissuto quindi più di 3000 anni fa) è giunta a noi in condizioni incredibili, tanto che a tutt'oggi si possono vedere perfettamente i lineamenti del volto.

Il sacerdote che durante la cerimonia indossava la maschera del dio Anubi si occupava di pesare il cuore del defunto su una particolare bilancia, detta per l'appunto la "bilancia di Anubi".

Lo scopo di questo rito era quello di determinare se il defunto in vita era stato abbastanza puro da poter accedere all'aldilà. La mummia veniva poi avvolta bendata in lunghe fasce di lino, dopo di che veniva riposta all'interno di una bara di legno. La bara a sua volta era rinchiusa all'interno di un sarcofago di pietra pesantissimo che veniva portato all'interno della tomba con una slitta dopo una lunga processione.

I geroglifici

Gli egizi sono rimasti celebri anche per l'invenzione di un particolarissimo tipo di scrittura, la cosiddetta scrittura geroglifica, termine che deriva dal greco e che letteralmente significa "scrittura sacra". Si tratta di una serie di piccoli disegni che, combinandosi tra loro, danno vita a particolari suoni o concetti.

Per scrivere sul papiro gli egizi utilizzavano una particolare cannuccia contente dell'inchiostro, oppure se dovevano scrivere su pareti o rocce veniva invece utilizzato uno scalpellino per ovvi motivi. Dato che i geroglifici erano molto complessi e richiedevano molto tempo, esistevano anche altri tipi di scrittura, come ad esempio quella definita "demotica" e quella invece che chiamiamo "ieratica". La prima era un tipo di scrittura popolare utilizzata sul finire del Nuovo Regno. Veniva utilizzata principalmente per abbreviare la scrittura ieratica.

Come abbiamo detto per scrivere correttamente utilizzando i geroglifici occorreva molto tempo, ecco perché gli scribi e i sacerdoti, le categoria che più di altre utilizzavano la scrittura per motivi professionali, avevano elaborato una sorta di scrittura abbreviata, che viene appunto definita ieratica.

Per quanto riguarda invece i calcoli numerici ricordiamo che gli egiziani non utilizzavano alcun segno per rappresentare lo zero, né per i numeri che sono compresi tra il 2 e il 9. È facile immaginare dunque quanto fosse complicato scrivere operazioni matematiche relativamente semplici dato che, ad esempio, per scrivere il numero 435 bisognava utilizzare 4 segni da 100, tre da 10 e cinque da 1!

L'alimentazione

Cosa mangiavano gli antichi egizi? I contadini avevano una dieta basata essenzialmente sul pane, che veniva accompagnato con fagioli, cipolle, rape, lenticchie e porri. I nobili e i ricchi invece avevano una dieta molto più varia e consumavano molta carne, nella maggior parte dei casi selvaggina o carne di manzo. Particolarmente pregiati erano gli uccelli che vivevano lungo il Delta del Nilo e che veniva catturati con una serie di trappole ad hoc. Il piatto più apprezzato e prelibato nell'Antico Egitto restava comunque la carne di manzo. Venivano consumate anche insalate, di solito di lattuga o di cetrioli. I dolci infine veniva prodotti con il miele.

Nonostante il Nilo fosse un fiume molto pescoso non si hanno grandi testimonianze del consumo di pesci da parte degli egizi. I pesci infatti erano riservati soprattutto agli strati più bassi della popolazione che, comunque, preferivano nutrirsi con carne di maiale. Le pietanze venivano servite a tavola in piatti e ciotole di ceramica.

Gli egizi non conoscevano l'utilizzo di posate e, di conseguenza, mangiavano con le mani. Contrariamente a quanto si creda gli egizi conoscevano il vino: l'uva infatti veniva schiacciata direttamente con i piedi. Veniva quindi raccolto il succo per farlo fermentare in vino. Anche la birra era nota agli egizi, anzi si può dire che fosse la bevanda principale del popolo dei faraoni. Per prepararla si utilizzavano delle pagnotte di orzo poco cotte che venivano inzuppate e schiacciate fino a che non erano ridotte a poltiglia. A quel punto il liquido che se ne ricavava veniva fatto fermentare e poi filtrato in grandi vasi per essere conservato.

UNA SCOPERTA ECCEZIONALE

I primi scavi moderni nella cosiddetta Valle dei Re (vicino all'odierna Luxor) sono databili intorno i primi anni dell'800. Stiamo parlando dei primi anni in cui si stava formando quella che più tardi verrà conosciuta come archeologia. A quel periodo infatti posiamo far risalire la prima vera e propria egittomania come la potremmo chiamare oggi, un fenomeno tutto particolare che ha reso l'Antico Egitto uno dei popoli antichi in assoluto più studiati e conosciuti di tutti i tempi.

I primi archeologi avventurieri

Agli inizi dell'800 però non esisteva ancora la figura dello studioso sul campo. Gli esperti, gli eruditi erano accademici che avevano più familiarità con le polverose biblioteche europee che con le rovine antiche. Quando la scoperta di Pompei o il rinvenimento delle prime tombe egizie aprì la porta a nuova scenari la comunità scientifica tradizionale dunque si trovò del tutto impreparata.

Nessuno dei professori delle più blasonate università dell'epoca infatti si sarebbe mai spinto fino al punto di andare a scavare in zone del mondo inospitali come i deserti egiziani. Per questi motivi questo ruolo fu ricoperto da persone diverse rispetto agli studiosi accademici e che oggi chiameremo senza dubbio avventurieri. Uomini dalle caratteristiche fisiche impressionanti, capaci di resistere a condizioni estreme ma allo stesso tempo nella maggior parte dei casi del tutto impreparati dal punto di vista storiografico o culturale in genere.

Tra i più famosi avventurieri che parteciparono ai primi scavi in Egitto non possiamo non ricordare il padovano Giovanni Belzoni, a cui dobbiamo il rinvenimento di diversi manufatti di inestimabile valore.

Agli inizi dell'800 nella Valle dei Re vennero classificate ben 22 tombe (il numero totale salirà fino a 63, la tomba di Tutankhamon occupa il numero 62 essendo stata la penultima ad essere scoperta in quel sito). Si tratta di tombe scavate nel terreno, per la maggior parte dei casi ad appena qualche metro di profondità rispetto al suolo.

Le famose piramidi sono infatti di un'epoca più tarda rispetto a questo tipo di inumazioni. Possiamo affermare con certezza che agli inizi dell'800 diverse tombe fossero addirittura visibili a occhio nudo. Nel corso degli anni scavi organizzati nella zona portarono alla luce decine di altre tombe per lo meno fino al 1902, quando l'avvocato-avventuriero americano Theodore Davis, famoso scopritore di tesori nascosti, dichiarò il sito esaurito. Davis è stato probabilmente uno degli ultimi avventurieri che l'archeologia ricordi. I suoi metodi rudimentali e poco ortodossi hanno da un lato permesso il rinvenimento di diversi siti di interesse storico, ma dall'altro hanno anche irrimediabilmente compromesso la qualità finale dei reperti. Quel tipo di scavi infatti erano ben lontani dall'avere quello che oggi chiameremmo un metodo scientifico. I reperti spesso non venivano neppure catalogati e molti manufatti venivano danneggiati durante le operazioni di trasporto.

Sulla base dello studio delle fonti antiche già allora si sospettava che nella zona vi potesse essere la tomba di Tutankhamon. Scavando nella zona Davis aveva pure trovato dei manufatti appartenenti al corredo funebre di Tutankhamon in un'altra tomba (probabilmente persi da qualche ladro dell'antichità) ed era convinto di aver trovato la tomba del mitico re fanciullo.

Sempre in quegli anni giunse in Egitto il nobile inglese George Carnarvon, un miliardario eclettico che a seguito di un brutto incidente automobilistico era rimasto invalido. Affascinato dalle scoperte fatte fino a quel momento, e volendo aggiungere alcuni pezzi alla sua già importante collezione di manufatti egizi, il conte Carnarvon decise di finanziare personalmente una serie di scavi. Dopo alcuni tentativi andati a vuoto, e sulla base della segnalazione di alcuni amici, Carnarvon assoldò l'egittologo Howard Carter che all'epoca assieme a Davis era uno dei nomi più noti sul campo.

La Valle dei Re

Gli scavi nella Valle dei Re iniziarono nel 1907 e durarono molto a lungo. Furono interrotti solamente durante la prima guerra mondiale e per alcuni problemi burocratici agli inizi degli anni 20. Durante il periodo di scavi la coppia Carnarvon-Carter non riuscì però a repertare nulla di veramente interessante. Quella che era nata come una sfida stava pian piano prendendo le dimensioni di una sconfitta personale per Carter e di un disastro finanziario per Lord Carnarvon.

Carter, al contrario del suo acerrimo nemico Theodore Davis, era convinto che nel sottosuolo della Valle dei Re vi fosse ancora qualcosa da portare alla luce, ma oltre al suo intuito non era stato in grado di portare nessun altra prova o indizio. Dall'altra parte finanziare scavi che duravano da anni stava mettendo in difficoltà anche le risorse del multimiliardario benefattore inglese.

Il primo novembre 1922, pochi mesi prima che la concessione di scavo venisse revocata (sarebbe ufficialmente scaduta nell'aprile del '23), Carter decise di provare il tutto per tutto spostando all'improvviso gli operai su un altro punto della Valle. Si trattava di una zona dove anni prima erano stati rinvenuti i resti di alcune capanne e in cui con ogni probabilità avevano dormito gli operai che avevano partecipato alla costruzione delle tombe.

Dopo soli 3 giorni di scavi venne individuata una scala di pietra che scendeva verso il basso. L'ingresso di quella che ormai appariva come una tomba venne ripulito in fretta e furia nel giro di pochi giorni. Tutti si erano resi conto di trovarsi a quella che poteva rivelarsi come una scoperta sensazionale. Con trepidante emozioni Carter e i suoi più stretti collaboratori si introdussero all'interno della tomba di Tutankhamon.

La tomba di Tutankhamon

Giunti all'interno della prima sala constatarono subito che la tomba doveva essere stata parzialmente violata nell'antichità, anche se era evidente che la gran parte del suo contenuto fosse ancora al suo interno. Giocando sull'ambiguità delle legge dell'epoca (che teoricamente prevedeva di avvisare le autorità del Cairo solo in caso di rinvenimento di tombe intatte) Carter e i suoi iniziarono le prime esplorazioni. Giunti di fronte alla porta della camera mortuaria la trovarono ancora perfettamente intatta come l'avevano lasciata gli ultimi operai che l'avevano sigillata migliaia di anni prima. Era evidente a tutti che si trovavano davanti a una scoperta sensazionale, una scoperta che avrebbe potuto cambiare per sempre tutto quello che si conosceva fino a quel momento sull'Antico Egitto e sull'intera storia della cultura occidentale, come avremo modo di vedere.

Carter a quel punto scrive immediatamente un telegramma a Lord Carnarvon:

Finalmente fatto straordinaria scoperta nella Valle - STOP
Grandiosa tomba con sigilli intatti - STOP
Ricoperto tutto fino vostra venuta - STOP
Congratulazioni[25].

Non appena giunse in Egitto anche Lord Carnarvon dunque gli scavi ripresero. L'emozione era palpabile, anche perché la scoperta arrivava proprio alla fine di un periodo intenso e che aveva messo tutti duramente alla prova, era la classica e provvidenziale luce in fondo al tunnel. Oltre all'emozione però c'era anche molta, moltissima tensione dato che quello che sembrava essere un tesoro di portata inestimabile poteva anche rivelarsi un bluff. C'era infatti la possibilità che quella tomba fosse già stata depredata dai tombaroli nei secoli precedenti, magari grazie ad un altro accesso dimenticato poi con il passare dei secoli e che gli scavi non avevano rilevato.

A ogni modo Carter fece un piccolo buco sull'angolo in alto a sinistra con uno scalpellino che gli aveva regalato sua nonna per il suo diciassettesimo compleanno. Alzatosi sulla punta

---

[25] Howard Carter, A.C. Mace, *The Discovery of the Tomb of Tutankhamen*, Dover Publications, 1977.

dei piedi l'esploratore infilò un braccio all'interno della camera mortuaria. Dopo pochi istanti in un silenzio irreale Lord Carnarvon gli chiese semplicemente

«Vede niente?».

Carter altrettanto semplicemente rispose:

«Sì, vedo cose meravigliose!»[26].

La tomba di Tutankhamon si rivela essere fin da subito un autentico tesoro da tutti i punti di vista. Al suo interno infatti sono ancora custoditi diversi oggetti preziosi, anche se si calcola che circa il 60% dei monili presenti nelle prime stanze sia stato trafugato in epoca antica durante alcune e rare intrusioni nella tomba. Ma le scoperte epocali non si fermano certo agli oggetti preziosi, gli oggetti presenti nella tomba infatti sono veri e propri tesori archeologici di inestimabile valore, oggetti capaci di raccontarci tanti particolari inediti della vita delle popolazioni dell'Antico Egitto. Vengono repertati oggetti di legno, utensili, carri e perfino fiori che si sono conservati per circa 3.000 anni, ma che purtroppo al contatto con l'aria si disintegrano immediatamente. Questa volta si seguono tutti i crismi e ogni reperto viene meticolosamente catalogato.

Per rendersi conto della quantità degli oggetti rinvenuti basti pensare che per completare il lavoro di catalogazione di tutto il materiale presente nella tomba ci vorranno diversi anni. Allo stesso modo vengono scattate delle fotografie delle sale così come sono state trovate. Noi abbiamo avuto la fortuna di consultare queste preziose immagini e una cosa lascia subito sbalorditi. Sembra infatti di vedere un magazzino piuttosto disordinato piuttosto che l'ultima dimora di un re. Ma su questo dettaglio torneremo in seguito.

Dal punto di vista architettonico la tomba è composta da sei vani. Una scalinata (1) composta da 16 gradini porta ad un corridoio (2) in leggera discesa, che conduce ad una sala rettangolare, denominata dagli archeologi Anticamera (3), da cui si dipartono gli accessi ad altre due camere: la Camera Funeraria che conteneva i sarcofagi (4) ed il cosiddetto Annesso (5). A questo va aggiunta la cosiddetta camera del tesoro (dove del resto vennero ritrovati ben pochi reperti di valore). La scoperta più importante in termini di valore economico e culturale comunque è sicuramente la bara stessa di Tutankhamon.

La struttura è composta da un primo sarcofago di granito del peso di 430 chilogrammi e che è possibile ammirare ancora oggi nella camera funeraria di Tutankhamon. Una volta rimosso il coperchio, anche questo in granito, all'interno si scoprono altri 3 sarcofagi via via sempre più preziosi chiusi l'uno nell'altro. Il primo è un sarcofago antropomorfo di legno rivestito d'oro, proprio come il secondo, mentre il terzo è in oro massiccio. Il terzo sarcofago, alto 188 cm e di spessore che varia dai 2 ai 3 mm, pesa complessivamente circa 110 chilogrammi. Il sarcofago ha le braccia incrociate sul petto con il flabello e il bastone

---

[26] Ib.

pastorale ricurvo. Si tratta dei simboli sacri di Osiride che rappresentano la protezione e la guida regale. All'interno di questo sarcofago viene trovata infine la mummia, la cui testa era ricoperta dall'oggetto che è rimasto in assoluto il più famoso e noto dell'egittologia egiziana, e cioè la maschera d'oro di Tutankhamon.

La maschera di Tutankhamon

Ecco come lo stesso Howard Carter raccontò nel suo diario il momento in cui scoprì la maschera del faraone:

«Prima che potessi vedere qualcosa, l'aria calda fuoriuscita dalla breccia fece tremolare la fiamma della candela, ma appena l'occhio si fu abituato al vacillare della luce, mi apparve l'interno della camera, la sua strana e favolosa mescolanza di oggetti di straordinaria bellezza accatastati uno sull'altro […] Era una visione che superava tutte le precedenti, una che non avevamo mai sognato di vedere. Eravamo allibiti dalla bellezza e raffinatezza artistica degli oggetti, che sorpassava qualsiasi immaginazione: uno spettacolo che ci lasciò sopraffatti […] Diedi l'ordine.

Fra il profondo silenzio, la pesante lastra si sollevò. La luce brillò nel sarcofago. Ci sfuggì dalle labbra un grido di meraviglia, tanto splendida era la vista che si presentò ai nostri occhi: l'effige d'oro del giovane re fanciullo […]».

La maschera del faraone è un incredibile reperto di oro massiccio, lapislazzuli e paste vitree del peso di circa 10 chilogrammi e che, in teoria, dovrebbe riprodurre le fattezze di Tutankhamon. Il faraone nella sua sepoltura indossa il "nemes". Sulla fronte reca Nekhbet, l'avvoltoio, e Uto, il cobra, ovvero le due divinità protettrici rispettivamente dell'Alto e del Basso Egitto. Gli occhi della maschera purtroppo sono andati perduti per decomposizione dato che erano in calcare e ossidiana. Anche il retro della maschera presenta delle decorazioni.

Si tratta di un geroglifico che riporta una frase del capitolo 151 del Libro dei Morti, che recita:

«Osiride solleva il tuo ciglio e la tua testa.
Osiride sulla sua Montagna!
Il momento nefasto è respinto!
Io sono qui per respingere la tua ora e per proteggere Osiride.
Ho respinto Ra da Osiride.
Dice Iside: io giungo con i soffi, io vengo per essere la tua protezione.
Io do i soffi alle tue nari, il vento del Nord che proviene da Atum.
Dice Anubis, residente nella Tenda: Io ti do la giustificazione, io pongo le mie braccia su di te, Osiride per il tuo bene e per farti vivere.
Dice Neftis: Io veglio su di te, Osiride.

Dice colui che batte la sabbia: Io imploro l'Essere nascosto il cui braccio ostacola chi lo respinge verso la fiamma dell'orizzonte. Io vengo sulla mia strada per proteggere Osiride e ciò fatto torno per la mia strada».

Fin dal suo rinvenimento la tomba di Tutankhamon (ufficialmente nota come KV62, dove KV sta per Valle dei Re in inglese, mentre 62 è il numero progressivo di ritrovamento) ha suscitato non poche perplessità da parte della comunità scientifica internazionale. Innanzitutto non convincono le dimensioni troppo piccole del sito che ospita la tomba del faraone. Se paragonato a quello di altri faraoni vissuti prima e dopo Tutankhamon, siamo infatti in presenza di qualcosa di veramente piccolo. Anche le pareti sembrano avere pochi affreschi rispetto agli standard dell'epoca. La stessa cassa mortuaria de faraone sembra avere dimensioni troppo grandi rispetto alla camera dove è stata ospitata. A tal proposito è bene notare che una sezione del muro originale venne in parte rimossa dagli stessi operai che trasportarono la cassa all'interno dei locali della tomba perché la cassa stessa altrimenti non ci passava.

Continuando l'analisi dei reperti e dei locali gli esperti hanno messo a fuoco altri dettagli apparentemente fuori posto. Per prima cosa la famosa maschera d'oro è composta di due elementi distinti: il copricapo (comprensivo di orecchie) ed il viso vero e proprio. La differenza nei materiali utilizzati per le decorazioni ci induce a pensare che i due elementi siano stati cesellati in momenti diversi. In particolare le orecchie hanno i lobi bucati ma, a quanto pare, solo le donne e i bambini utilizzavano orecchini nell'antico Egitto. Quando la maschera venne rinvenuta i lobi erano coperti da una lamina d'oro, segno che chi aveva predisposto questo ornamento non voleva che un dettaglio così clamorosamente fuori posto fosse visibile ad occhio nudo. Ma per quale venne utilizzata una maschera tanto imprecisa?

Il volto del mistero

La teoria più diffusa è che il copricapo della maschera fosse stato preparato per una donna e che solo successivamente il viso del defunto faraone vi sia stato applicato. Qualcuno sostiene che si sia trattato di una banale questione di tempo, ovvero che la prematura morte del sovrano bambino avesse colto un po' tutti di sorpresa, ma questa spiegazione non mette d'accordo gli studiosi. Se da un lato è plausibile che la morte (di cui ci occuperemo tra poco) di un sovrano ancora giovane abbia preso un po' tutti in contropiede, non dobbiamo dimenticare che i rituali di preparazione del cadavere, la mummificazione e la sepoltura di un faraone richiedevano molte settimane.

Per questo motivo se vi era stato il tempo di cesellare il viso del sovrano (operazione che giocoforza richiese un tempo superiore a quello necessario alla preparazione del copricapo), non si capisce perché si sia dovuto utilizzare un pezzo di un'altra maschera per completare l'opera. Anche la fisionomia del volto del sarcofago centrale crea qualche perplessità dato che a prima vista non sembra corrispondere in maniera precisa ai tratti del volto della maschera d'oro.

Alcuni ricercatori americani esperti in software per l'analisi dei tratti somatici utilizzati dalla CIA e dal Pentagono hanno analizzato il volto del secondo sarcofago paragonandolo a quello di Tutankhamon e a quello della regina Nefertiti. Sulla base della loro analisi scientifica sembra chiaro che il secondo sarcofago ha le fattezze della regina piuttosto che quelle del re fanciullo. I punti di contatto, ovvero i punti caratteristici del volto sovrapponibili con quelli delle statue raffiguranti la regina, sono infatti di numero sostanzialmente maggiore e più precisi.

Un altro mistero che va ad aggiungersi ai tanti punti di domanda che circondano questa scoperta.

La mummia di Tutankhamon

Ma passiamo ora all'analisi della mummia di Tutankhamon. Già alcuni anni dopo la sua scoperta il corpo del re fanciullo venne sottoposto a una autopsia molto accurata. A questo proposito dobbiamo ricordare che il corpo del faraone era come incastrato all'interno del sarcofago e che Carter e i suoi utilizzarono scalpelli e piedi di porco nel tentativo di rimuovere la salma, procurando con ogni probabilità diversi danni alla mummia oltre che alla strutura, danni che però non sono quantificabili. Allo stesso modo per sciogliere delle resine che sembravano incollare i resti del faraone al sarcofago vennero utilizzate delle lampade ad alta intensità, nella speranza che il calore riportasse le sostanze allo stato liquido. Ovviamente anche questa pratica può aver compromesso parzialmente lo stato di conservazione della mummia.

Tra le moltissime bende che avvolgevano il cadavere, vennero ritrovati circa 150 oggetti preziosi (amuleti, anelli, bracciali, collane e gioielli di vario tipo). Vennero rinvenuti anche due pugnali, uno in oro e uno in ferro con la lama ancora perfettamente lucida e non arrugginita, particolare davvero sensazionale e che ha stupito tutti gli studiosi. Contrariamente a quanto si potrebbe pensare il secondo è di gran lunga più prezioso, dato che il ferro era utilizzato pochissimo in Egitto in quel particolare periodo storico, e quindi gli storici hanno pensato che si dovesse trattare di un dono fatto al faraone da qualche altro sovrano contemporaneo, probabilmente ittita.

Sottoposta ai raggi X la salma evidenzia alcune particolarità. Innanzi tutto c'è la frattura scomposta alla gamba sinistra. La frattura contiene tracce di resina al suo interno, segno che gli unguenti applicati alla salma del defunto re in fase di mummificazione penetrarono all'interno della ferita.

Per questo motivo si ritiene la ferita contemporanea alla morte, anzi alcuni studiosi hanno avanzato l'ipotesi che questa ferita possa essere stata la vera causa della morte di Tutankhamon. Per alcuni studiosi infatti si sarebbe potuto trattare di una caso di cancrena fulminante dovuto a un banale incidente.

Le precarie condizioni di salute del faraone, unite a un corredo genetico non certo dei migliori, poterebbero aver fatto il resto.

Recenti studi però hanno evidenziato la mancanza di parte del bacino e delle costole sul lato sinistro del corpo, particolare che ha lasciato molto perplessi gli archeologi, dato che si tratta di un'anomalia rispetto alla prassi. Anche del cuore non vi è traccia, sebbene sia noto che per gli antichi egizi il cuore era la sede dell'anima e dello spirito. Proprio per questo il cuore veniva sempre conservato gelosamente per permettere al defunto di transitare nel mondo dei morti. Nel caso di Tutankhamon le possibili spiegazioni sono due: il cuore è stato volutamente separato dal corpo in una sorta di maledizione post mortem, oppure l'organo era talmente compromesso e in cattivo stato che si è dovuto provvedere alla sua totale rimozione.

La prima ipotesi apre il campo a diverse speculazioni sulla vita e le gesta di Tutankhamon, ma purtroppo non esistono molti elementi in grado di supportarla in maniera scientifica. Se è vero che anche Tutankhamon fu vittima di un processo di rimozione, la damnatio memoriae di cui parlavamo, è anche vero che questo era un destino comune a molti faraoni dell'epoca. Questa teoria ha comunque una serie di punti di contatto con la famosa Maledizione del Farone di cui parleremo in seguito.

Se effettivamente Tutankhamon fosse stato considerato un re maledetto allora potremmo spiegare il disinteresse dei tombaroli dell'epoca nei confronti dei manufatti che sigillavano il suo corpo, quasi a non voler in alcun modo disturbare il sonno di un re così pericoloso anche dopo il suo passaggio nel regno dei morti. Allo stesso modo la rimozione del cuore e di una parte consistente del corpo potrebbe essere sempre letta in quest'ottica, così come l'utilizzo di un corredo funebre recuperato da altre tombe in segno di ultimo e definitivo sfregio. Dobbiamo anche notare che l'analisi chimica sui tessuti muscolari di Tutankhamon ha evidenziato delle tracce di carbonio in concentrazioni troppo alte rispetto alle mummie di quel periodo.

Questo potrebbe essere compatibile con l'esposizione alle fiamme del corpo del re. In altre parole Tutankhamon potrebbe essere morto in un incendio, o magari il suo corpo potrebbe essere stato bruciato dopo la sua morte per depurarlo, forse perché era rimasto vittima di qualche pestilenza o malattia particolarmente contagiosa. A onor del vero dobbiamo ricordare che gli oli usati in fase di mummificazione erano altamente infiammabili e potevano dar luogo a veri e propri fenomeni di autocombustione se non venivano applicati correttamente.

Ancora un volta però ci si domanda per quale motivo una procedura così meticolosa e perfezionata nel corso dei secoli venne eseguita in maniera tanto grossolana e frettolosa, per di più con il cadavere di un faraone.

Se così fosse però dovremmo trovare delle ragioni di tanto accanimento nelle azioni di un re che, è bene ricordarlo, salì al trono quando non aveva ancora compiuto 10 anni e che, soprattutto, rimase al potere per circa 9 anni. Cosa aveva potuto fare di tanto orrendo in un così breve periodo? Recenti studi hanno ripreso la teoria di Freud per avanzare nuovi scenari ed interessanti ipotesi.

Le 10 piaghe d'Egitto

Se accettiamo l'intuizione di Freud allora potemmo sovrapporre l'identità del faraone che dialoga con Mose in eta adulta con quella di Tutankhamon. Non si tratterebbe del faraone che secondo la tradizione lo allevò come un figlio, ovvero Amenhotep, il farone monoteista padre di Tutankhamon. In questa lettura nuova e avvincente il re fanciullo e Mosè potevano far parte della stessa casata o, più semplicemente, Mosè poteva essere un ministro del culto di Aton, l'unico dio nella nuova religione monoteista. Nel racconto biblico lo scontro tra i due produce 10 piaghe narrate con dovizia di particolari nel libro dell'Esodo[27]:

1. Tramutazione dell'acqua in sangue
2. Invasione di rane dai corsi d'acqua
3. Invasione di zanzare
4. Invasione di mosche
5. Moria del bestiame
6. Ulcere su animali e umani
7. Grandine
8. Invasione di cavallette
9. Tenebre
10. Morte dei primogeniti maschi

Alcuni ricercatori moderni hanno dimostrato come molte di queste piaghe potrebbero essere state una sorta di concatenazione naturale di eventi, a iniziare dalla colorazione di rosso delle acque del Nilo, che potrebbe ad esempio essere stata causata da un'alga. La conseguente morte dei pesci. e dei predatori fluviali avrebbe prodotto una rottura nella catena alimentare naturale tale per cui le rane (rettili anfibi e quindi in grado di popolare le zone di terra all'occorrenza) si sarebbero riprodotte a dismisura, creando poi tutti gli altri terribili eventi che agli occhi degli antichi apparirono di sicuro opera di divinità soprannaturali.

Nello stesso testo biblico il faraone in questione, dopo aver finalmente permesso a Mosè e ai suoi di allontanarsi, avrebbe dato loro la caccia fino ad essere anch'egli ucciso con la maggior parte del suo esercito durante il famoso episodio della separazione delle acque del Mar Rosso. Ancora una volta se leggiamo questo episodio con occhi moderni possiamo ipotizzare che la fine violenta del faraone di cui si parla possa essere in qualche modo ricondotta a Mosè e ai suoi. L'episodio sarebbe stato poi mitizzato con l'aggiunta di particolari di fantasia affinché la sua potenza evocativa ed immaginifica assumesse toni maggiori.

A questo punto risulta facile immaginare come dopo mesi, se non addirittura anni di sofferenza (le 10 piaghe appunto), il popolo egiziano e la sua classe politica e religiosa non

---

[27] Conferenza episcopale italiana (a cura di), *La sacra Bibbia UELCI - La versione ufficiale CEI*, Esodo, 7-11, EDB, 2008

avesse alcuna voglia di celebrare quel faraone che era ritenuto il diretto responsabile di così tante disgrazie. Non è per tanto da escludersi che il corpo di Tutankhamon sia stato effettivamente mutilato in alcune parti secondo un rituale magico e propiziatorio, probabilmente per allontanare dal popolo egizio l'ira del dio di Mosè. Meno avvincente ma sicuramente sostenuta da maggiori indizi è la teoria che vede la prematura dipartita di Tutankhamon legata invece a un incidente traumatico.

Com'è morto Tutankhamon?

Per anni si è sostenuto che il faraone bambino potesse essere morto a causa di una caduta dal crocchio, ovvero il carro in uso presso gli egizi. Recenti e più approfondite analisi però sembrano smentire del tutto questa ricostruzione. Mancano infatti traumi alla testa (le uniche schegge di ossa ritrovate nel cranio di Tutankhamon sembrano essere riconducibili ai maldestri tentativi di estrarre la mummia da parte di Carter e i suoi). Tutti i danni riportati inoltre sono ascrivibili alla sola parte sinistra del corpo. In caso di caduta rovinosa da un carro o da un cavallo in corsa il corpo umano segue una traiettoria di rotolamento che interessa tutto il corpo fino al momento in cui il moto si arresta e il malcapitato si ferma.

L'unico scenario che sembra compatibile con le lesioni riscontrate sul cadavere del re fanciullo sembra quello di uno sconto tra un crocchio lanciato alla massima velocità con un individuo in ginocchio sulla sua traiettoria. In buona sostanza Tutankhamon sarebbe stato investito. Ma cosa ci faceva in quella posizione così poco regale Tutankhamon al momento dell'impatto? E dove sarebbe avvenuto questo scontro mortale? Qualcuno sostiene in battaglia, ma le condizioni fisiche del re (come sappiamo zoppicava ed era di salute cagionevole) fanno scartare questa ipotesi. Comunque siano andatele cose possiamo ipotizzare che la violenza dello scontro avesse compromesso il cuore al punto che si rese necessario asportarlo durante le fasi di mummificazione.

Ancora oggi le reali cause della morte di Tutankhamon restano avvolte nel più fitto mistero, e difficilmente la comunità scientifica riuscirà a trovare una verità condivisa. Se se sia trattato di un incidente, di una messinscena o magari di un suicidio non lo sapremo mai. Purtroppo le fonti antiche non aiutano a far luce su questo aspetto e difficilmente verranno ritrovate iscrizioni o altro riguardanti questo episodio visto che quasi tutto quello che riguarda il figlio di Amenhotep è stato cancellato già poco dopo la sua misteriosa morte.

LA MALEDIZIONE DI TUTANKHAMON

Con il termine Maledizione di Tutankhamon viene indicata una presunta maledizione che avrebbe colpito tutti i partecipanti alla ricerca ed alla scoperta della tomba del faraone. Si tratterebbe di una sorta di castigo divino per la violazione del luogo di sepoltura del sovrano o, forse, una maledizione lanciata dagli stessi sacerdoti che si occuparono della sepoltura del re, per evitare che il suo corpo potesse essere in qualche modo venerato, se non addirittura riportato in vita attraverso oscuri riti di magia nera. All'ingresso della tomba infatti era stata incisa questa frase:

«La morte verrà su agili ali per colui che profanerà la tomba del Faraone».

Fu Lord Carnarvon in persona a farla rimuovere per timore che gli operai potessero venirne intimoriti. Al suo posto venne apposto lo stemma di famiglia dei Carnarvon.

Una geniale trovata di marketing?

Per qualcuno la maledizione di Tutankhamon sarebbe da considerarsi una trovata pubblicitaria dell'epoca, quella che oggi chiameremmo un'astuta campagna di "viral marketing".

Ecco cos'ha scritto a questo proposito Philipp Vandenberg:

«La sensazionale scoperta della tomba di Tutankhamon e del tesoro in essa contenuto fece il giro del mondo, strombazzata da giornali e riviste, da servizi fotografici e cinematografici, dalla nascente radiofonia. Già nel marzo 1923 giunsero a Carter e a Lord Carnarvon più di 500 lettere di felicitazioni, ma anche di biasimo e di indignazione per la profanazione, mentre i visitatori e i reporter si facevano sempre più numerosi e insistenti. Gli oggetti che a mano a mano venivano estratti dalla tomba erano presi di mira dai fotografi e le loro immagini apparivano sulla stampa mondiale accompagnate da commenti "a effetto". Tutankhamon era un divo e lo scoop andava alimentato [...] presto la "Vendetta del faraone" divenne soggetto di conversazione e titolo di una rubrica giornalistica che negli anni successivi tenne informati i lettori sulle vicende di coloro che avevano osato forzare la dimora eterna del divino sovrano»[28].

Lord Carnarvon all'epoca aveva dato l'esclusiva della copertura giornalistica di quello che era (e forse è ancora oggi) il più grande ritrovamento archeologico legato all'Egitto di epoca moderna, al quotidiano americano Times. Questo accordo, che tagliò fuori tutti gli altri quotidiani dell'epoca da ogni informazione, innescò una violenta campagna denigratoria nei confronti della scoperta. Allo stesso modo i giornali concorrenti del Times dovettero rispondere alla sempre crescente domanda di notizie da parte del loro pubblico pubblicando informazioni non verificate e molto spesso inventate. La situazione era talmente paradossale che lo stesso governo egiziano poteva seguire l'andamento degli scavi e la catalogazione dei reperti solo attraverso gli articoli del Times.

Dobbiamo comunque ricordare che il concetto di maledizione legato alla violazione di sepolture antiche, in particolare in Egitto, non riguardava solo la tomba di Tutankhamon ma interessava più in generale tutti i faraoni. Il clima particolare di questa scoperta però fece sì che ben presto la maledizione di Tutankhamon diventasse il simbolo, se non addirittura l'archetipo, di tutte queste maledizioni. È curioso notare come molte generazioni di studiosi e intellettuali si siano confrontati con questo problema senza però riuscire a trovare una soluzione capace di mettere tutti d'accordo. Messa da parte qualsiasi forma di superstizione molti studiosi hanno cercato, infatti, di trovare una spiegazione scientifica che giustificasse le tante morti misteriose che avevano colpito esploratori ed egittologi della prima ora.

Vennero avanzate diverse teorie, alcune sicuramente interessanti e non prive di fondamento. Come abbiamo accennato per tutto l'800 e per buona parte del '900 molte spedizioni di tipo archeologico erano più simili a quelle che oggi chiameremo esplorazioni amatoriali. In quei contesti molti avventurieri si calavano in stretti cunicoli indossando abiti civili, se non addirittura nudi, esponendosi dunque a rischi di ogni tipo, a partire dalle cose più banali come ad esempio le punture di insetti velenosi. In questo tipo di operazioni, per di più svolte all'interno di luoghi che ospitavano comunque dei cadaveri mummificati, non era infatti impossibile contrarre qualche virus o, ancora più semplicemente, rendere infetta quella che fino a quel momento era una semplice ferita superficiale. L'assoluta mancanza di qualsiasi profilassi di tipo medico moderna e l'assenza di personale infermieristico nelle spedizioni facevano il resto.

Secondo altri studiosi invece certi luoghi sarebbero stati carichi di radiazioni (prodottesi dall'utilizzo di alcuni materiali) che avrebbero irradiato il corpo dei primi esploratori. Una sorta di morte silenziosa e invisibile insomma. Questo perché si pensa che gli egiziani usassero per i pavimenti e per le mura delle loro tombe rocce contenenti uranio. Non a caso all'interno di ben sette siti archeologici egizi sono state rinvenute tracce di radon, un gas

---

[28] Philipp Vandenberg, op. cit.

radioattivo incolore e inodore che si forma in seguito al decadimento dell'uranio. Si trattava di una concentrazione di trenta volte superiore a quella di attenzione, fattore che porterebbe ad un rapido sviluppo di formazioni tumorali ai polmoni. È probabile che nella tomba del faraone bambino chiusa da 3.000 anni la concentrazione fosse ancora più alta e, di conseguenza, potenzialmente mortale.

La tradizione delle maledizioni legate alle mummie comunque è veramente molto antica. Già nel 1699 abbiamo traccia della storia di un viaggiatore polacco che di ritorno in patria da un viaggio in Egitto avrebbe portato con se due mummie. Durante il viaggio in nave però avrebbe iniziato ad avvertire un malessere diffuso, unito a una serie incessante di incubi sempre più terribili. Alla fine la nave sarebbe stata colpita da una tremenda tempesta che si placò solo nel momento in cui le due mummie vennero scaricate in mare. Si narra poi di un giovane ricercatore, di cui si è dimenticato il nome, che per aver maneggiato delle mummie di due bambini sarebbe stato ossessionato da tremendi incubi durati mesi, ovvero fino a quando le due piccole mummie non vennero riunite a quella del padre. L'idea che le mummie potessero ritornare in vita invece appartiene esclusivamente alla fantasia letteraria prima e cinematografica poi. Non si ha notizia infatti di episodi di questo tipo nella seppur variegata e pittoresca rassegna di avvenimenti misteriosi legati all'antico Egitto e alle mummie in particolare, nemmeno nei testi di origine più antica. Ma torniamo alla nostra storia.

La maledizione legata alla mummia di Tutankhamon inizierebbe fin dai giorni successivi alla sua scoperta. Pare infatti che Carter, appena scoperta la tomba, avesse mandato un messaggio all'egittologo americano James Henry Breasted, che non solo lavorava con lui, ma che viveva anche presso la sua abitazione. Arrivato a casa dell'eminente ricercatore il messaggero avrebbe trovato la porta aperta ed un cobra all'interno della gabbia del canarino. Quello che poteva essere un semplice incidente, tra l'altro nemmeno così infrequente a quelle latitudini, venne letto come un segnale di sventura essendo il cobra uno dei simboli dell'autorità regale nell'antico Egitto. Per alcuni però l'unico evento sospetto in qualche modo ricollegabile alla cosiddetta maledizione è stato proprio la morte di Lord Carnarvon, il nobile inglese che con il suo denaro e la sua tenacia aveva reso possibile quella sensazionale scoperta.

La morte di Lord Carnarvon

La figlia di Lord Carnarvon raccontò che suo padre giunse in Egitto una zingara gli fece una misteriosa premonizione. Questa donna sconosciuta disse infatti a Lord Carnarvon che non doveva assolutamente permettere che i reperti rinvenuti all'interno della tomba del faraone venissero toccati. Se non avesse fatto rispettare in maniera ferrea quest'ordine divino lui stesso sarebbe morto in Egitto. Nel febbraio 1923, appena tre mesi dopo la scoperta, il nobile inglese fu punto da un insetto; nel clima egiziano, umido e caldo, e su un fisico già indebolito (a causa di un incidente stradale nel 1901) come quello di Lord Carnarvon, ogni piccola infezione poteva risultare pericolosa.

Pochi giorni dopo, mentre si stava radendo la barba, inavvertitamente Carnarvon riaprì la ferita. Questo taglio provocò un'infezione del sangue, nonostante l'immediato e tempestivo trattamento con tintura di iodio. Dopo pochissimo tempo il conte di Carnarvon venne costretto a letto da una fortissima febbre, che ben presto si trasformò in una brutta polmonite. Morì dopo una lunga agonia il 5 aprile del 1923 nella città di El Cairo.

A questo proposito esiste anche una voce che vuole che poco prima che Lord Carnarvon morisse l'intera città del Cairo venne colpita da un blackout totale. Tutte le luci della città si spensero contemporaneamente per circa cinque minuti. Quando il blackout finì, Lord Carnarvon era morto.

Lo stesso Sir Arthur Conan Doyle, il creatore del personaggio di Sherlock Holmes, avanzò delle ipotesi suggestive che legavano la morte del lord inglese ad alcune sostanze mortali con cui il corpo del faraone sarebbe stato stato cosparso e che, dopo millenni, avrebbero attecchito nel fisico già debilitato del nobile inglese.

Una curiosità che ovviamente ha alimentato non poco le speculazioni emerse nel 1925 durante la prima autopsia della mummia di Tutankhamon. Durante quel primo esame venne evidenziato che il re fanciullo aveva una brutta escrescenza su una guancia, forse dovuta ad una puntura di insetto. Purtroppo però il cadavere di Lord Carnarvon era stato sepolto alcuni mesi prima, quindi non si riuscì a verificare se le due punture di insetto si trovassero effettivamente nello stesso identico punto.

Oltre a quella di Lord Carnarvon comunque ci sono altre morti sospette che in qualche modo sono state collegate alla maledizione di Tutankhamon. Vediamone alcune.

Morti sospette

George Jay Gould I, un turista che aveva visitato la tomba nel 1923 morirà poche settimane dopo a causa di misteriosa febbre contratta durante la sua visita nella Valle dei Re.

Aubrey Herbert, fratellastro di Carnarvon, morì nel 1923 a seguito di un'infezione del sangue contratta durante un'operazione agli occhi. Pare non fosse mai stato nei pressi della tomba, ma non si esclude che sia potuto entrare in contratto con qualche manufatto trovato all'interno di essa.

Sir Archibald Douglas-Reid, un radiologo che aveva fatto i primi esami sulla mummia del faraone, morì il 15 gennaio 1924 a causa di una misteriosa e non meglio identificata infezione.

A. C. Mace, uno dei membri del gruppo di scavo di Carter morì nel 1928 a causa di una singolare forma di avvelenamento da arsenico

The Hon. Mervyn Herbert, un altro fratellastro di Carnarvon morì nel 1929 a causa di una misteriosa e fulminante forma di malaria polmonare.

Il capitano Richard Bethell, segretario particolare di Carter venne trovato morto soffocato nel suo letto il 15 novembre 1929

Richard Luttrell Pilkington Bethell, Barone di Westbury e padre del segretario del Carter di cui sopra, si getterà dal settimo piano di un edificio il 20 febbraio 1930.

Lo stesso Carter, che era assolutamente immune da qualsiasi credenza scaramantica o superstiziosa, annotò nel suo diario uno strano incontro. Nel maggio del 1926, uscendo dalla tenda di prima mattina, Carter vide alcuni sciacalli aggirarsi nei pressi della tomba di Tutankhamon. Carter rimase sciocato dalla loro somiglianza con il dio Anubis e dal fatto che mai prima di allora in oltre 35 anni avesse visto così da vicino degli animali del genere nel bel mezzo del deserto. A tutto questo gli scettici rispondono che a ben guardare, tolto Carnarvon, tutti gli altri partecipanti alla spedizione che erano entrati in contatto con la mummia del faraone hanno vissuto lunghe e fortunate esistenze, in molti casi ben oltre le aspettative di muta medie in quel periodo. In particolare:

• la media dell'età al momento della morte delle persone coinvolte nella presunta maledizione di Tutankhamon è di oltre 68 anni;
• la media degli anni vissuti dal 1922 fino alla data della morte corrisponde grosso modo a 24 anni (ovvero in media tutti i partecipanti alla spedizione sopravvissero per ben 24 anni);
• la stessa Lady Evelyn, figlia di Carnarvon, che partecipò attivamente alle fasi iniziali della scoperta della tomba, nata nel 1901, morì nel 1980, mentre il Dr. D.E. Derry, che eseguì la prima autopsia sul corpo di Tutankhamon, morì nel 1969, all'età di 87 anni;
• delle 26 persone presenti all'apertura della tomba, solo sei morirono nell'arco dei dieci anni successivi
• delle 22 persone presenti all'apertura del sarcofago solo due morirono nei successivi 10 anni, mentre delle 10 persone presenti allo sbendaggio della mummia nessuna morirà sempre nei 10 anni successivi a tale operazione

Complotti e segreti da nascondere

E se la misteriosa maledizione di Tutankhamon fosse stata costruita a tavolino per nascondere inconfessabili segreti? Questa è la teoria portata avanti da Arnold Brackman e da altri studiosi non convenzionali, che si ricollegano alle prime intuizioni fatte da Freud e di cui abbiamo già parlato. In pratica questa corrente di pensiero, che potremmo definire "complottista", sostiene che all'interno della tomba del faraone bambino siano stati rinvenuti documenti che avrebbero portato ad uno scandalo storico e religioso di portata rivoluzionaria. Brackman è convinto che nella tomba di Tutankhamon ci fossero le prove inconfutabili del legame tra Akhenaton e Mosè[29]. Non possiamo sottovalutare l'impatto che una notizia del genere avrebbe avuto in tutto il mondo, così come non possiamo dimenticare che proprio in quegli anni il movimento sionista iniziava il cammino che lo avrebbe portato alla costituzione dello Stato di Israele, come ha ben raccontato Richard J. Samuelson nel suo Palestina - Storia di un conflitto infinito[30]. Allo stesso modo non si può non notare che,

[29] Arnold Brackman, *The Gold of Tutankhamen*, Optimum, 1978.

[30] Richard J. Samuelson, *Palestina, storia di un conflitto infinito*, LA CASE Books, 2014.

particolare non di poco conto, la Gran Bretagna controllava la Palestina su mandato delle Nazioni Unite, e che proprio il Governo Britannico si era espresso in più occasioni apertamente a favore della causa sionista. Si tratta di tanti piccoli dettagli, tanti piccoli tasselli di un puzzle che purtroppo resta ancora oggi indecifrabile.

Un altro studioso, Thomas Hoving, riporta inoltre una testimonianza di Lee Keedick che vale la pena di ricordare. Keedick infatti ha raccontato di aver assistito nel 1924 ad un vero e proprio litigio tra Carter e un alto funzionario britannico dell'ambasciata inglese al Cairo. Carter, sempre secondo Keedick, avrebbe urlato contro il funzionario minacciando di rivelare a tutto il mondo il clamoroso contenuto dei documenti che erano stati rinvenuti all'interno della tomba di Tutankhamon.

Si sarebbe trattato di documenti che

«[…] raccontavano il vero e scandaloso resoconto dell'esodo degli Ebrei dall'Egitto»[31].

Secondo questa teoria dunque le morti sospette legate alla maledizione di Tutankhamon sarebbero in realtà degli omicidi fatti per eliminare dei testimoni scomodi. Ma cosa contenevano questi misteriosi documenti scomparsi?

Durante il primo inventario ufficiale sarebbero stati rinvenuti una serie di documenti che, in seguito, Carter avrebbe poi eliminato dalla lista definitiva. L'archeologo disse che si trattava di una serie di bende che in un primo momento erano state erroneamente classificate come papiri a causa della scarsa visibilità all'interno della cripta. Si tratta di una spiegazione davvero molto debole dato che è evidente che sarebbe stato difficilissimo per degli esperti commettere un errore di questo tipo, a prescindere dalle condizioni di visibilità. A ogni modo, ammesso e non concesso che sia stata possibile una svista del genere, una volta fuori dalla tomba i ricercatori se ne sarebbero subito resi conto, di conseguenza avrebbero provveduto a non catalogarli. Ad aumentare i sospetti c'è anche un lettera scritta da Lord Carnarvon all'egittologo Alan Gardiner, in cui il Conte inglese parla nello specifico di una scatola contente alcuni papiri. Se si controllano gli inventari degli oggetti rinvenuti all'interno della tomba di Tutankhamon e quelli presenti nella lettera di Lord Carnarvon, l'unico che non è presente nell'inventario è proprio questa misteriosa scatola.

Eppure il Conte di Carnarvon ribadì di aver trovato una serie di papiri contenenti documenti di notevole importanza storica nella tomba del faraone bambino anche in una lettera a Sir Edgar A. Wallis Budge, il custode delle antichità egizie del British Museum.

Sono andato poi a rileggermi personalmente tutti i bollettini ufficiali che venivano inviati quotidianamente da Luxor al tempo degli scavi e ho fatto una scoperta interessante. Ecco cosa si può leggere nel messaggio telegrafico inviato il 30 novembre 1922 da Arthur Merton, il corrispondente ufficiale del Times:

«[…] una delle scatole rinvenute nella tomba conteneva dei rotoli di papiri da cui siamo sicuri di ricavare una grande mole di informazioni storiche».

---

[31] Thomas Hoving, *Tutankhamun: The Untold Story*, Cooper Square Press, 2002.

Eppure di questi misteriosi papiri non si è più saputo nulla. E questo anche se l'egittologo Alan Gardiner, che come abbiamo visto era in corrispondenza diretta con Lord Carnarvon, rilasciò questa dichiarazione al Times già nel dicembre del 1922:

«Le mie preferenze mi portano ad essere particolarmente interessato alla scatola dei papiri che è stata ritrovata. D'altra parte, questi documenti potrebbero in qualche modo fare luce sul cambiamento dalla religione degli eretici (cioè i faraoni di El Amarna) verso la precedente religione tradizionale, e ciò sarebbe straordinariamente interessante [...]»[32].

Partendo da queste rivelazione alcuni storici hanno elaborato una serie di teorie che definire rivoluzionarie è a dir poco riduttivo. Secondo questi studiosi infatti l'attuale popolo ebraico, e cioè quello che discende dall'esodo di Mosè attraverso il deserto per sfuggire alla schiavitù egizia, sarebbe il frutto dell'incrocio tra le tribù semite Hyksos e le altre minoranze etniche che seguirono il faraone eretico Akhenaton.

Questa teoria è peraltro corroborato anche da quanto scoperto nei rotoli di Qumran, un insieme di testi scritti dalla comunità proto-cristiana degli Esseni e ritrovati a Qumran, nei pressi del Mar Morto. Il cosiddetto "rotolo di rame" infatti è senza ombra di dubbio di origine egiziana, così come del resto ampi estratti dell'antico testamento sono con tutta probabilità attribuibili alla casta sacerdotale di Akhenaton.

Quello che è certo è che alla morte di Akhenaton si verificò un vero e proprio esodo egiziano, con molti dei seguaci del suo culto che si spostarono nelle regioni africane da cui provenivano. Stiamo parlando per esempio dei Falashà etiopi che tornarono nelle loro terre di origine. Non è un caso dunque se proprio in Etiopia esista un importantissimo ceppo ebraico, tanto che la tradizione vuole che proprio in Etiopia sia conservata la leggendaria Arca della Nuova Alleanza.

---

[32] Andrew Collins, Chris Ogilvie-Herald, *Tutankhamun - The Exodus Conspiracy: The Truth Behind Archaeology's Greatest Mystery*, Virgin Publishing Ltd, 2003.

UNA STORIA VERA

Spesso ci ripetiamo che la realtà supera di gran lunga la fantasia, e l'incredibile vicenda della scoperta della tomba di Tutankhamon ne è la prova concreta. Questa storia plurimillenaria ci dimostra in maniera tangibile come i misteri dell'Antico Egitto esercitino su di noi ancora oggi un fascino irresistibile, un fascino che non accenna a diminuire, anzi. A volte, anche di fronte alle evidenze scientifiche, ci lasciamo cullare dal fascino perverso dell'ignoto, andiamo alla ricerca di spiegazioni indimostrabili che però stuzzicano la nostra fantasia, la nostra voglia di ignoto.

Il fascino di questa storia segreta che dura da più di 3.000 anni sta tutto nelle paradossali contraddizioni che la caratterizzano: il più importante ritrovamento archeologico di un faraone egiziano è quello di un re bambino, che regnò per poco tempo e che non riveste una particolare importanza storica, eppure a differenza di tanti altri faraoni sappiamo tutto di lui: il suo codice genetico, l'aspetto del suo volto, le sue passioni, i suoi difetti. Proprio come è successo con Oetzi, un perfetto "signor nessuno" reso immortale dagli archeologi e, soprattutto, dal caso.

Il ritrovamento della tomba di Tutankhamon ci ha restituito in tutta la sua devastante fragilità il ritratto di un ragazzo normale e sicuramente un po' sfortunato nonostante il suo ruolo, uno come tanti. E tutti i misteri, i segreti e le maledizioni che si sono susseguiti nel corso degli anni, o che sono stati inventati ad arte per creare scalpore su questa vicenda, così come i ritratti dei mitici archeologi-avventurieri dell'epoca d'oro dell'egittologia, non hanno fatto altro che aumentare l'interesse per una vicenda quotidiana, per una storia che è simile a quella di tante altre persone che incrociamo ogni giorno. Una storia vera, a cui possiamo assegnare un volto, a cui possiamo attribuire sentimenti, emozioni, paure e debolezze. Questa "storia vera", come ci piace chiamarla, è un monito continuo a tenere la testa concentrata sulla nostra quotidianità, sui nostri interessi, sull'incredibile unicità di ciascuno di noi, sulle straordinarie circostanze che rendono ogni vita assolutamente irripetibile.

Forse proprio in questi piccoli dettagli dimenticati dalla storia con la "S" maiuscola, quella scritta dagli studiosi nei libri e nei manuali, forse proprio in queste sfumature cariche di empatia sta tutto il fascino oscuro di Tutankhamon, il faraone bambino dimenticato dagli storici ma di cui oggi sappiamo (quasi) tutto. I papiri e le genealogie egizie avevano tramandato la tradizione per cui Tutankhamon era un faraone insignificante, il suo regno un semplice passaggio di qualche anno all'interno di una storia millenaria. Sono passati più di 3000 anni e non c'è faraone che abbia ricevuto tante attenzioni come Tutankhamon, il re bambino.

A volte il destino sa essere davvero beffardo.

APPENDICE
Cronologia della scoperta della tomba

1922

4 novembre: scoperta del primo gradino della scala;
5 novembre: viene portata alla luce l'intera Scala;
24 novembre: Carter si rende conto che la tomba è già stata violata;
25 novembre: viene svuotato il Corridoio;
26 novembre: si entra nell'Anticamera e viene scoperto l'Annesso;
28 novembre: si entra nella Camera Funeraria ed nel "Tesoro";
29 novembre: viene aperta ufficialmente la Tomba;
30 novembre: prima conferenza stampa in cui viene annunciata l'incredibile scoperta;
27 dicembre: viene rimosso il primo oggetto prelevato dalla tomba (una scatola dipinta dall'Anticamera);

1923

16 febbraio: viene aperta ufficialmente la Camera Funeraria;
5 aprile: muore Lord Carnarvon;

1924

12 febbraio: viene sollevato il coperchio del sarcofago in granito;
12 aprile: Carter, dopo un'accesa discussione con la Sovrintendenza alle Antichità,

abbandona gli scavi per un giro di conferenze negli Stati Uniti;

1925

13 gennaio: Carter torna in Egitto e fa ripartire le attività grazie ad una nuova concessione;

13 ottobre: viene rimosso il coperchio del sarcofago esterno;

23 ottobre: viene rimosso il coperchio del secondo sarcofago;

28 ottobre: viene rimosso il coperchio del sarcofago interno e viene vista per la prima volta la mummia;

11 novembre: ha inizio la prima autopsia sulla mummia di Tutankhamon;

1926

24 ottobre: si iniziano i lavori nel Tesoro;

1927

30 ottobre: si iniziano i lavori nell'Annesso, lavori che verranno definitivamente ultimati il 15 dicembre dello stesso anno;

1930

10 novembre: 8 anni dopo la scoperta, vengono rimossi definitivamente gli ultimi oggetti rinvenuti all'interno della tomba.

Jeremy Feldman

ATLANTIDE, IL CONTINENTE PERDUTO

STORIA O LEGGENDA?

Storia o leggenda? È questa la prima domanda che ci si deve porre quando ci si confronta con Atlantide. Generazioni intere di storici, archeologi, esploratori, professori e studiosi non convenzionali hanno infatti scandagliato per decenni gli oceani alla ricerca di una prova inconfutabile dell'esistenza di questa antica civiltà.

Nel corso degli anni sono state elaborate teorie di ogni tipo: isola misteriosa, continente sommerso, civiltà antica ed evoluta cancellata dalla faccia della terra da un disastro di proporzioni bibliche, avamposto di razze aliene giunte dallo spazio profondo per colonizzare il nostro pianeta

Durante i miei studi spesso mi sono dovuto confrontare con domande come questa e, come avrò modo di dimostrare in quest'opera, sono giunto alla conclusione che non è possibile dare una risposta che metta tutti d'accordo.

Ma procediamo un passo alla volta. Facciamo un salto indietro nel tempo di circa 2.400 anni per visitare l'Atene classica, la città in cui nacque il pensiero occidentale. È nella capitale spirituale e artistica della civiltà Europea, infatti, che per la prima volta viene pronunciato il nome di Atlantide.

L'ATLANTIDE DI PLATONE

È grazie agli scritti di Platone, l'antico filosofo greco, che l'umanità è venuta a conoscenza del mito di Atlantide. Per ora ci limiteremo a parlare di mito, perché così viene universalmente considerata dalla comunità scientifica internazionale la storia del continente sommerso. Ma vedremo che le cose sono molto più complesse di quanto si possa credere. Prima di iniziare il nostro incredibile viaggio alla ricerca del continente perduto, quest'antica isola sommersa e scomparsa per sempre nella notte dei tempi, sentiamo dunque direttamente dagli scritti di Platone come è stata descritta per la prima volta Atlantide.

Sono due i dialoghi platonici in cui viene citato il continente sommerso: il primo è il Timeo, in assoluto uno degli scritti più importanti ed influenti del filosofo ateniese. In quest'opera, scritta intorno al 360 a.C, Platone approfondisce la natura e l'origine dell'universo e della natura umana. I protagonisti di questo dialogo sono Socrate, Timeo, Locri, Ermocrate e Crizia. È proprio quest'ultimo che, sollecitato da Socrate che desiderava sapere se mai fosse esistita una città ideale come quella descritta nel dialogo platonico "La Repubblica", inizia a descrivere Atlantide.

Crizia infatti narra di come Solone sia venuto a conoscenza di questa favolosa isola antica da alcuni saggi egizi.

«Ascolta, dunque, o Socrate, una storia che, sebbene strana, è certamente vera, essendo stata attestata da Solone, il più saggio fra i sette savi. [...] Uno dei sacerdoti egiziani, molto avanzato nell'età, disse: Solone, voi Elleni altro non siete che fanciulli e tra di voi non vi è un sol vecchio [...].

Innanzitutto tu non ricordi che un unico diluvio, mentre ve ne sono stati molti altri più antichi; e poi non sai che un tempo nel tuo paese visse la più bella e nobile stirpe di uomini che mai sia esistita e che tu e tutta la tua città siete discesi da un piccolo seme o residuo di quelli di loro che sopravvissero. E questo ti era ignoto perché, per molte generazioni, i sopravvissuti a quella distruzione morirono senza lasciare scritti. Infatti, o Solone, vi fu un tempo, prima del più grande di tutti i diluvi, in cui la città che ora è Atene era la prima in guerra e, sotto ogni punto di vista, era la città meglio governata e di essa si dice che avesse compiuto le più nobili imprese e che avesse la più nobile costituzione fra tutte quelle di cui ci parla la tradizione. [...] Siamo felici che tu possa avere notizie di loro, o Solone, disse il sacerdote, sia per amor tuo, sia per quello della tua città, sia, soprattutto, per amore della dea comune patrona, genitrice delle nostre città.

Ella fondò la vostra città mille anni prima della nostra, ricevendo da Terra e Efesto il seme della vostra stirpe, e poi fondò la nostra, la cui costruzione, da quanto risulta dai nostri libri, risale a 8.000 anni or sono. Nel parlare dei tuoi concittadini di 9.000 anni fa ti darò alcune notizie sulle loro leggi e sulle loro più famose imprese; indi potremmo riesaminare a nostro agio, sugli stessi libri sacri, i particolari esatti del tutto [...].

Nelle nostre storie si ricordano molti grandi e meravigliose imprese di Atena. Ma tra queste una supera tutte le altre in grandezza e valore. Queste storie, infatti, parlano di una grande potenza che, senza essere provocata, compì una spedizione contro tutta l'Europa e l'Asia, alla quale la vostra città pose termine. Questa potenza veniva dall'Oceano Atlantico, perché in quei giorni l'Atlantico era navigabile; e vi era un'isola posta di fronte agli stretti che voi chiamate Colonne d'Ercole; l'isola era più grande della Libia e dell'Asia messe insieme ed era un passaggio verso altre isole, dalle quali si poteva raggiungere qualsiasi parte del continente opposto che circondava l'oceano; infatti il mare che si trova all'interno delle Colonne d'Ercole non è altro che un porto con un'angusta entrata, mentre l'altro è un vero mare e la terra che da ogni parte lo circonda può a ben diritto essere considerata un continente illimitato.

Ora in quest'isola di Atlantide vi era un grande e meraviglioso impero che aveva il dominio dell'intera isola e di molte altre ancora e di parte del continente; e inoltre gli uomini di Atlantide avevano assoggettato la parte della Libia che si trova immediatamente all'interno delle Colonne d'Ercole fino all'Egitto, e parte dell'Europa fino alla Tirrenia. Questa grande potenza, riunita in un solo stato, tentò improvvisamente di soggiogare il nostro ed il vostro paese e tutta la regione all'interno degli stretti; e allora, o Solone, la vostra patria rifulse su tutto il genere umano per l'eccellenza del suo valore e della sua forza. Ella si distinse per coraggio e virtù militare e si pose alla testa degli Elleni.

E quando gli altri l'abbandonarono costringendola a reggersi da sola essa, dopo aver corso grandissimi pericoli, sconfisse gli invasori e trionfò di essi, salvò dalla schiavitù quanti non erano ancora stati sottomessi e generosamente liberò noi tutti che vivevamo all'interno delle colonne. Ma poi vi furono violenti terremoti e inondazioni, e in un giorno e in una notte di sciagura soltanto tutti i vostri guerrieri furono travolti e così pure l'isola di Atlantide scomparve nelle profondità del mare. Per questa ragione il mare in quei luoghi è insuperabile dato che vi si trova un banco di fango e tutto questo è stato causato dallo sprofondamento dell'isola [...]»[33].

[33] Platone, *The Republic' (Cambridge Texts in the History of Political Thought)*, Cambridge University Press, 2000.

In un altro celebre dialogo platonico, il *Crizia*, veniamo a conoscenza di ulteriori dettagli su Atlantide. La descrizione di questo regno antichissimo e dimenticato rappresenta infatti la parte centrale del *Crizia* opera che, purtroppo, Platone non riuscì mai a terminare. Stando a quanto scrisse Plutarco il motivo di questa interruzione è molto semplice: il filosofo greco aveva iniziato a comporre il *Crizia* in età avanzata e ormai non si sentiva più in grado di portare a termine l'opera. Questa seconda descrizione di Atlantide è comunque molto lunga e dettagliata, e si sofferma su aspetti che potremmo definire mitologici.

Vediamo alcuni dei passi più significativi

«[...] Ho rilevato in precedenza, nel parlare delle spartizioni intercorse fra gli dei, come questi suddividessero tutta la terra in parti di differente estensione, e facessero templi a se stessi e istituissero sacrifici. E Poseidone, ricevendo per sua parte l'isola di Atlantide, generò figli con una mortale e li stabilì in una parte dell'isola che descriverò. In prossimità del mare, nel punto di mezzo della lunghezza dell'isola, vi era una pianura che dicesi fosse la più bella di tutte le pianure e molto fertile. Sempre in vicinanza della pianura, ed anche al centro dell'isola ad una distanza di una cinquantina di stadi, vi era un monte non troppo alto su alcun versante.

Su questa montagna aveva la sua dimora uno degli uomini primordiali di quella terra, nato dal suolo; si chiamava Evenor ed aveva una moglie chiamata Leucippe, ed essi avevano un'unica figlia, Cleito.

La fanciulla era già donna quando il padre e la madre morirono: Poseidone si innamorò di lei ed ebbe rapporti con lei e, spezzando la terra, circondò la collina, sulla quale ella viveva, creando zone alternate di mare e di terra, le une concentriche alle altre; ve ne erano due di terra e tre d'acqua, circolari come lavorate al tornio, avendo ciascuna la circonferenza equidistante in ogni punto dal centro, di modo che nessuno potesse giungere all'isola, dato che ancora non esistevano navi né navigazione [...]. Inoltre generò e crebbe cinque coppie di gemelli maschi; e, dividendo l'isola di Atlantide in dieci parti, diede al primogenito della coppia più anziana la dimora della madre e la terra circostante, che era la più vasta e la migliore, e lo fece sovrano degli altri; questi furono principi ed egli li pose in signoria di molti uomini e di un grande territorio. E a tutti impose il nome: il più grande, che il primo dei re, fu chiamato Atlante e da lui l'intera isola e l'oceano presero il nome di Atlantide. [...]

Vi erano altre leggi, numerose e particolari, che concernevano i privilegi di ciascun re, tra le quali le più importanti: che non avrebbero mai impugnato le armi l'uno contro l'altro e che si sarebbero aiutati vicendevolmente, e se uno di loro in qualche città tentava di cacciare la stirpe regia, avrebbero deliberato in comune, come i loro antenati, le decisioni che giudicassero opportuno prendere riguardo alla guerra e alle altre faccende, affidando il comando supremo alla stirpe di Atlante.

Un re non era padrone di condannare a morte nessuno dei consanguinei senza il consenso di più della metà dei dieci. [...] Tuttavia il primo degli dei, Zeus, che governa secondo le leggi, poiché poteva vedere simili cose, avendo compreso che questa stirpe giusta stava degenerando verso uno stato miserevole prese la decisione di punirla, affinché, ricondotta alla ragione, divenisse più moderata. Convocò allora tutti gli dei nella loro più augusta dimora, la quale, al centro dell'intero universo, vede tutte le cose che partecipano del divenire, e dopo averli convocati disse…»[34].

Con queste parole si interrompe il Crizia, opera che purtroppo rimase incompiuta, come abbiamo già ricordato.

La descrizione di Atlantide

Nei passi che non abbiamo riportato Platone descrive l'isola di Atlantide nei minimi particolari. Il filosofo greco racconta di come Atlantide venne divisa tra i dieci figli di Poseidone, a capo dei quali come abbiamo visto venne nominato Atlante. I loro discendenti per innumerevoli generazioni governarono questo mitico continente, dando vita ad un vastissimo impero insulare che arrivò a toccare anche zone continentali come l'Egitto e l'Italia. Il popolo atlantideo, sempre secondo Platone, disponeva di ricchezze immense, e questo non solo grazie alla sua grande abilità commerciale, ma anche grazie alle incredibili risorse naturali dell'isola.

Atlantide disponeva in abbondanza di minerali preziosi, aveva terreni fertilissimi, foreste ricche di legno ed una fauna senza eguali nel mondo antico. Un vero e proprio paradiso terrestre. Molto interessante anche la descrizione della struttura dell'isola. Come abbiamo visto la cittadella centrale era circondata da cerchi concentrici di terra e acqua.

Al centro della cittadella, posta su una collina, sorgeva un maestoso tempio consacrato a Poseidone con una statua meravigliosa dello stesso dio mentre domava sei cavalli alati, circondato da cento nereidi sopra ad altrettanti delfini. La cittadella centrale col tempo era diventata un'enorme megalopoli circondata da una serie di mura impenetrabili e i suoi porti pullulavano sempre di navi di ogni tipo.

Come abbiamo detto questa seconda descrizione dell'isola di Atlantide, rispetto alla prima, presenta sicuramente aspetti più mitologici che storici, dato che il filosofo greco si sofferma a lungo su aspetti armonici ed ideali che, con ogni probabilità, sono frutto della sua fantasia. Ma il contesto generale da cui parte la descrizione di Platone non è affatto improbabile, né troppo fantasioso: in sintesi si parla di una civiltà che raggiunse il suo massimo splendore intorno al 9.000 avanti Cristo e che dominava l'intera area mediterranea. Un popolo che aveva la sua capitale operativa su di un'isola e che venne cancellato da un enorme cataclisma naturale.

Ora se noi facciamo passare attraverso il filtro dell'archeologia le distorsioni e le esagerazioni di Platone riusciamo ad individuare un'antichissima civiltà che risponde quasi perfettamente alla descrizione di Atlantide fatta dal filosofo greco: la Creta Minoica.

La prima obiezione che viene posta quando si parla di Creta è che Platone narra di un'isola che si trovava al di là delle colonne d'Ercole, e quindi in pieno oceano Atlantico,

---

[34] Plato, *Complete Works*, Hackett Publishing Co., 1997.

mentre Creta è situata al centro del Mediterraneo. In un contesto di questo tipo però una differenza del genere, per quanto macroscopica, deve essere considerata marginale. Storici e archeologi sostengono che, per quanto riguarda questo particolare, Platone si sia lasciato suggestionare dal potere simbolico che avevano per gli antichi le colonne d'Ercole, collocando dunque Atlantide in un luogo oltre che in un tempo leggendario, come sarebbe quello indicato da quella datazione macroscopicamente esagerata. Infatti, se prendiamo come riferimento il sedicesimo e il quindicesimo secolo avanti Cristo, e non il nove mila avanti Cristo come scrive il filosofo greco, tutto sembrerebbe combaciare.

UNA RICERCA ARCHEOLOGICA

Partendo dalle parole di Platone dunque troviamo diversi spunti da cui partire per una ricerca archeologica che rispetti tutti i canoni scientifici.

Per prima cosa possiamo affermare di sapere con certezza che Solone visitò veramente l'Egitto. Gli storici fanno risalire al 590 a.C. circa il periodo in cui l'antico saggio greco si recò nella terra dei Faraoni. È quindi più che verosimile che una personaggio di rilievo come Solone sia entrato in contatto con i grandi sacerdoti, con gli archivisti e con i saggi egizi, e che si sia confrontato con loro sui più svariati aspetti del sapere. Anche l'affermazione secondo la quale i greci sarebbero stati dei semplici fanciulli rispetto agli egizi è sensata e verosimile: i greci dell'epoca, infatti, non avevano mantenuto una memoria scritta, se non in forma poetica e mitologica, del loro antico passato.

Non avevano alcuna documentazione che potesse loro ricordare i periodi più antichi della storia greca, periodi storici che, è bene ricordarlo, erano stati contraddistinti da violenti cataclismi. L'Egitto invece era rimasto praticamente immune da queste catastrofi climatiche. Anche da un punto di vista prettamente politico l'Egitto aveva vissuto in maniera molto più tranquilla e, di conseguenza, possedeva una documentazione scritta molto più antica e affidabile di quella greca.

A tutt'oggi, infatti, abbiamo conservato antichissime cronache egizie, su pietra e su papiro, che risalgono ai primordi dell'Età del Bronzo e che registrano con cura e precisione eventi che erano completamente sconosciuti ai Greci dei tempi di Solone. Gli scolari egiziani della diciottesima dinastia si esercitavano infatti scrivendo nomi egizi e cretesi su colonne parallele.

Siamo intorno al 1.500 a.C. e una di queste tavolette, oggi ben visibile al British Museum, si intitola "Come scrivere i nomi di Keftiu". Keftiu è quasi sicuramente la Creta minoica: la radice etimologica della parola è di fatto identica alla Kap-ta-ra degli Accadi, così come è uguale alla Caftor biblica.

Possiamo dunque affermare che l'antica civiltà minoica era praticamente ignota alla Grecia classica, per lo meno da un punto di vista storico. E tale rimase per migliaia di anni, dato che soltanto nel secolo scorso si è riusciti a ricostruire con precisione questa meravigliosa civiltà perduta. Fino ad allora la civiltà minoica era considerata dalla comunità scientifica un semplice mito: Minosse non era altro che il nome di un leggendario re dei tempi antichi che aveva dominato i mari del Mediterraneo con la sua flotta; il Minotauro era il figlio deforme di questo re spietato e crudele; Teseo era l'eroe ateniese che aveva liberato la Grecia dal giogo cretese uccidendo quell'essere bestiale. Oggi finalmente possiamo affermare con certezza che questi miti contenevano precisi riferimenti ad un substrato storico reale, così com'è successo per i miti che raccontavano la Guerra di Troia, le fatiche di Ercole o l'incredibile viaggio di Ulisse. Ma al tempo di Platone nessun greco sarebbe stato in grado di identificare Atlantide con Creta. E questo dato vale non soltanto per gli antichi greci, dato che per i secoli a venire nessuno fu in grado di capire cosa si celasse dietro al mito Atlantideo.

La svolta avvenne nel 1900 grazie alle scoperte archeologiche di Sir Arthur Evans a Cnosso. Fu quell'incredibile e stupefacente ritrovamento che ci permise di renderci conto che la civiltà minoica era stata una civiltà raffinata, colta, protagonista di un'epopea grandiosa e che, per l'appunto, aveva assunto i contorni della leggenda nel corso dei secoli. Una volta che scattò l'intuizione che dietro al mito di Atlantide ci fosse la grande Creta minoica tutti i particolari raccontati da Platone sembravano di colpo combaciare, come fece notare K. T. Frost, professore alla Queen University di Belfast nei primi del '900:

«Se mettiamo il racconto di Atlantide a confronto con la storia di Creta e dei suoi rapporti con la Grecia e l'Egitto, risulta praticamente certo che ci troviamo di fronte ad un ricordo dei minoici [...]. L'intera descrizione dell'Atlantide, dataci nel Timeo e nel Crizia, possiede caratteristiche talmente minoiche sotto tutti i punti di vista che nemmeno Platone sarebbe stato in grado di inventare tanti fatti al di sopra di ogni sospetto.

[...] Il grande porto, per esempio, con le navi e i mercanti che venivano da ogni parte, le raffinate stanze da bagno, lo stadio e il sacrificio solenne di un toro sono tutti tratti tipicamente, anche se non esclusivamente, minoici; ma quanto leggiamo che il toro "viene cacciato nel tempio di Poseidone senza armi, ma con lacci e pertiche", ci troviamo di fronte ad un'inconfondibile descrizione del recinto dei tori di Cnosso, che più di ogni altra cosa impressionava gli stranieri e che fece nascere la leggenda del Minotauro. Le parole di Platone descrivono con esattezza le scene rappresentate sulle celebri coppe di Vafeio che raffigurano sicuramente la cattura dei tori selvaggi per la tauromachia minoica, la quale, come veniamo a sapere dal palazzo stesso, si distingueva da ogni altra tauromachia che mai il mondo abbia visto, proprio per una caratteristica sui cui insiste Platone, vale a dire sul fatto che non si usavano armi»[35].

---

[35] Kingdon Tregosse Frost, *The Lost Continent*, London Times, 12 febbraio 1909.

La distruzione di Thera

È però un altro il particolare fondamentale e che avvalora la tesi che identifica Atlantide con l'antica Creta: anche questo regno, come l'isola leggendaria raccontata da Platone, venne infatti spazzato via dalla faccia della terra da uno dei più grandi disastri naturali che la storia ricordi. L'epicentro di questo violentissima eruzione vulcanica è stato individuato nell'isola di Santorini, anticamente conosciuta con il nome di Thera, che si trova a 120 km a nord di Cnosso.

La lunga costa orientale dell'isola di Creta venne letteralmente devastata da questo cataclisma di proporzioni inimmaginabili. Platone parla di una serie di terremoti e di inondazioni così violente che cancellarono Atlantide dalla faccia della terra in un solo giorno: bene, gli archeologi e i geologi sono tutti concordi nell'affermare che l'attuale Santorini è un'isola completamente diversa da quella che gli antichi chiamavano Kallisté, e cioè "la bellissima". La conformazione attuale dell'isola è il frutto di una serie di tremendi sconvolgimenti geologici, il maggiore dei quali fu un'eruzione vulcanica di inaudita violenza che trasformò l'isola all'incirca tra il 1.550 e il 1.470 avanti Cristo. Stiamo parlando di un evento praticamente senza pari per il Mediterraneo antico, un'eruzione capace di lanciare masse di detriti ben al di là del perimetro esterno dell'isola sollevando una nuvola di fumo impressionante. Gli archeologi e i geologi concordano col dire che quest'eruzione fece addirittura sprofondare la parte centrale dell'isola. L'effetto domino avrebbe poi scatenato uno tsunami di dimensioni spaventose, capace di cancellare dalla storia l'intera civiltà minoica.

C'è un banale dettaglio che aiuta più di tante parole a rendersi conto della violenza inaudita dell'eruzione dell'isola di Santorini. Quando si verifica un'eruzione vulcanica l'insieme dei materiali piroclastici prodotti al di là della loro composizione o dimensione viene chiamato tefrite, o tefra. A Santorini ancora oggi, più di 3.500 anni dopo quell'eruzione, è possibile vedere immensi cumuli di tefra alti fino a 66 metri.

L'impero minoico venne portato improvvisamente al collasso da questo devastante cataclisma che destabilizzò tutta l'area mediterranea nel quindicesimo secolo avanti Cristo. Gli splendidi palazzi minoici vennero tutti distrutti, con l'unica fortunata eccezione di Cnosso; tutta l'isola venne ricoperta da un pesante strato di cenere vulcanica; migliaia di persone morirono a causa di un maremoto che, verosimilmente, spazzò via anche l'imponente flotta cretese. Per un'intera civiltà che fino ad allora aveva dominato in tutto il Mediterraneo venne inesorabile il giorno del giudizio.

La fine di un'epoca

Ma la memoria di questo regno glorioso e raffinato non scomparve, resistette durante i secoli attraverso i miti e le leggende che tutti noi conosciamo: il Minotauro, Re Minosse, Teseo e i suoi Argonauti, Atlantide. La scomparsa di questo regno mitico e favoloso dunque rappresenta, da un punto di vista storico, la fine del dominio minoico nel mondo Egeo e

Mediterraneo. Come tantissime altre leggende dunque anche in questo caso è possibile individuare un substrato storico che rimanda ad una realtà concreta e solida.

Quella spaventosa eruzione cancellò dalla faccia della terra Thera, facendola diventare Santorini, l'isola che ancora oggi conosciamo. Di fatto però segnò anche uno spartiacque nella storia occidentale: era la fine dell'epopea minoica. La Grecia classica era senza dubbio troppo giovane per ricordare tutto quello che era successo a Creta, anche se nella coscienza collettiva ellenica si formarono in maniera autonoma una serie di miti che tramandarono il ricordo di quei tempi perduti.

Furono gli antichi scribi egizi, custodi di un sapere infinitamente più antico, a registrare con calma e pazienza quell'avvenimento. Quando Platone dunque viene a conoscenza del leggendario racconto di Atlantide non riesce a collegarlo ai miti greci che avevano trasfigurato l'antica civiltà minoica, e quindi colloca questa favolosa isola in un tempo e in uno spazio mitici. Ma se gli archeologi e gli storici sono ormai concordi nell'identificare l'Atlantide di cui parla Platone con la Creta minoica, esistono studiosi e ricercatori che negli anni hanno elaborato teorie alternative.

ALLA RICERCA DI ATLANTIDE

Negli ultimi duemila anni, come abbiamo ricordato, tantissimi studiosi hanno scandagliato gli oceani alla ricerca del continente sommerso, convinti che le parole di Platone nascondessero una verità profonda e dimenticata che portava al di là delle colonne d'Ercole.

Dopo che venne accreditata da più parti la teoria che faceva della Creta Minoica l'antica Atlantide platonica questi ricercatori hanno risposto con una spiegazione molto semplice: Platone nel suo racconto attribuisce ad Atlantide tratti e caratteristiche della Creta Minoica perché questa era l'unica realtà storica giunta fino a lui che si avvicinava alla narrazione Atlantidea.

In altre parole gli archeologi non convenzionali sono convinti che Platone abbia sovrapposto due realtà storiche che potevano essere simili: quella di Atlantide e quella della Creta Minoica, anche se in realtà questi due mondi non avevano nulla in comune. Il racconto degli antichi egizi dunque non si riferirebbe a Creta, ma a una civiltà molto più antica ed evoluta, spazzata via da un cataclisma di proporzioni bibliche e a tutti gli effetti dimenticata dalla Storia.

Ma se questo punto di partenza mette d'accordo tutti gli studiosi non convenzionali che hanno indagato il mito di Atlantide, molti altri punti li dividono.

Sono state infatti elaborate teorie di ogni tipo, alcune completamente diverse tra loro, altre addirittura che non tengono minimamente in considerazione il testo platonico. Il punto più discusso è quello del posizionamento di Atlantide. Come abbiamo detto Platone situa quest'isola enorme al di là dello stretto di Gibilterra, in pieno oceano Atlantico. Ed è proprio lì che secondo gli studiosi bisognerebbe cercare i resti del continente perduto. C'è una minoranza di ricercatori che identifica Atlantide con una qualche isola dei Caraibi o, addirittura, con il continente americano, mentre ci sono teorie che situerebbero Atlantide in Malesia, al Polo Nord, in Africa o in Oceania.

Va subito precisato un dato importante: oltre duemila anni di ricerche non sono riuscite a produrre nessun ritrovamento archeologico certo oltre ogni dubbio che provi l'esistenza di Atlantide al di là delle Colonne d'Ercole, anche se non possiamo non citare alcune scoperte eclatanti che ancora oggi dividono gli archeologi.

Il Muro di Bimini

Nel 1968 a largo delle Bahamas il team del professor Valentine scoprì il così detto Muro di Bimini. Si tratta di una lunga muraglia sottomarina che venne senza dubbio edificata dall'uomo. Le pietre che la compongono sono perfettamente squadrate e regolari, e la deviazioni e le curve della muraglia sono realizzate con angoli pressoché perfetti di 90°. Sempre nella stessa zona sono stati rinvenuti anche i resti di una colonna.

Non si è ancora riusciti a stabilire una datazione certa di questi preziosissimi reperti sottomarini, ma è un dato di fatto che migliaia di anni fa quelle zone fossero al di sopra del livello del mare e che, di conseguenza, potessero senza dubbio essere abitate dall'uomo.

Come abbiamo accennato numerosi studiosi hanno associato il mito atlantidieo al continente americano, con riferimenti molto precisi alla civiltà Maya. Anche gli Atzechi, infatti, nella loro mitologia parlando di una misteriosa e antica civiltà atlantidea, civiltà che risalirebbe addirittura al 20.000 avanti Cristo. A sorpresa questo dato sembra coincidere in parte con quanto raccontato da Platone. Il filosofo greco dice che Atlantide venne distrutto all'incirca nel 9.500 avanti Cristo, dopo più di 8.000 anni di storia. Doveva essere nata dunque all'incirca nel 17.500 avanti cristo. C'è uno scarto di 2.500 anni rispetto alla datazione atzeca certo, ma stiamo parlando comunque di misurazioni molto approssimative e che possono presentare discrepanze anche molto grandi.

Antartide

In base a calcoli di vario tipo c'è stato anche chi ha pensato che Atlantide fosse situata nel continente Antartico. Se noi prendiamo per buona la datazione platonica e, in parte, anche quella atzeca, dobbiamo anche renderci conto che in quell'epoca la situazione della Terra era molto diversa da quella attuale. L'Antartide si trovava circa 2.600 km a nord rispetto alla sua posizione attuale e, soprattutto, doveva essere un territorio fertile e dall'ottimo clima. Da qui dunque gli atlantidei sarebbero partiti per colonizzare tutto il mondo.

L'America pre-colombiana

Come abbiamo accennato numerosi studiosi hanno associato il mito atlantideo al continente americano, con riferimenti molto precisi alla civiltà Maya. Anche gli Atzechi nella loro mitologia parlando di una misteriosa ed antica civiltà atlantidea, civiltà che risalirebbe addirittura al 20.000 avanti Cristo. A sorpresa questo dato sembra coincidere in parte con quanto raccontato da Platone: il filosofo greco dice che Atlantide venne distrutto all'incirca nel 9.500 avanti Cristo, dopo più di 8.000 anni di storia. Doveva essere nata dunque all'incirca nel 17.500 avanti cristo. C'è uno scarto di 2.500 anni rispetto alla datazione atzeca certo, ma stiamo parlando di misurazioni molto approssimative e che possono presentare discrepanze anche molto grandi.

Il Codex Chimalpopoca, scritto in lingua Nahuat I, narra di incredibili disastri naturali avvenuti all'incirca nel 10.500 avanti Cristo. Si parla in maniera specifica di quattro calamità che sarebbero state causate dal temporaneo spostamento dell'asse terrestre. Anche questa data, tra l'altro, coincide a grandi linee con quella proposta da Platone. Questi sconvolgimenti crearono anche un grande cambiamento climatico nel pianeta, con regioni come l'Egitto, Creta e la Mesopotamia che passano da un clima tropicale ad uno temperato.

Proviamo per un attimo ad immaginare cosa dev'essere successo: una serie impressionante di terremoti, eruzioni vulcaniche, tsunami ed inondazioni cancellano nel giro di brevissimo tempo quella che doveva essere la più grande potenza mondiale dell'epoca. I pochissimi sopravvissuti sono costretti a lasciare la loro terra che nel frattempo si è spostata di quasi 2.600 chilometri a sud, arrivando quasi esattamente sopra al Polo Sud. Inizia così una diaspora che spinge gli atlantidei a insediasi in diverse zone del mondo. L'antica civiltà viene dimenticata e, molto probabilmente, tra i superstiti sono pochi quelli in grado di trasmettere il loro incommensurabile patrimonio di conoscenze.

A questo punto un dato dovrebbe farci riflettere: secondo la mitologia egizia è in questo periodo che giungono sulle sponde del Nilo i "Neter", gli dei che fecero sorgere la grande civiltà dei faraoni. E se si fosse trattato degli esuli di Atlantide, uomini talmente evoluti da sembrare vere e proprie divinità per gli egiziani che, è bene ricordarlo, all'epoca erano poco più di un'accozzaglia di rozzi nomadi del deserto? Purtroppo possiamo limitarci soltanto ad avanzare delle ipotesi.

Ma le coincidenze non finiscono qui. Anche le mitologie dei popoli del Centro America raccontano di grandi civilizzatori giunti in quel periodo tra le loro genti. E, anche qui, i vari Viracocha, i Quetzalcoatl, i Votàn, i Kukulkaàn e i Kontìki, vennero quasi subito mitizzati in divinità da quei popoli primitivi.

C'è poi chi ha sottolineato come proprio intorno al 9.000 avanti Cristo in più parti del mondo l'agricoltura abbia cominciato a diffondersi: in quasi tutto il mondo gli antichi popoli nomadi cominciano praticamente in maniera simultanea a intraprendere il lungo cammino che li porterà a diventare stanziali. Può trattarsi di un caso, ma potrebbe anche essere stato merito dei sopravvissuti atlantidei che trasmisero ai popoli primitivi le loro preziosissime conoscenze. Ma torniamo all'Egitto.

La terra dei faraoni

Un altro elemento apparentemente inspiegabile è quello delle presunte tracce di erosione dovuta a piogge nella Sfinge di Giza. Come dimostrato dal professor Robert Schoch, infatti, la Sfinge presenta tracce evidenti di piogge torrenziali, particolare che sposterebbe di molto la datazione dell'intera costruzione[36]. Secondo questa teoria la Sfinge sarebbe stata costruita intorno al 10.000 avanti Cristo, data che stride moltissimo con quella proposta dall'archeologia accademica che parla del 2.500 avanti Cristo. Questa data però viene calcolata in base alla caratteristiche peculiari della testa della Sfinge e ad altre ricostruzioni di tipo storico.

C'è però un particolare che incrina la ricostruzione ufficiale: la testa della sfinge non presenta alcun segno delle erosioni di cui abbiamo parlato, oltre ad essere palesemente sproporzionata rispetto al resto del corpo, dettaglio che ha fatto subito pensare che gli egizi si siano limitati a ritoccare una costruzione eretta da una civiltà molto più antica della loro. Partendo da questi dati e, non dimentichiamolo, dal fatto che nel racconto platonico sono proprio gli Egizi gli unici depositari del ricordo di Atlantide, c'è chi ha avanzato l'ipotesi che Atlantide sia stata in realtà una civiltà pre-egizia insediatasi lungo le rive del Nilo. Stiamo parlando di un popolo antichissimo, che sarebbe vissuto e prosperato all'incirca nel 10.000 avanti Cristo. La civiltà egizia come la conosciamo oggi, invece, ha cominciato il suo millenario percorso soltanto nel 3.100 avanti Cristo. Questa teoria permetterebbe di spiegare parzialmente i tanti misteri legati alle costruzioni delle tre piramidi che si ergono maestose sulla piana di Giza. A tutt'oggi, infatti, l'archeologia accademica, per quanto se ne dica, non è riuscita a provare al di là di ogni ragionevole dubbio la datazione delle tre piramidi, come non è possibile dare per scontato che a costruirle siano state gli egizi[37]. Quella dei faraoni comunque non è stata la prima civiltà evoluta del mondo antico, per lo meno per quanto riguarda l'area mediterranea e mediorientale.

Mesopotamia

In Mesopotamia, nella celebre "mezzaluna fertile", fiorirono a partire dal 3.500 avanti Cristo le grandi civiltà antiche: Babilonesi, Sumeri, Assiri ed Accadi. Ed è proprio nella zona mediorientale, la culla della civiltà, che si trova una città che è stata identificata con Atlantide.

Nella Bibbia infatti si parla di Gerico, antica e dissoluta città distrutta dal suono delle famose trombe. Ebbene, nelle vicinanze dell'attuale Gerico sono stati trovati almeno tre diversi insediamenti archeologici databili intorno all'11.000 avanti Cristo. Questi ritrovamenti hanno fatto sorgere nuovi dubbi tra la comunità scientifica, dato che stiamo parlando del

---

[36] Robert Schoch, Robert Aquinas McNally, *Pyramid Quest: Secrets of the Great Pyramid and the Dawn of Civilization,* TarcherPerigee, 2005.

[37] Si veda a questo proposito quando scritto nella parte dedicata alla costruzione delle piramidi in questo volume.

centro abitato più antico del mondo dopo Damasco. Dobbiamo credere dunque che Gerico sia stata la capitale di un'antichissima cultura spazzata via dalla storia dall'ira di Dio? Anche qui ci troviamo di fronte alla mancanza totale di certezze. Troppe le domande ancora aperte, troppi gli interrogativi a tutt'oggi senza risposta.

Anche l'archeologia ufficiale comunque si trova in difficoltà di fronte a quelli che sono veri e propri misteri: cosa nasconde il racconto biblico che narra della distruzione della città di Gerico? A oggi nessuno è in grado di rispondere con certezza a questa domanda. Tutte le mitologie antiche sono però caratterizzate da racconti che rimandano ad antiche civiltà perdute, grandi regni distrutti dalla furia degli elementi.

L'isola di Mu

Sulla base di queste letture c'è chi ha avanzato l'ipotesi che Atlantide sia semplicemente il nome con cui gli antichi Greci chiamassero quello che per gli indiani era l'antico continente di Mu, altri ancora hanno identificato Atlantide con la perduta Lemuria. Si cerca cioè di fare in modo che Atlantide corrisponda a un'unica grande civiltà che si impose su tutti i popoli del mondo antico tra l'11.000 e il 10.000 avanti Cristo.

Secondo gli antichi Indiani il continente perduto di Mu si sarebbe dovuto trovare nel mezzo dell'Oceano Pacifico. Non abbiamo alcuna prova archeologica dell'esistenza di questa terra mitica che, sempre secondo la tradizione indiana, avrebbe ospitato una civiltà antica e raffinata, capace di dominare tutti i popoli dell'epoca. Anche Mu, proprio come Atlantide, sarebbe stata devastata da una tremenda catastrofe naturale. Purtroppo del continente perduto di Mu si hanno pochissime testimonianze, quella più accreditata è quella del Colonnello Churchward che si basò sulla traduzione fatta nel 19esimo secolo dall'abate Charles Etienne Brasseur de Bourbourg di un antico manoscritto Maya. Secondo questo testo Mu sarebbe stato un antico continente situato nell'Oceano Pacifico che confinava con le isole Hawaii a nord, mentre i confini meridionali erano situati tra l'isola di Pasqua e le isole Fiji.

Mu viene descritta come una sorta di Eden, un continente mitico e leggendario. Tutto questo ha fatto sì che molti studiosi pensassero che Mu fosse semplicemente un altro nome di Atlantide. Sorge però un problema geografico, dato che la tradizione occidentale colloca Atlantide nell'oceano Atlantico. Ci sarebbero però una serie di prove indirette che contribuirebbero a situare Atlantide nell'Oceano Pacifico, identificandola proprio con la leggendaria isola di Mu.

Per prima cosa partiamo dal fatto che molti dei miti elaborati dai popoli antichi, a qualunque latitudine si trovassero, parlavano di divinità di razza bianca, quasi sempre con capelli biondi e con occhi chiari, come per esempio succede con le antiche divinità atzeche. Eppure questi popoli non avevano certo molta dimestichezza con uomini di tipo caucasico con queste caratteristiche somatiche. Tutte queste civiltà, inoltre, hanno costruito templi di dimensioni colossali, utilizzando blocchi di pietra di proporzioni sproporzionate tanto che, ancora oggi, non ci si capacita di come sia stato possibile per loro erigere edifici del genere, sopratutto se si considerano gli strumenti tecnici di cui disponevano. Basti pensare alla Grande Piramide di Giza in Egitto o alla città di Machu Pichu sulle Ande.

Anche la mitologia dei Maya, proprio come quella egiziana, racconta di come queste divinità siano venute da ovest. Ma, nel caso dei Maya, quando si parla di Ovest si parla di Oceano Pacifico, e non di Oceano Atlantico come succede invece nel caso degli Egizi. Sulla base di questa intuizione c'è chi ha ipotizzato che le tantissime isole sparpagliate nell'Oceano Pacifico anticamente fossero unite in un unico continente, continente in cui sarebbe fiorita la civiltà atlantidea. A suffragio di questa ipotesi tanti piccoli particolari che, presi singolarmente, sono quasi impossibili da spiegare ma che, visti in un quadro d'insieme organico, assumono di colpo tutto un altro senso.

Nelle tantissime isole disperse nel Pacifico, infatti, sono stati scoperti templi antichissimi ma anche mura e costruzioni di vario tipo. Si tratta di edifici realizzati tutti con lo stesso stile megalitico tipico delle più note costruzioni egiziane o centroamericane. Com'è possibile che edifici realizzati con la medesima tecnica di costruzione si siano sviluppati in maniera autonoma e indipendente su isole separate tra loro anche migliaia di chilometri? In alcuni casi il mistero aumenta ancora di più, dato che molti degli edifici scoperti in queste isole sono realizzati con materiali che non sono presenti in quelle isole e che, approfonditi studi archeologici hanno dimostrato non essere mai esisti neppure nell'antichità in quei luoghi.

Possiamo pensare che i popoli preistorici, che riuscivano si e no a navigare su piccole zattere lungo la costa, fossero in grande di spostare per centinaia di chilometri lungo l'oceano massi di dimensioni enormi? No, non è assolutamente possibile. Ancora più assurdo e inspiegabile è il ritrovamento su molte isole di enormi strade del tutto sproporzionate rispetto alle dimensioni delle isole in questione e al numero dei loro abitanti. Stiamo parlando di vie che si snodano lungo percorsi sconnessi e che, nella stragrande maggioranza dei casi, vanno a morire in mare. Sembra tutto privo di senso a meno che, come diversi studiosi hanno ipotizzato, queste isole in passato non facessero parte di un unico enorme continente.

Fino a 12.000 anni fa circa sarebbe dunque esistito nel mezzo del Pacifico un grande continente che, in seguito ad una serie di violentissimi cataclismi naturali, sarebbe stato sommerso dall'Oceano. Questo sconvolgimento geologico avrebbe distrutto anche la civiltà che si era sviluppata su questo misterioso continente scomparso. Atlantide dunque sarebbe la leggendaria isola di Mu, situata nel mezzo del Pacifico, terra che vide la nascita, l'evoluzione e la morte di una civiltà straordinaria.

Lemuria

Diversa invece la storia di Lemuria che, secondo le più antiche tradizioni orientali, sarebbe stata una striscia di terra che collegava l'India all'Africa. Nel caso di Lemuria entriamo però davvero nel mito, dato che la tradizione vuole che questo antico continente perduto fosse abitato da esseri fantastici a metà tra l'uomo e la scimmia.

Recenti studi archeologici comunque sembrano confermare l'esistenza di questo lembo di terra tra i due continenti in epoca preistorica. A questo proposito è obbligatorio citare i lemuri, primati che esistono soltanto in Madagascar e in alcune zone dell'India e negli arcipelaghi del Far East. Si tratta di un caso davvero unico e che non ha risconti in altre zone del pianeta. Anche questa potrebbe essere una prova del fatto che questo mitico lembo di terra che univa India ed Africa sia esistito davvero in epoca preistorica. Atlantide dunque sarebbe soltanto un altro nome di Lemuria? Difficile, se non impossibile, affermarlo con certezza.

L'esistenza del continente di Lemuria è infatti qualcosa di certo, per lo meno da un punto di vista archeologico, ma non abbiamo testimonianze né prove che questo ponte tra i due continenti abbia ospitato una civiltà evoluta come sarebbe dovuta essere Atlantide.

LA MADRE DI TUTTE LE CIVILTÀ?

Tutte queste teorie concordano comunque su un punto di fondo: i grandi monumenti che da millenni gli uomini ammirano non sarebbero stati il frutto di singole civiltà indipendenti. Maya, Egizi, Sumeri... tutti i grandi popoli dell'antichità sarebbero figli di un'unica Civiltà Umana Globale che partì da un un'unico continente, chiamatelo Atlantide, Mu, Antartide o Lemuria. Una razza che si disperse successivamente in tutto il mondo trasmettendo una piccola parte del loro antico sapere. Probabilmente la stessa scrittura geroglifica egizia deriva direttamente da quella utilizzata da questa dimenticata civiltà ancestrale, così come altre lingue che sembrerebbero comparse tutte in modo già definito e strutturato all'incirca intorno al 3.000 avanti Cristo. Lingue come il cinese o il sumero sarebbero dunque semplici varianti regionali figlie di un'unica lingua madre. I più moderni studi di semiotica peraltro hanno individuato una serie di micro-strutture verbali comuni a tutte le lingue conosciute, ulteriore prova che avvalora l'ipotesi che le lingue sviluppate dagli uomini provengano da un'unica "lingua madre".

Quella Atlantidea sarebbe dunque la madre di tutte le civiltà umane. Anche se ricordata e rielaborata in modo originale di volta in volta da ogni civiltà, questa leggenda ha mantenuto però alcuni tratti comuni che ci permettono dunque di risalire ad un'unica tradizione. Si spiegherebbero in questo modo tutti i riferimenti mitologici a un'epoca dell'oro, dominata da figure semidivine che si aggiravano tra gli uomini, come anche i riferimenti presenti in tutte le mitologie a un disastro climatico di proporzioni inaudite capace di cancellare ogni forma di civiltà evoluta dalla faccia della Terra.

Tra le stelle

È opinione comune che il popolo di Atlantide potesse contare su un livello tecnologico molto avanzato. Com'è possibile però che una civiltà così evoluta e, appunto, tecnologicamente avanzata, non abbia lasciato traccia alcuna del suo passaggio sulla terra? E poi com'è possibile che nel 10.000 avanti Cristo sul nostro pianeta sorgesse una civiltà così all'avanguardia e capace di distinguersi in maniera così radicale da tutto il resto della popolazione mondiale? È difficile dare una risposta a questi quesiti. C'è però chi ha avanzato un'ipotesi che potrebbe dare una spiegazione coerente ed organica anche a queste domande apparentemente inspiegabili: Atlantide sarebbe stata fondata da una razza aliena che, una volta esaurita la sua missione sulla terra, avrebbe deciso di abbandonare il nostro pianeta. Ecco spiegata dunque una tecnologia avanzata in un'epoca lontanissima nel tempo e, contemporaneamente, sarebbe chiaro anche il perché Atlantide non abbia lasciato tracce concrete dietro di sé, se non il ricordo leggendario di una civiltà mitica.

È bene precisare infatti che nel 10.000 avanti Cristo la Terra era appena uscita dall'ultima era glaciale, iniziata all'incirca nel 12.000 avanti Cristo. Gli uomini iniziavano a dare vita ai primi gruppi sociali stanziali, creando le prime micro-economie basate sulla caccia e sull'agricoltura. La scrittura sarebbe stata inventata soltanto 5.000 anni dopo e di fatto è perfino prematuro parlare di "albori" della civiltà umana. In un contesto del genere dunque è davvero impensabile che si sia sviluppata in maniera indipendente una società evoluta come quella atlantidea.

Dobbiamo precisare che tutte le teorie che individuano un origine extraterrestre per Atlantide non sono supportare da nessuna prova scientifica e, anzi, spesso vengono sottovalutate (se non addirittura apertamente derise) dalla comunità accademica. Ma cerchiamo di capire meglio quali siano gli argomenti portati avanti da chi sostiene la teoria aliena.

Il filone principale è quello che ritiene che gli abitanti di Atlantide provenissero da un pianeta a noi sconosciuto e che, per motivi a noi ignoti, è andato distrutto. A sostegno di questa teoria viene spesso citata la legge di Titius-Bode. Si tratta di una formula che descrive con un buon livello di approssimazione i semiassi maggiori delle orbite dei pianeti del nostro sistema solare.

Questa formula venne elaborata sul finire del diciottesimo secolo, quando Urano non era ancora stato scoperto: nonostante tutto il modello matematico frutto della legge di Titius-Bode prevedeva un pianeta proprio dove si trova Urano ma, soprattutto, prevedeva l'esistenza di un pianeta tra Marte e Giove. Come si spiega questo vuoto? C'è chi ritiene che il pianeta mancante sia Cerere, il pianeta nano più interno, ma non tutti concordano con questa ipotesi. Nel punto in cui dovrebbe trovarsi questo misterioso pianeta infatti è presenta una densa nube di asteroidi che segue un'orbita costante intorno al Sole. Che siano i resti di un corpo celeste esploso migliaia di anni fa e da cui sarebbero partiti gli atlantidei per raggiungere la terra? Nessuno può dirlo.

Chi sostiene la teoria aliena naturalmente collega ad Atlantide i tanti misteri che i tempi antichi ci hanno lasciato: i segreti delle Piramidi Egizie e di quelle costruite dalla civiltà precolombiane in America, gli Ziggurath, le linee di Nazca, Stonenghe... Abbiamo già visto come ci sia chi sostiene che la Sfinge eretta sulla piana di Giza risalga addirittura al 10.000 avanti Cristo, ribaltando dunque le più accreditate teorie accademiche

Ma c'è anche il caso di Angkor Khan in Cambogia, che rispecchia fedelmente la costellazione del Drago proprio come doveva essere nel 10.450 avanti Cristo. Tanti elementi distinti rimandano dunque al periodo che va tra l'11.000 e il 10.000 avanti Cristo, il millennio in cui gli atlantidei avrebbero dominato il mondo. Platone parla degli abitanti di Atlantide come di grandi navigatori: e se, invece di navigare sul mare, gli atlantidei fossero stati in realtà navigatori delle stelle? Ecco allora che i tantissimi riferimenti celesti che ritroviamo nei manufatti di tutte le popolazioni antiche avrebbero un senso concreto. Gli abitanti di Atlantide sarebbero stati dunque gli eredi di un sapere inimmaginabile anche per noi uomini del 21esimo secolo. Queste teorie non a caso parlano dell'antica razza di Atlantide come del popolo che diede il "la" all'intera civiltà terrestre.

Per questo motivo in tutto il mondo, dall'America all'Egitto, dalla Mesopotamia al sud est asiatico la Piramide sarebbe stata una costruzione ricorrente e carica di significati e misteri.

Due possibilità

Per quanto riguarda la sparizione di questa civiltà ci sono due possibilità: la prima è un cataclisma naturale, elemento comune a tutte le tradizioni antiche che parlano di un fenomeno di questo tipo. Basti pensare al racconto del diluvio biblico per rendersi conto che le antiche civiltà avevano conservato memoria di un evento drammatico capace di spazzare via dalla faccia della terra un'intera civiltà. Del resto è sufficiente guardare quello che è successo in Giappone l'11 marzo 2011 per rendersi conto della portata distruttiva di eventi del genere.

È più che naturale inoltre che per la mentalità dell'uomo antico disastri di tale portata potevano essere spiegati soltanto come punizioni divine per le colpe commesse dagli uomini. L'altra ipotesi è invece che la razza aliena, una volta terminato il suo periodo di soggiorno sul nostro pianeta per motivi che ignoriamo, ha deciso di partire alla volta di altre destinazioni celesti. Questa è sicuramente l'ipotesi più affascinante e intrigante ma allo stesso, va da sé, la più difficile da sostenere. Al di là dei racconti favolosi di un antico continente perduto per sempre, è un dato di fatto che sul nostro pianeta sembrano essere rimaste testimonianze di civiltà che avevano raggiunto livelli tecnologici inimmaginabili. Nel corso dei secoli infatti ci sono stati ritrovamenti che ancora oggi non riescono ad essere spiegati, vediamone alcuni.

Uranio U-235 in Gabon?

Nel Gabon, stato dell'Africa Occidentale c'è un deposito di uranio che ha lasciato tutti gli studiosi e gli esperti del settore senza parole. Stiamo parlando della miniera di Oklo che contiene appunto grandi quantità di uranio U-235. Si tratta a tutti gli effetti di uranio impoverito in seguito ad un processo di fissione nucleare. Non ci si capacita di come questo possa essere successo se non in maniera indotta artificialmente.

Francis Perrin, uno dei più autorevoli esperti di energia atomica francese del secolo scorso, venne incaricato dall'Accademia delle Scienze Francese di stendere un rapporto su questo fenomeno. Lo scienziato sostenne che l'uranio U-235 presente nella miniera di Oklo molto probabilmente era il risultato di una reazione nucleare avvenuta in maniera naturale e verificatasi circa 1.7 miliardi di anni fa. Questa ipotesi però è stata duramente contestata dal premio Nobel Glenn Seagorg, che sottolineò come non sia possibile bruciare Uranio in una reazione nucleare a meno che non si verifichino contemporaneamente una serie a dir poco improbabile di eventi. Ma, soprattutto, perché ciò avvenga c'è bisogno di acqua pura da un punto di vista chimico, cosa che in natura è di fatto impossibile. Chi poteva dar vita ad una fissione nucleare nell'antichità? Sicuramente nessuna delle civiltà conosciute.

Ecco dunque che l'ipotesi di una razza aliena depositaria di una tecnologia superiore appare molto più che una semplice ipotesi.

Il sarcofago di Palenque

C'è poi l'enorme lastra monolitica del sarcofago del tempio di Palenque, in Messico. Si tratta di un reperto datato tra il 1.000 e il 1.200 dopo Cristo in cui è rappresentato una persona all'interno di una struttura modulare che, a quanto sembra, sarebbe dotata di un motore posteriore da cui escono delle fiamme. L'abito di questo personaggio è molto complicato, ed è raffigurato con una specie di casco da cui fuoriescono dei respiratori che si inseriscono nelle sue narici.

In più si trova in posizione seduta di fronte ad un pannello a comandi e sembra occupato nell'atto di pilotare un qualche mezzo volante. In parole povere siamo di fronte a quella che è palesemente la rappresentazione di un pilota di un'astronave aliena. Com'è possibile? Nessuno è ancora riuscito a spiegarlo. Ma non è finita qui.

Le statuette di terracotta

A Milano, in Italia, un noto collezionista privato di cui non faremo il nome per rispetto della privacy, ha acquistato dei reperti a dir poco straordinari. Stiamo parlando di una serie di statuette di terracotta scoperte in Ecuador e risalenti al 1.000 avanti Cristo circa. La particolarità di questi reperti è che raffigurano uomini che indossano tute e caschi in tutto e per tutto simili a quelli indossati dai nostri astronauti.

Le bambole Dogus

E ancora le mitiche "bambole Dogus", create in Giappone all'incirca nel 2.500 avanti Cristo e ritrovate in alcune caverne nell'isola centrale di Honshu. Anche in questo caso ci troviamo di fronte ad un reperto antichissimo che presenta numerosi ed inspiegabili caratteri "spaziali": caschi con visiere rettangolari o sagomati, filtri per la respirazione all'altezza della bocca, cavi di collegamento che uniscono i caschi alle tutte e tanti altri piccoli dettagli che ora non ha senso ricordare. Il punto della faccenda è sempre lo stesso: come potevano degli uomini vissuti nel periodo neolitico creare manufatti del genere? No, non è possibile pensare che questi oggetti siano stati generati soltanto dalla fantasia. È molto più sensato ipotizzare che questi uomini avessero dato vita a queste statuette copiando quanto avevano visto, o traducendo in forme concrete i ricordi dei loro antenati.

Il geode di Coso

E come spiegare il geode di Coso? Si tratta di un manufatto rinvenuto nella regione montana di Coso, in California, all'interno del quale è stato rinvenuto un oggetto formato da un corpo di ceramica durissima con un'anima di metallo. Queste due parti sono poi avvolte da un'ulteriore lamina di un metallo che ricorda il rame. Tutti sono concordi nel credere che si tratti di un qualche componente elettrico di un apparecchio molto più complesso, ma c'è un problema.

Stiamo parlando di un manufatto vecchio di 500.000 anni, anche se alcune ricerche più recenti mettono in dubbio l'attendibilità di questa datazione. Potremmo proseguire a lungo raccontando di incredibili reperti archeologici che, a tutt'oggi, non possono essere spiegati in alcun modo secondo i canoni della scienza, neppure con l'ausilio delle più moderne e sofisticate apparecchiature e tecnologie. Preferiamo quindi chiudere con un oggetto che ci riporta a dove eravamo partiti, alla mitica isola di Atlantide.

Abbiamo avuto modo di vedere come gli atlantidei fossero considerati dei grandi navigatori, sia che si parli degli oceani che delle stelle.

La mappa di Piri Reis

Diventa molto interessante allora studiare con attenzione la carta geografica dell'ammiraglio turco Piri Reis, attualmente conservata all'interno del Museo Topkapi di Istanbul. Si tratta di una mappa relativamente recente, dato che è stata disegnata nel 1513. Questa cartina geografica rappresenta la penisola di Plamer, la Terra della regina Maud e molti picchi montani sub-glaciali situati a largo delle coste.

Fin qui tutto bene, se non che soltanto nel 20esimo secolo questi picchi montani sub-glaciali vennero individuati. La mappa presenta inoltre molte zone dell'Antartide che nel '500 non potevano assolutamente essere conosciute dato che erano interamente ricoperte dai ghiacci. Per farla breve questa cartina geografica presenta una mappa precisa e dettagliata del continente Antartico così come doveva apparire all'incirca nel 9.000 avanti Cristo. Ma c'è di più. La mappa è tracciata seguendo una deformazione ottica che presuppone un punto di osservazione posto in un'orbita geo-stazionaria al di sopra del Cairo, in Egitto.

In poche parole se noi oggi scattiamo una foto satellitare dell'area antartica da un satellite posto al di sopra del Cairo, otteniamo un'immagine perfettamente sovrapponibile con la carta geografica di Piri Reis. Purtroppo non sappiamo in alcun modo come l'ammiraglio Reis sia venuto in possesso delle informazioni che lo portarono a redarre tale mappa, ma l'unica possibilità è che abbia potuto visionare una cartina realizzata in precedenza, e più precisamente 9.000 anni prima della nascita di Cristo. Ma quale poteva essere la civiltà in grado di realizzare una mappa del genere in pieno periodo preistorico? Di sicuro, sostengono molti, non una civiltà umana.

Purtroppo non abbiamo alcuna prova certa per affermare che il nostro pianeta in passato è stato visitato da civiltà aliene, ma in tanti sono convinti che il mito di Atlantide in realtà ci voglia raccontare proprio una storia di questo tipo. C'è chi ha ipotizzato addirittura che gli alieni fondatori di Atlantide provenissero da altri sistemi stellari ma, come è facile immaginare, si tratta di pure speculazioni teoriche.

RICERCA INFINITA

Il nostro viaggio alla ricerca del continente perduto è partito dalle parole di Platone, ed è con le parole del grande filosofo greco che vogliamo lasciarvi. Platone le scrisse più di 2.000 anni fa, eppure ancora oggi, ascoltandole, non si può non provare un brivido: queste parole hanno spinto generazioni intere di storici e di studiosi alla ricerca di Atlantide, uomini che hanno dedicato la loro vita al mito del continente perduto.

Il racconto platonico

«[...] Abbiamo dunque riferito ora press'a poco quanto a quel tempo si disse della città e dell'antica dimora; cerchiamo allora di richiamare alla mente quale fosse la natura del resto del paese e come fosse organizzato.

In primo luogo tutto quanto il territorio si diceva che fosse alto e a picco sul mare, mentre tutt'intorno alla città vi era una pianura, che abbracciava la città ed era essa stessa circondata da monti che discendevano fino al mare, piana e uniforme, tutta allungata, lunga tremila stadi sui due lati e al centro duemila stadi dal mare fin giù. Questa parte dell'intera isola era rivolta a mezzogiorno e al riparo dai venti del nord.

I monti che la circondavano erano rinomati a quel tempo, in numero, grandezza e bellezza superiori ai monti che esistono oggi, per i molti villaggi ricchi di abitanti che vi si trovano e d'altra parte per i fiumi, i laghi, i prati, capaci di nutrire ogni sorta di animali domestici e selvatici, per le foreste numerose e varie, inesauribili per l'insieme dei lavori e per ciascuno in particolare. Questa pianura in un lungo lasso di tempo, per opera della natura e di molti re, prese dunque la seguente sistemazione. Aveva, come ho già detto, la forma di un quadrilatero, rettilineo per la maggior parte, e allungato, ma là dove si discostava dalla linea retta lo raddrizzarono per mezzo di un fossato scavato tutt'intorno: ciò che si dice della profondità, larghezza e lunghezza di questo fossato non è credibile, che cioè opera realizzata dalla mano dell'uomo potesse essere di tali dimensioni, oltre agli altri duri lavori che aveva comportato. Bisogna tuttavia riferire ciò che udimmo: ebbene, era stata scavata per una profondità di un plettro, mentre la sua larghezza era in ogni punto di uno stadio, e poiché era stata scavata tutto intorno alla pianura, ne risultava una lunghezza di diecimila stadi. Riceveva i corsi d'acqua che discendevano dai monti e girava intorno alla pianura, arrivando da entrambi i lati fino alla città, da lì poi andava a gettarsi nel mare.

Dalla parte superiore di questo fossato canali rettilinei, larghi circa cento piedi, tagliati attraverso la pianura, tornavano a gettarsi nel fossato presso il mare, a una distanza l'uno dall'altro di cento stadi. Ed era per questa via dunque che facevano scendere fino alla città il legname dalle montagne e su imbarcazioni trasportavano verso la costa altri prodotti di stagione, scavando, a partire da questi canali passaggi navigabili e tagliandoli trasversalmente l'uno con l'altro e rispetto alla città.

Due volte l'anno raccoglievano i prodotti della terra, in inverno utilizzando le piogge, in estate irrigando tutto ciò che offre la terra con l'acqua attinta dai canali. Quanto al numero degli uomini abitanti la pianura che fossero utili per la guerra, era stato stabilito che ogni lotto fornisse un capo: la grandezza di un lotto era di dieci stadi per dieci e in tutto i lotti erano sessantamila; per quel che concerne invece il numero degli uomini che venivano dalle montagne e dal resto del paese, si diceva che fosse infinito e tutti, secondo le località e i villaggi, venivano poi ripartiti in questi distretti, sotto il comando dei loro capi.

Era dunque stabilito che il comandante fornisse per la guerra la sesta parte di un carro da combattimento fino a raggiungere il numero di diecimila carri, due cavalli e i relativi cavalieri, inoltre un carro a due cavalli senza sedile, che avesse un soldato capace all'occasione di combattere a piedi, munito di un piccolo scudo, e assieme al combattente un auriga per entrambi i cavalli; due opliti, due arcieri e due frombolieri, tre soldati armati alla leggera che lanciano pietre e tre lanciatori di giavellotto, quattro marinai per completare l'equipaggio di milleduecento navi.

Questa era dunque l'organizzazione militare della città regia; diversa invece quella in ognuna delle altre nove province, che tuttavia sarebbe troppo lungo spiegare.

Quanto alle magistrature e alle cariche pubbliche, furono così ordinate fin da principio.

Ciascuno dei dieci re esercitava il comando nella propria parte e nella sua città sugli uomini e sulla maggior parte delle leggi, punendo e mettendo a morte chiunque volesse; ma il potere che avevano l'uno sull'altro e i rapporti reciproci erano regolati dalle prescrizioni di Poseidone, così come li avevano tramandati la tradizione e le lettere incise dai primi re su una stele di oricalco, che era posta nel centro dell'isola, nel santuario di Poseidone, dove ogni cinque anni e talvolta, alternando, ogni sei si riunivano, assegnando uguale importanza all'anno pari e all'anno dispari.

In tali adunanze deliberavano degli affari comuni, esaminavano se qualcuno avesse trasgredito qualche legge e formulavano il giudizio. Quando dovevano giudicare, prima si scambiavano tra loro assicurazioni secondo il seguente rituale. Alcuni tori venivano lasciati liberi nel santuario di Poseidone, e i dieci re, rimasti soli, dopo aver rivolto al dio la preghiera di scegliere la vittima che gli fosse gradita, davano inizio alla caccia, armati non di armi di ferro, ma solo di bastoni e di lacci; il toro che riuscivano a catturare, lo conducevano davanti alla colonna e lì, sulla cima di questa, lo sgozzavano proprio sopra l'iscrizione. Sulla stele, oltre alle leggi, v'era inciso un giuramento che lanciava terribili anatemi contro i trasgressori.

Così, compiuti i sacrifici conformemente alle loro leggi, quando passavano a consacrare tutte le parti del toro, mescolavano in un cratere il sangue e ne versavano un grumo per ciascuno, mentre il resto, purificata la stele, lo ponevano accanto al fuoco; dopodiché, attingendo con coppe d'oro dal cratere e offrendo libagioni sul fuoco, giuravano di giudicare conformemente alle leggi scritte sulla stele, di punire chi in precedenza tali leggi avesse trasgredito e, d'altra parte, di non trasgredire per precisa volontà in avvenire nessuna delle norme dell'iscrizione, che non avrebbero governato né obbedito a chi governasse se non esercitava il suo comando secondo le leggi del padre.

Ciascuno di loro, dopo aver innalzato queste preghiere, per sé e per la propria discendenza, beveva e consacrava la coppa nel santuario del dio, poi attendeva al pranzo e alle occupazioni necessarie, e quando scendevano le tenebre e il fuoco dei sacrifici si era consumato, indossavano tutti una veste azzurra, bella quant'altre mai, sedendo in terra, accanto alle ceneri dei sacrifici per il giuramento.

Di notte, quando ormai il fuoco intorno al tempio era completamente spento, venivano giudicati e giudicavano se uno di loro avesse accusato un altro di violare qualche legge; dopo aver formulato il giudizio, all'apparire del giorno, incidevano la sentenza su una tavola d'oro che dedicavano in ricordo insieme alle vesti. Vi erano altre leggi, numerose e particolari, che concernevano i privilegi di ciascun re, tra le quali le più importanti: che non avrebbero mai impugnato le armi l'uno contro l'altro e che si sarebbero aiutati vicendevolmente, e se uno di loro in qualche città tentava di cacciare la stirpe regia, avrebbero deliberato in comune, come i loro antenati, le decisioni che giudicassero opportuno prendere riguardo alla guerra e alle altre faccende, affidando il comando supremo alla stirpe di Atlante.

Un re non era padrone di condannare a morte nessuno dei consanguinei senza il consenso di più della metà dei dieci. Tanta e tale potenza, viva allora in quei luoghi, il dio raccolse e diresse poi contro queste nostre regioni, dietro siffatto pretesto, come vuole la tradizione.

Per molte generazioni, finché fu abbastanza forte in loro la natura divina, erano obbedienti alle leggi e bendisposti nell'animo verso la divinità che aveva con loro comunanza di stirpe: avevano infatti pensieri veri e grandi in tutto, usando mitezza mista a saggezza negli eventi che di volta in volta si presentavano e nei rapporti reciproci. Di conseguenza, avendo tutto a disdegno fuorché la virtù, stimavano poca cosa i beni che avevano a disposizione, sopportavano con serenità, quasi fosse un peso, la massa di oro e delle altre ricchezze, e non vacillavano, ebbri per effetto del lusso e senza più padronanza di sé per via della ricchezza; al contrario, rimanendo vigili, vedevano con acutezza che tutti questi beni si accrescono con l'affetto reciproco unito alla virtù, mentre si logorano per eccessivo zelo e stima e con loro perisce anche la virtù.

Ebbene, come risultato di un tale ragionamento e finché persisteva in loro la natura divina, tutti i beni che abbiamo precedentemente enumerato si accrebbero. Quando però la parte di divino venne estinguendosi in loro, mescolata più volte con un forte elemento di mortalità e il carattere umano ebbe il sopravvento, allora, ormai incapaci di sostenere adeguatamente il carico del benessere di cui disponevano, si diedero a comportamenti sconvenienti, e a chi era capace di vedere apparivano laidi, perché avevano perduto i più belli tra i beni più preziosi, mentre agli occhi di coloro che non avevano la capacità di discernere la vera vita che porta alla felicità allora soprattutto apparivano bellissimi e beati, pieni di ingiusta bramosia e di potenza.

Tuttavia il primo degli dèi, Zeus, che governa secondo le leggi, poiché poteva vedere simili cose, avendo compreso che questa stirpe giusta stava degenerando verso uno stato miserevole prese la decisione di punirla, affinché, ricondotta alla ragione, divenisse più moderata. Convocò allora tutti gli dei nella loro più augusta dimora, la quale, al centro dell'intero universo, vede tutte le cose che partecipano del divenire, e dopo averli convocati disse…»[38].

Sapere esoterico

Come abbiamo detto con queste parole si interrompe il resoconto di Platone. Per molti Platone morì prima di portare a termine la sua opera ma ci sono studiosi che recentemente hanno avanzato un'altra ipotesi che, se confermata, cambierebbe tutta questa storia. Per alcuni infatti Platone, venuto a conoscenza dell'intera vicenda di Atlantide, avrebbe preferito non continuare il suo racconto. Il filosofo greco, una volta comprese le terribili implicazioni che una conoscenza di questo tipo avrebbe avuto sulle genti della sua epoca e delle epoche a venire, avrebbe preferito tacere e non proseguire.

Ma l'amore per la verità, troppo forte e insito nell'animo del grande filosofo, alla fine avrebbe prevalso. Secondo una moderna rilettura dei suoi celebri dialoghi infatti un gruppo di ricercatori statunitensi è convinto di aver individuato una chiave di lettura rivoluzionaria.

Esiste un "Codice Atlantideo"?

Platone infatti avrebbe disseminato i suoi dialoghi di alcuni dettagli importanti sulla storia di Atlantide, mescolandoli appositamente con i miti e le leggende della sua epoca, a volte addirittura celandoli dietro ad un codice segreto che è stato ribattezzato "codice atlantideo". Per quale motivo Platone avrebbe fatto tutto ciò? Semplice: la sua speranza era che un giorno qualcuno potesse riunire tutti i pezzi di questo misterioso mosaico in un unico quadro omogeneo, un quadro capace di squarciare definitivamente il velo su uno dei più grandi misteri della storia dell'umanità, il mistero di Atlantide, il continente perduto..

Di quali indicibili saperi era venuto a conoscenza il più celebre dei discepoli di Socrate? E chi si sarebbe messo in contatto con lui illuminandolo sugli ultimi dettagli ancora non chiariti della storia di Atlantide?

---

[38] Platone, Christian Schulen, Benjamin Jowett, *The Timaeus and The Critias*, IAP, 2019.

Impossibile dare una risposta a questa domanda, a meno che non si riesca finalmente a decifrare in modo definitivo il misterioso segreto del codice atlantideo nascosto tra le righe dei dialoghi platonici. Forse l'equipe di archeologi e di ricercatori che sta lavorando giorno e notte su questa teoria rivoluzionaria riuscirà presto a svelare questo affascinante mistero, ma fino ad allora dobbiamo limitarci ad avanzare semplici ipotesi. Da più di duemila anni gli uomini sognano e cercano la misteriosa isola di Atlantide: molto probabilmente questo sogno durerà ancora a lungo.

Wiki Brigades

I SEGRETI DI STONEHENGE

IN SILENZIO TRA LE ANICHE PIETRE

La prima volta che siamo andati a visitare il sito archeologico di Stonehenge lo abbiamo fatto per cercare di trovare una spiegazione razionale che riuscisse finalmente a dirci il perché di una costruzione del genere nel bel mezzo della campagna inglese. Nessuno di noi aveva preconcetti o teorie di qualche tipo da provare: eravamo solo un gruppo di studiosi pronti ad ascoltare e con tanta voglia di capire.

Avevamo passato la notte precedente in un hotel di una famosa catena internazionale poco lontano dal sito, uno di quegli hotel sempre uguali in tutti gli stati del mondo, un non luogo che strideva ancora di più con la sacralità e il mistero rappresentati da Stonehenge.

La mattina verso le 10 ci siamo messi in macchina e dopo pochi minuti abbiamo potuto vedere Stonehenge già da qualche miglio di distanza.

Vogliamo essere onesti con voi: la prima impressione è stata molto deludente. Avevamo letto molto su Stonehenge e la sua storia e, mentre ci avvicinavamo, avevamo la netta percezione che quelle pietre di cui avevamo sentito tanto parlare fossero in realtà più piccole di quanto ci aspettassimo. Più tardi avremmo scoperto che si tratta di una sensazione molto comune tra i visitatori di Stonehenge: questo effetto di apparente miniaturizzazione è dovuto al fatto che la costruzione si erge solitaria nella pianura e quindi mancano completamente i termini di paragone in altezza con altri fabbricati.

Da un pullman parcheggiato poco lontano da noi scendono alcune decine di giapponesi, da un'altra parte sentiamo chiaramente una comitiva di americani che si aggira festosa in cerca di una guida. Sembra tutto tranne che un luogo spirituale ma, si sa, tutto dipende dagli occhi con cui uno osserva la realtà.

Anche noi abbiamo assoldato una guida che ci ha accompagnato mostrandoci molti dettagli interessantissimi e che, osservati dal vivo, ti comunicano emozioni molto intense. Ci eravamo già domandati che senso avrebbe potuto avere scrivere l'ennesimo libro su Stonehenge, ma anche se avevamo letto e ascoltato le tante storie raccontate su questo luogo incredibile fino ad impararle a memoria ma, dentro di noi, non eravamo ancora soddisfatti.

Senza dire nulla ci siamo separati ed ognuno ha cominciato a vagare da solo nella campagna circostante inseguendo un proprio disegno mentale. Era come se ognuno di noi avesse bisogno di seguire un suo cammino particolare.

Dopo alcune ore ci siamo riuniti e siamo tornati in albergo. Il silenzio tra noi è continuato. Nessuno lo diceva ma tutti sapevamo che solo ora eravamo veramente pronti per approfondire la nostra ricerca: soltanto dopo aver visto con i nostri occhi questo mistero avevamo finalmente cominciato a intuire i segreti nascosti tra le antiche pietre; solo dopo aver calpestato la terra di quel luogo mistico avevano iniziato a sentire davvero qualcosa fluire dentro di noi. Forse, e sottolineiamo questo "forse", sono state le pietre stesse a parlarci: ora che i nostri studi sono conclusi e che anche l'ultima parola di questo libro è stata scritta ci piace pensarla così.

STONEHENGE OGGI

Stonehenge è un monumento preistorico noto fin dall'antichità che si erge nella contea inglese di Wiltshire. Da un punto di vista architettonico possiamo descriverlo come un insieme di enormi pietre, i megaliti, disposte in cerchi concentrici e circondate da un terrapieno artificiale. Tutto attorno si trovano numerose tombe dalla forma prevalentemente tonda. Nel 1986 Stonehenge è stato inserito dall'UNESCO tra i luoghi considerati patrimonio dell'umanità.

Secondo la teoria più diffusa da un punto di vista etimologico la parola Stonehenge deriverebbe dalla radice stone, ovvero pietra, e hinge che in inglese arcaico significa "appendere" o "tenere su". L'elemento più esterno della struttura è il cosiddetto viale della cerimonia, che scende per circa 500 metri a partire da una piccola collinetta fino ad arrivare alla parte bassa di Stonehenge. Il viale consiste in due terrapieni che procedono paralleli alla distanza di dodici metri uno dall'altro, il suo inizio è posizionato all'ingresso di un terzo terrapieno che racchiude il complesso megalitico.

Friar's Heel

Qui si trova anche il famoso Friar's Heel, il tallone del Frate, una grande roccia non lavorata e posizionata in modo tale che, se si guarda l'orizzonte dall'interno del complesso megalitico nel giorno del solstizio d'estate, è possibile vedere il sorgere del sole esattamente dietro al Friar's Heel. Partendo invece dalla Heel Stone e muovendosi all'interno del sito troviamo il terrapieno circolare di cui abbiamo parlato in precedenza, che consiste in un fossato artificiale con una sponda più interna, la quale, secondo i calcoli di alcuni archeologi, doveva essere alta non meno di un metro e mezzo. Secondo alcuni studiosi il monumento doveva avere due ingressi: quello tuttora esistente rivolto a nord-est e uno a sud.

Slaughter Stone

Pochi passi dopo l'ingresso troviamo una grossa pietra di Sarsen che un tempo era posizionata verticalmente e che ora invece si trova distesa a terra, conosciuta come la Pietra del Massacro (Slaughter Stone). La Pietra del Massacro ha alcuni evidenti chiazze di colore rosso, chiazze che per secoli sono state scambiate per sangue umano. Questo particolare molto probabilmente ha contribuito alla creazione del suo nome, che infatti deriva dalla credenza, molto diffusa non solo tra la popolazione ma anche tra gli studiosi, che su di essa venissero effettuati sacrifici umani in nome di una non meglio specificata divinità pagana.

Recenti studi hanno fatto finalmente luce su questo mistero confermando che non vi sono tracce di sangue, né umano né animale, ma che si tratta invece di particolari minerali di ferro presenti nella composizione della roccia e discioltisi nei secoli a causa delle piogge. Presso il margine interno del terrapieno c'erano quattro piccole rocce erette di cui solo due sono ancora visibili ai giorni nostri.

I pozzi esterni

Poco lontano dal terrapieno c'è un anello formato da 56 buche o pozzi, conosciuti come fosse di Aubrey, che sembrerebbero essere stati preparati per accogliere un altro anello di pietre verticali. Nell'area tra il terrapieno e le pietre più esterne del monumento vero e proprio ci sono almeno altri due anelli di pozzi, detti fosse Y e Z.

Gli studiosi concordano nel dire che i 56 pozzi esterni non ospitarono mai nessuna pietra quindi la loro reale funzione ancora oggi resta un mistero: vi fu un cambio di progetto in corso d'opera? Qualcosa suggerì ai costruttori di non procedere oltre e di non erigere ulteriori pietre, oppure la funzione di quei pozzi era diversa e ancora oggi sconosciuta?

Le pietre

Le pietre che compongono il sito di Stonehenge appartengono a due grandi categorie: le pietre verticali e le strutture a "casetta", o triliti dal greco "tre pietre", nelle quali un blocco di roccia è stato sovrapposto orizzontalmente a due monoliti verticali. Tutti i triliti sono stati costruiti con la pietra locale chiamata Sarsen, mentre tutte le pietre verticali, chiamate anche pietre straniere o pietre blu, sono state trasportate da una zona diversa e, infatti, non vi traccia di quel tipo di roccia nella contea di Wilshire o nelle zone vicine.

Il nome Sarsen ha un'origine remota e ancora oggi si dibatte sulla reale etimologia di questo termine. Secondo l'interpretazione più diffusa Sarsen sarebbe la contrazione della parola inglese Saracen, saraceno, termine che nel medioevo aveva una valenza spregiativa e si riferiva a tutti coloro che non praticavano la fede cristiana.

Opera diabolica

Durante tutto il medioevo, e anche oltre, il sito di Stonehenge (come peraltro molti altri monumenti e templi dell'antichità pre-cristiana) venne considerato opera del demonio e centro di stregoneria. Questa fama sinistra continua, per certi aspetti, ancora oggi e ha contribuito non poco ad alimentare il mito di questo luogo straordinario. A tutto ciò va aggiunto che numerose leggende popolari raccontano che fu proprio il diavolo in persona a costruire Stonehenge trasportando alcuni grossi massi dall'Irlanda come testimonia questo brano di un racconto popolare:

«[...] Il diavolo comprò le pietre da una donna in Irlanda, le avvolse e le portò sulla piana di Salisbury. Una delle pietre cadde nel fiume Avon, le altre vennero portate sulla piana.
Il diavolo allora gridò, "Nessuno scoprirà mai come queste pietre sono arrivate fin qui". Un frate rispose, "Questo è ciò che credi!", allora il diavolo lanciò una delle pietre contro il frate e lo colpì su un tallone. La pietra si incastrò nel terreno, ed è ancora lì [...]».

Questi racconti, sebbene destituiti di alcun valore storico o archeologico, sono comunque utili perché ci permettono di capire che già nell'antichità qualcuno si era posto il problema di capire da dove provenissero quelle rocce gigantesche e, soprattutto, di come fosse stato possibile trasportarle e poi posizionarle nella loro collocazione finale. Un mistero questo che per molti aspetti continua a durare anche al giorno d'oggi.

L'ORIGINE DELLE PIETRE

Le pietre Sarsen sono state estratte dalla cava di Marlborough Downs che si trova a circa 30 km a nord-est da Stonehenge. Per il trasporto di questi enormi massi sono state probabilmente usate slitte di tronchi e corde di pelle. Recenti studi hanno stimato in circa 500 persone il numero minimo necessario per spostare a braccia ogni singolo masso che, lo ricordiamo, pesa mediamente tra le 20 e le 30 tonnellate ed è alto oltre 7 metri, e in 100 persone il numero minimo di addetti allo spostamento dei tronchi su cui scivolavano i massi.

Tutte le pietre Sarsen sono state lavorate o per lo meno sbozzate presso la cava dalla quale sono state estratte, come prova l'assoluta mancanza di frammenti e resti di lavorazione di queste rocce nella zona circostante. Probabilmente a questi giganteschi monoliti venne data una forma già in cava per renderli più leggeri, evitando così di trasportare pesi inutili per decine di chilometri. Per questo tipo di lavorazione, come per tutte le altre operazioni di decorazione, vennero usati esclusivamente attrezzi di pietra dato che il metallo, come vedremo in seguito, era pressoché sconosciuto a quell'epoca. Nella sua forma completa l'anello di pietre più esterno era composto da 30 blocchi in Sarsen, dei quali solo 17 sono ancora al loro posto.

Le sommità di queste pietre erette verticalmente erano collegate da un anello di architravi orizzontali senza soluzione di continuità, di cui solo una piccola parte si trovano ancora al loro posto. I blocchi in Sarsen di questo circolo sono stati sbozzati e modellati con precisione e gli architravi non sono semplicemente appoggiati su di essi, ma sono anche bloccati da veri e propri incastri a mortasa e tenone, ovvero un sistema a vuoto e pieno, e a coda di rondine. Le pietre sulla sommità sono state infine levigate per seguire la linea del circolo ed essere in perfetta armonia con l'orizzonte.

Sebbene la maggior parte dei visitatori di Stonehenge rimangano affascinati soprattutto dalla maestosità delle Sarsen, uno dei più grossi interrogativi ancora oggi molto dibattuto a livello accademico è quello quello legato all'origine delle pietre straniere o pietre blu. Come abbiamo già accennato in precedenza le analisi sulla composizione chimica di queste rocce hanno rivelato che esse provengono con sicurezza da una zona lontana. Dove siano state effettivamente estratte però è ancora oggi materia di discussione.

Qualcuno suggerisce che le pietre arrivino dall'Irlanda, altri dalla Cornovaglia, altri ancora da altre contee inglesi dove esistono rocce con caratteristiche simili anche se non morfologicamente identiche. La maggior parte degli studiosi ad ogni modo ritiene che le pietre provengano da una zona del Galles sud-occidentale che si trova ad oltre 200 chilometri di distanza da Stonehenge. A differenza delle rocce Sarsen, le pietre blu sono state interamente lavorate e sbozzate in loco, come dimostrano chiaramente gli scarti di materiale trovati nell'area.

Due domande

I quesiti a questo punto sono due: com'è stato possibile per una popolazione dell'antichità trasportare rocce così grandi? Ma, soprattutto, perché andare a prendere delle rocce, che all'apparenza nulla hanno di speciale, in un posto così lontano? Alla prima domanda hanno cercato di dare una risposta intere generazioni di studiosi.

L'opinione più diffusa è che siano state trasportate via acqua, prima su imbarcazioni che navigavano di cabotaggio nei pressi della costa e successivamente su battelli che solcavano i fiumi della zona.

Alla seconda domanda invece finora nessuno è riuscito a dare una risposta soddisfacente. Appare chiaro che questo tipo di pietre dovevano avere un significato ben preciso per il popolo che ha costruito Stonehenge, perché altrimenti non si spiegherebbe il fatto che esse siano state trasportate da un luogo così lontano a costo di difficoltà inimmaginabili. Quale fosse però questo significato ancora oggi non lo sappiamo e quindi non possiamo far altro che muoverci nel campo delle supposizioni.

Qualcuno ha anche ipotizzato che Stonehenge altro non sia che la riproduzione di una costruzione un tempo presente nella zona di origine delle pietre blu. In altre parole il popolo di Stonehenge si sarebbe spostato dalle proprie terre in seguito ad un qualche evento, molto probabilmente traumatico, portando con sé alcuni esemplari di monoliti di pietra blu che evidentemente ritenevano sacri per qualche motivo a noi sconosciuto. C'è poi chi ha sostenuto che questo tipo di roccia possa anche essere arrivata in zona per effetto del movimento dei ghiacci che attraversano l'oceano.

Questo spiegherebbe in parte l'alto valore simbolico attribuito loro dal popolo di Stonehenge che, trovando queste rocce (che per colore e caratteristiche erano assolutamente diverse da ogni altra pietra locale) abbandonate sulla costa, avrebbero attribuito loro un potere soprannaturale.

Si tratta però di una teoria che, per quanto affascinante, non ha mai trovato riscontri scientifici e che ha lasciato molto scettici gli studiosi accademici.

<u>Cosa ci resta oggi</u>

Oggi possiamo dire che a Stonehenge con ogni probabilità originariamente si ergevano non meno di 60 pietre blu, di cui oggi ne restano soltanto 30, mentre le altre sono state distrutte dalle intemperie o dall'incuria dell'uomo. Sembra incredibile ma per anni è stata in uso presso i visitatori di Stonehenge l'abitudine di prelevare un "ricordino" di pietra a colpi di martello. Pare addirittura che alcuni alberghi della zona offrissero dei martelli ai loro ospiti desiderosi di portare a casa un pezzo di megalite. Frammenti frutto di questa follia collettiva sono oggi in vendita su eBay.

Le pietre blu, come abbiamo già ricordato, hanno dimensioni minori rispetto alle Sarsen e in media si aggirano sulle 3 tonnellate di peso. Procedendo verso l'interno del monumento tra i due circoli, quello di Sarsen e quello di pietre blu, troviamo un gruppo di pietre disposte a ferro di cavallo che originariamente consisteva in cinque triliti, tre dei quali sono ancora in piedi, ognuno composto da due pietre verticali che ne sorreggono una terza adagiata orizzontalmente. All'interno di questa imponente struttura ce n'è un'altra più piccola, sempre a ferro di cavallo, di pietre blu.

LE VARIE FASI DELLA COSTRUZIONE DI STONEHENGE

Mesolitico

A circa 200 metri dal sito vero e proprio, non lontano dalla zona dove oggi sorge il parcheggio, sono stati rinvenuti 4 pozzi di diametro di 75 centimetri che con ogni probabilità accoglievano dei pali di legno. Gli archeologi hanno determinato che questi pozzi, sicuramente artificiali e non opera di agenti naturali, sono attribuibili al periodo Mesolitico, ovvero circa 8.000 anni prima della nascita di Cristo. Questi pali si ergevano nella direttiva est-ovest e con ogni probabilità avevano una qualche funzione rituale della quale abbiamo perso completamente memoria.

Non esiste nulla di simile in tutta la Gran Bretagna e per trovare alcune testimonianze di culti che possano essere parzialmente ricondotti a questo dobbiamo spostarci nell'odierna Scandinavia.

Il ritrovamento è molto importante perché testimonia il fatto che fin dai primordi dell'umanità quel particolare luogo veniva considerato speciale e carico di misticismo. Gli archeologi suddividono in tre distinti periodi le fasi di costruzione del complesso di Stonehenge. Per semplicità seguiremo anche noi questa classificazione.

Fase 1

La prima fase, che si può collocare intorno al 3.100 a.C., vede le maestranze impegnate nell'edificazione di terrapieno circolare di circa 115 metri di diametro e del fossato che per la prima volta nella storia dei siti neolitici si trova all'esterno del terrapieno. Sono di questo periodo anche le 56 buche di un metro di diametro disposte a cerchio conosciute anche come fosse di Aubrey, dal nome dell'antiquario del diciassettesimo secolo che per primo, in era moderna, le individuò. La funzione di queste buche resta ancora oggi un mistero molto dibattuto: secondo alcuni avrebbero ospitato dei pali di legno, per altri invece erano dei pozzi scavati per accogliere anch'essi delle pietre.

Si è anche speculato sul numero di buche, 56, che in effetti è un numero particolare perché normalmente le popolazione preistoriche tendevano a numerare tutto su base 5, il numero delle dita di una mano. Il numero 56, per contro, non è divisibile per 5 e la cosa ha fatto sorgere diverse teorie ed interpretazioni, non ultima quella ufologica visto che gli alieni sono spesso raffigurati con sole quattro dita per mano e che il 56 è in effetti un multiplo di tale numero. I 56 pali disposti perfettamente in cerchio sarebbero stati quindi una qualche forma di comunicazione con esseri ed entità aliene, ma di questo parleremo più avanti.

Fase 2

La seconda fase viene collocata in un periodo tra il 3.000 ed il 2.600 a.C. Durante questo periodo non vennero apportate sostanziali modifiche all'opera o, meglio, non sono rimaste tracce visibili di quanto fatto da un punto di vista architettonico in quel periodo. I ricercatori hanno rinvenuto tracce di sepolture per cremazione all'interno del fossato e all'interno delle fosse di Aubrey risalenti a questo periodo storico, e pare assodato poi che in questa fase siano state scavate diverse buche nel perimetro, ma tutte di dimensioni più piccole rispetto alle fosse di Aubrey.

Anche la loro collocazione non è più geometricamente perfetta ed inoltre la spaziatura tra l'una e l'altra varia notevolmente. In questo senso potremmo dire che la costruzione di Stonehenge ha subito un rallentamento di alcuni secoli come se si fosse perso interesse nell'opera, oppure, secondo l'opinione di altri studiosi, come se si fossero smarrite le conoscenze tecniche per procedere in una costruzione così impegnativa.

Non si tratterebbe affatto di un fenomeno raro anzi, quando parliamo di costruzioni megalitiche ci imbattiamo spesso in questo processo di rallentamento e ripartenza nei lavori, di acquisizione e di apparente perdita di conoscenze. Qualcosa di molto simile lo possiamo ritrovare analizzando da vicino la costruzione delle piramidi in Egitto che per molti aspetti sono un'opera ingegneristica molto simile a Stonehenge, per lo meno dal punto di vista del problema tecnico legato al trasposto di grossi massi per centinaia di chilometri.

Fase 3, primo periodo

Durante la terza fase assistiamo all'edificazione vera e propria del sito di Stonehenge. Secondo gli studiosi questa fase non può essere durata meno di 1.000 anni e per comodità essa a sua volta suddivisa in quattro periodi distinti. Durante il primo periodo della terza fase, che possiamo collocare intorno al 2.600 a.C., viene abbandonato l'uso del legno che aveva caratterizzato le due fasi precedenti e si passa definitivamente all'uso della pietra.

Vengono scavate due gruppi di fosse concentriche denominate Q ed R all'interno della quali trovarono alloggio e poi, per qualche motivo vennero rimosse, 80 pietre blu. Ancora una volta siamo in presenza di una decisione incomprensibile o perlomeno ad un misterioso cambio in corso d'opera. È con ogni probabilità databile attorno a questo periodo anche il posizionamento del cosiddetto tallone del Frate che, come abbiamo ricordato, è orientato in modo tale da indicare con assoluta precisione il giorno del solstizio d'estate.

Fase 3, secondo periodo

Il secondo periodo della terza fase, 2.600-2.400 a.C. circa, è quello in cui si assiste alla fase edificatoria vera e propria. Durante questa fase infatti vengono eretti il circolo dei Sarsen e i triliti interni e le rocce esterne vengono incastrate tra di loro con il sistema a mortasa e tenone. La parte delle rocce che si affaccia all'interno del monumento viene lavorata per renderla liscia e regolare mentre la parte che si affaccia all'esterno viene lasciata grezza. All'interno del cerchio di Sarsen vengono collocati 5 enormi triliti disposti a ferro di cavallo di cui solo uno è ancora oggi in piedi.

Fase 3, terzo periodo

Il terzo periodo, 2.300-1.900 a.C., è un periodo di riorganizzazione della disposizione delle pietre, in particolare delle pietre blu. Queste rocce vengono inizialmente disposte all'interno secondo una struttura ovale che verrà successivamente modificata in corso d'opera fino ad arrivare all'attuale forma a ferro di cavallo. In questo periodo le rocce vengono erette in maniera meno stabile e precisa rispetto al passato, tant'è vero che molte di esse cadranno abbastanza in fretta.

Durante il quarto periodo, 1.900-1.600 a.C., l'anello interno di pietre blu viene stabilmente modificato portandolo all'attuale forma a ferro di cavallo. A questo periodo viene normalmente fatta risalire anche la costruzione delle cosiddette fosse Y e Z.

Le fosse Y e Z

Le fosse Y e Z sono due fossati a cerchi concentrici, anche se irregolari, che si sviluppano intorno a un cerchio di pietre Sarsen. L'opinione corrente degli studiosi è che si tratti dell'ultima modifica strutturale apportata a Stonehenge in epoca preistorica. Le fosse vennero portate alla luce la prima volta nel 1923 dall'archeologo britannico William Hawley: vennero chiamate fosse Y e Z per distinguerle dalle fosse di Aubrey che all'epoca nelle mappe venivano indicate con la lettera X.

Il cerchio esterno, Y, è costituito da 30 buche di circa 1,5 metri per 1 metro, mentre le buche del cerchio interno sono leggermente più grandi. Il cerchio Y è di circa 54 metri di diametro, il cerchio Z misura approssimativamente 39 metri.

In prossimità delle fosse sono stati di recente rinvenuti dei segni sul terreno che con ogni probabilità sono i resti di alcune arbusti piantati in quell'area per isolare alla vista l'interno del monumento. La funzione di questi fossati è a tutt'oggi avvolta nel più fitto mistero anche se la maggior parte degli studiosi sembra concorde nel sostenere che esse non ospitarono mai nessun palo in legno o pietra al loro interno.

Secondo qualcuno il progetto iniziale, successivamente abbandonato, sarebbe stato quello di utilizzarle per ospitare due nuovi ordini di pietre blu, ma su questo punto gli studiosi che hanno affrontato la questione non hanno trovato un accordo. Un'altra interpretazione ha suggerito che la forma irregolare dei due cerchi non fosse frutto di un'imprecisione di calcolo ma che, anzi, rappresentasse nelle intenzioni dei costruttori una sorta di spirale. Quello della spirale è un concetto che troviamo spesso nelle culture antiche e sul quale ancora oggi antropologi e studiosi si confrontano: la forma a spirale ha un qualcosa di antico ed ancestrale, per certi aspetti materno, ma è anche la forma con cui in natura ci appaiono alcune galassie e molti buchi neri distanti milioni di anni luce da noi.

I MISTERI DI STONEHENGE

Una volta stabilito con esattezza il luogo di investigazione in ogni indagine che si rispetti si deve trovare una risposta alle quattro domande fondamentali: chi, come, quando e perché. La scienza e l'archeologia rispondono in maniera precisa alla terza di queste domande, e oggi sappiamo che la costruzione di Stonehenge è avvenuta nell'età del Bronzo Restano senza risposta gli altri quesiti. Chi ha costruito Stonehenge? Il culto e l'adorazione delle pietre è conosciuto fin dagli albori della storia dell'uomo e anche gli ebrei non ne furono immuni come dimostra quanto scritto da Isaia (56:6-8):

«Tra le pietre levigate del torrente è la parte che ti spetta:
esse sono la porzione che ti è toccata.
Anche ad esse hai offerto libazioni,
hai portato offerte sacrificali.
E di questo dovrei forse consolarmi?
Su un monte imponente ed elevato
hai posto il tuo giaciglio;
anche là sei salita per fare sacrifici.
Dietro la porta e gli stipiti
hai posto il tuo emblema.
Lontano da me hai scoperto il tuo giaciglio,
vi sei salita, lo hai allargato;
hai patteggiato con coloro
con i quali amavi trescare;
guardavi la mano»[39].

---

[39] AAVV, *La Sacra Bibbia CEI 2008*, Edimedia 2015.

Quando?

Per molti anni, prima che la scienza attraverso la datazione al carbonio 14 mettesse fine a qualsiasi discussione, si è creduto che Stonehenge fosse un manufatto risalente all'epoca druidica o addirittura al periodo romano. La religione druidica è in parte ancora oggi un qualcosa di misterioso, e l'idea che Stonehenge fosse un monumento druidico si deve in gran parte ad una leggenda secondo la quale il mago Merlino, l'ultimo druido della Britannia, avrebbe costruito da solo il complesso di Stonehenge, conosciuto anche come "La danza dei giganti".

Secondo la tradizione, ripresa dallo storico medievale Goffredo di Monmouth, il re Ambrosio Aureliano voleva erigere un monumento che commemorasse i 3.000 nobili caduti nella guerra contro i Sassoni. Su suggerimento di Merlino la scelta cadde sulla piana di Stonehenge.

Il re Aureliano inviò quindi 15.000 cavalieri tra cui lo stesso Merlino e Uther Pendragon, il padre di re Artù, in Irlanda alla ricerca delle rocce giuste. Quando i cavalieri tentarono di spostare le rocce con la sola forza delle braccia non riuscirono a smuoverle nemmeno di un centimetro. A questo punto Merlino, tra l'incredulità generale, le trasportò a Stonehenge con la sola forza del pensiero:

«Merlino andò a trovare Uther Pendragon e lo portò nella piana di Salisbury. Il re non poteva credere ai propri occhi: nel luogo in cui si era svolta la battaglia si ergeva un cerchio di pietre magnificamente disposte, al centro del quale si trovava una roccia piatta che rifletteva i raggi del sole nascente.

"Non so come tu abbia fatto", disse Uther a Merlino, "devo ammettere però che non mi aspettavo un simile prodigio!". L'indovino replicò: "Questo monumento sarà la testimonianza della vittoria tua e di Emrys.

Lo dovevi alla memoria di tuo fratello. Ma sappi che si dirà che è la Danza dei Giganti e che gli spiriti vengono in questo luogo, tra queste pietre, ogni notte in attesa della luce che infiammerà il mattino e ridarà vita al mondo" [...]»[40].

Il culto druidico si diffuse soprattutto in quella che all'epoca era chiamata Gallia (grosso modo l'odierna Francia), nella Britannia e nella zona identificabile oggi nelle Fiandre e nei Paesi Bassi. Purtroppo non è giunto a noi nessun documento scritto, quindi è molto difficili per gli studiosi mettere in ordine i tanti tasselli che costituiscono il complesso mosaico della religione e della cultura druidica.

A quanto pare infatti i druidi non credevano nella trasmissione scritta del sapere e di conseguenza non siamo in grado di collocare con esattezza nel tempo e nello spazio questo culto.

---

[40] Il brano è contenuto in un antico manoscritto conservato nella Biblioteca del Collegio del Corpus Christi a Cambridge. L'autore è sconosciuto

Quello che sappiamo per certo è che la sua comparsa è successiva di alcuni secoli all'edificazione di Stonehenge e che esso sopravvisse in Europa fino al settimo secolo, quando venne definitivamente assorbito dalla cultura cristiana. Oggi possiamo sicuramente escludere l'origine druidica del monumento di Stonehenge anche se pare assodato che questo luogo sia stato usato nei secoli per cerimonie e riti di quella antica e misteriosa religione.

Chi?

Per l'archeologia convenzionale Stonehenge è stata costruita da una cultura collocabile tra l'età della pietra e l'età del bronzo, la cui origine però è ancora vivacemente dibattuta. Per esempio alcune incisioni trovate sulle Sarsen sembrano riprodurre un tipo di coltello in uso nell'Europa meridionale e in particolare in alcune isole greche. Questo ritrovamento lascerebbe ipotizzare una qualche migrazione di popoli e culture che dal sud del continente si sarebbero spostati nell'attuale Gran Bretagna, portando con loro un bagaglio di conoscenze e tradizioni diverse da quelle autoctone.

Come?

Un altro grande mistero legato a Stonehenge riguarda ovviamente le tecniche impiegate per trasportare ed erigere pietre così grandi. Se le datazioni che ci forniscono gli storici sulla base del decadimento del carbonio 14 sono esatte, stiamo parlando di un popolo e di una struttura sociale fondamentalmente primitivi e che combattevano ogni giorno contro le forze della natura per garantirsi la sopravvivenza. In poche parole stiamo parlando di una società della sussistenza, ovvero di persone che per prima cosa dovevano soddisfare alcuni bisogni primari quali nutrirsi, difendersi e riprodursi. Cosa può aver spinto un popolo del genere, che all'epoca non conosceva nemmeno l'uso degli attrezzi di metallo o della ruota, ad investire tempo e risorse in un'opera del genere?

Se supponiamo che questa cultura non avesse conoscenze derivanti da una cultura altra, soprannaturale od extraterrestre, non ci resta che arrenderci all'idea che i costruttori di Stonehenge abbiano fatto tutto contando sulla tecnologia a loro disposizione. Ancora oggi si discute sul come sia stato effettivamente possibile erigere pietre di quella stazza impressionante solo con l'ausilio di corde di pelle e braccia umane. Secondo qualcuno si sarebbe fatto uso di castelli di tronchi per sostenere quell'enorme struttura, per altri si sarebbero usate delle leve rudimentali.

Queste teorie però, proprio come tutte le altre che sono state formulate dai tantissimi studiosi che hanno affrontato l'argomento, non sono mai state dimostrate empiricamente, e quando qualcuno ci ha provato l'esperimento è sempre fallito miseramente. Da un punto di vista puramente teorico dunque queste ipotesi funzionano tutte, ma quando passiamo dalle parole ai fatti tutto cambia, il che per certi aspetti, come ha sottolineato qualcuno, le rende ipotesi della stessa dignità scientifica di quella che vedono un intervento alieno o l'uso di tecnologie di cui l'uomo ha perso memoria.

Non va mai dimenticato però che la civiltà che ha costruito Stonehenge non era limitata da due grossi vincoli con i quali al giorno d'oggi ogni impresa di costruzioni deve fare i conti: il tempo e la manodopera. All'epoca tempo e manodopera non erano assolutamente un limite o un problema dato che erano disponibili in sovrabbondanza: l'opera non aveva una data di consegna stabilita da contratto e a questo tipo di costruzioni parteciparono migliaia di individui con ogni probabilità non pagati. Nonostante tutto, a differenza delle grandi costruzioni megalitiche dell'America latina, dell'Egitto o della Mesopotamia, nel caso di Stonehenge non c'è certezza che vi sia stato un impiego massiccio di schiavi. Al contrario tutto fa ritenere che in questo caso l'opera sia stata portata a termine da persone libere che hanno partecipato al progetto volontariamente.

Eccoci quindi giunti al quesito fondamentale, ovvero perché generazioni di uomini, con ogni probabilità liberi, si sono dedicate alla costruzione di questo monumento invece di occuparsi di attività più concrete ed immediatamente gratificanti? Cosa rappresentava veramente Stonehenge per chi l'ha costruito?

CHE COS'È STONEHENGE?

Secondo la teoria più diffusa Stonehenge sarebbe un monumento dedicato ad un qualche culto del sole ed in generale al ciclo della natura. Le forze della natura infatti erano sicuramente alla base del complesso di credenze e superstizioni di tutte le popolazioni di quel periodo ed è facile immaginare che questo popolo abbia voluto edificare un monumento per adorare e magari esorcizzare queste paure ancestrali. Il fatto poi che vi sia effettivamente un allineamento, tra la pietra esterna conosciuta come Tallone del Frate e la zona del cosiddetto altare, che identifica con precisione il punto in cui sorge il sole il giorno del solstizio d'estate, ha fatto sì che questa interpretazione diventasse per molti aspetti la più convincente.

Dalla misurazione di questo allineamento, che senza alcuni dubbio non può essere casuale, sono nate decine di teorie astrologiche basate su complicati calcoli e disegni astrali che sarebbero racchiusi nella geometria degli incroci tra le pietre e le buche di Stonehenge. Tutti questi calcoli però non hanno gran senso perché praticamente tutte le pietre verticali di Stonehnege sono state raccolte dal suolo e raddrizzate agli inizi del '900 dall'amministrazione inglese.

A parte le rocce dell'altare interno e del Tallone del Frate, che non sono mai state toccate, non c'e' certezza dunque che le altre rocce si trovino oggi esattamente nella loro posizione originale, quindi qualsiasi teoria sul loro allineamento, anche se può apparire convincente, è di fatto destituita di qualsiasi valore scientifico. Che il complesso megalitico di Stonehenge potesse essere un osservatorio astronomico è un'idea che circola già tempo e che, a fasi alterne, torna di moda.

Di recente però due astrofisici inglesi, Fred Hoyle e Gerald Hawkins, hanno suggerito una nuova ipotesi sul suo ipotetico funzionamento. La loro teoria è stata successivamente perfezionata dall'astronomo tedesco Klaus Meisenheimer dell'istituto Max Planck di Heidelberg.

La teoria Meisenheimer

Secondo Meisenheimer Stonehnege sarebbe una specie di computer grazie al quale, spostando alcune pedine da un punto ad un altro, sarebbe possibile prevedere i complessi movimenti della luna. In buona sostanza la disposizione di megaliti e pietre permetterebbe di tracciare e prevedere i cicli lunari come in una specie di enorme pallottoliere. L'ipotesi è sicuramente interessante anche se risulta difficile pensare che si sia costruito un monumento di tale dimensioni, la cui costruzione vale la pena ricordarlo deve essere durata per lo meno un migliaio di anni, semplicemente per compiere un calcolo matematico, per quanto raffinato questo potesse essere. Più di qualcuno infatti ha fatto notare che attrezzi più piccoli avrebbero potuto rispondere a questa stessa esigenza in maniera altrettanto precisa e con sforzi molti minori.

La teoria Wainwright

Di recente, sulla base dello studio delle tombe e delle tumulazioni che si trovano a decine nella zona circostante Stonehenge, il professor Geoffrey Wainwright ha proposto una nuova teoria. Secondo lo studioso il sito potrebbe essere stato una specie di luogo magico o comunque mistico, simile all'odierna Lourdes. Non sono poche, infatti, le tombe nelle quali si sono rinvenuti resti di persone deformi o con evidenti handicap fisici.

Secondo il professor Wainwright quindi Stonehenge sarebbe stato un luogo votivo meta di pellegrinaggi da parte di persone che speravano in un qualche miracolo. Ad avvalorare questa tesi ci sono i rinvenimenti in alcune tombe di materiale organico con profili genetici appartenente ad uomini e donne vissuti in territori lontani da Stonehenge, come quello di un adolescente cresciuto non lontano dal Mar Mediterraneo o quello di uomo sicuramente vissuto in una zona montana dell'odierna Germania.

La teoria Parker Pearson

Il professor Mike Parker Pearson ha suggerito una nuova ed intrigante interpretazione sull'origine di Stonehenge. Secondo il professor Pearson, infatti, Stonehenge sarebbe solo una parte di un più complesso monumento che si estenderebbe per alcuni chilometri fino ad arrivare al sito di Durrington Walls. La costruzione di Durrington Walls, iniziata con ogni probabilità intorno al 2.600 a.C., si estende su un terrapieno largo circa 20 volte quello di Stonehenge. Al suo interno inoltre vennero eretti monumenti su base circolare interamente costruiti in legno. Come Stonehenge anche Durrington Walls è unito al fiume Avon da un viale.

Secondo il professor Pearson i due monumenti sarebbero quindi parte di un unico progetto e Stonehenge, costruito in pietra, rappresenterebbe il legame con il passato mentre all'opposto Durrington Walls, costruito in legno e quindi deteriorabile, rappresenterebbe la caducità e la transitorietà della vita terrena. In poche parole Stonehenge rappresenterebbe il regno dei morti mentre Durrington Walls sarebbe il regno dei vivi.

I due monumenti sarebbero stati uniti tra loro da un sentiero che costeggiando il fiume portava dall'uno all'altro simboleggiando in qualche modo la vita. È interessante notare che mentre nei pressi di Stonehenge sono state trovate diverse tombe a Durrington Walls non sembra che vi sia la presenza di alcuna tumulazione.

La teoria Chapman

Alcune recenti scoperte fatte da un'equipe di studiosi internazionali hanno aperto scenari inediti molto interessanti. Henry Chapman, professore dell'Università di Birmingham, sostiene infatti che il sito di Stonehenge potrebbe essere stato un luogo di culto già 500 anni prima della costruzione dei cerchi di pietre, che sarebbero stati messi lì successivamente proprio per sottolineare la sacralità del luogo.

Questa teoria sarebbe confermata anche dal ritrovamento di alcuni fossili e di vari reperti che testimonierebbero che quella zona in epoca preistorica era interamente consacrata al culto del Sole.

Il suolo è stato analizzato con apparecchiature molto sofisticate che hanno permesso agli archeologi di identificare una serie di grandi camere perfettamente allineate lungo l'asse est-ovest. Questa linea ideale passa sotto alla pietra del Tallone e attraversa in maniera esatta il centro dell'intera costruzione megalitica.

C'è chi ha avanzato l'ipotesi che questo allineamento sia in realtà frutto del caso, ma si tratterebbe davvero di una casualità quantomeno bizzarra. Gli studiosi infatti hanno calcolato che queste camere formerebbero il percorso di una processione sacra dedicata appunto al Sole, processione che si sarebbe celebrata il giorno del solstizio d'estate. A oggi gli scavi stanno continuando quindi non è possibile aggiungere altri dettagli a quanto detto finora per quanto riguarda questa interessantissima teoria.

La teoria dell'auditorium

Quella dell'auditorium è una delle teorie più curiose e si basa sulle ricerche dello studioso statunitense Steven Waller, specializzato in archeologia acustica. L'americano sarebbe infatti giunto alla conclusione che la particolare struttura del sito megalitico sarebbe servita a risolvere un problema di distorsione acustica.

Appare chiaro che siamo di fronte ad una teoria molto originale, perché è evidente che sarebbe quantomeno bizzarro che un popolo si fosse imbarcato in un'operazione così lunga e, soprattutto, così complicata, soltanto per risolvere un problema di distorsione acustica.

Eppure Waller ha spiegato come la particolare struttura di Stonehenge favorirebbe il corretto propagarsi delle onde sonore all'interno della strutture.

Ma, torniamo a sottolinearlo, nonostante le abbondanti prove scientifiche messe in campo da Waller, una spiegazione del genere è senz'altro riduttiva e non riesce ad esaurire la complessità ed il fascino di Stonehenge.

Le teorie non convenzionali

Come abbiamo già avuto modo di ricordare quando si parla di Stonehenge sono poche le certezze universalmente condivise dalla comunità scientifica. Per cercare di trovare una risposta agli enormi buchi neri che ancora circondano questo sito alcuni studiosi hanno cominciato a seguire dei percorsi diversi rispetto alla ricerca storiografica ed archeologica tradizionale. Negli anni si sono sviluppate decine di teorie ed interpretazioni alternative, alcune delle quali, è il caso di sottolinearlo, sono prive di alcun fondamento scientifico o quanto meno logico.

Altre invece offrono degli interessanti spunti di partenza per un'analisi più approfondita e meritano di essere segnalate. Innanzi tutto possiamo suddividere le teorie non convenzionali in due grossi filoni: il filone che potremmo definire terrestre, ovvero le teorie che cercano di dare spiegazioni nuove e rivoluzionarie ma sempre mantenendo l'idea di fondo che a costruire questo sito sia stata una popolazione di esseri umani con l'ausilio di tecnologie dell'epoca, ed un filone extraterrestre o sovrannaturale che racchiude tutte le teorie secondo le quali Stonehenge, così come decine di altri luoghi misteriosi al mondo, sarebbe frutto di conoscenze e tecnologie portate sulla terra da civiltà aliene.

Al primo filone appartengono le intuizioni del massone inglese William Stukeley che già nel 1747 proponeva ipotesi alternative sull'origine di Stonehenge e che per tanto può essere considerato il capostipite di una generazione di ricercatori "fuori dagli schemi". Stukeley era un medico ma la passione per l'archeologia misteriosa gli fece frequentare più scavi che sale operatorie.

Stukeley era convinto che Stonehenge fosse stata costruita da una civiltà che conosceva il concetto di magnetismo terreste e propose l'idea che il sito fosse orientato con il polo nord magnetico. Oggi sappiamo che questo non è vero, anche perché il polo nord magnetico si muove secondo schemi imprevedibili, ma all'epoca di Strukeley si riteneva che esso fosse individuabile e prevedibile attraverso calcoli algebrici.

Sulla base di questa sua convinzione Strukeley propose il 460 a.C. come data di costruzione di Stonehnege ovvero in pieno periodo druidico.

Ma Stukeley andò oltre cercando di interpretare l'uso che di Stonehenge veniva fatto nel passato:

«Sulla collina Hakpen esiste un piccolo cerchio che precede un viale formato da sei o otto pietre, orientate da est a ovest. Fra Kennet e Avebury vi è un altro viale che conduce ai cerchi, ma con direzione nord-sud. Se si congiungono questi frammenti con una linea curva e si sa guardare, si distingue perfettamente che Hakpen è la testa di un serpente, il viale il suo corpo e Avebury è una parte sinuosa del corpo, la cui coda si trova tracciata - più lontano -

dalle due pietre del dolmen chiamato. "Rifugio della pietra lunga" e situato a mezza strada tra Avebury e l'estremità dell'animale»[41].

Stonehenge sarebbe dunque la testimonianze di un culto del serpente ribattezzato da Strukeley "Dracontia". Oggi sappiamo che il sito di Stonehenge però è di diverse centinaia di anni più antico del periodo storico in cui i druidi abitarono le regioni della Britannia. Allo stesso modo la comunità scientifica internazionale ha appurato che le intuizioni sul magnetismo terrestre erano basate su conoscenze approssimative del fenomeno.

Quello che interessa notare è invece l'idea che Stonehenge fosse in qualche modo parte di un complesso di templi a distanza l'uno dall'altro, idea che sta alla base della concezione degli Stargate, i così detti portali o zone di influenza che collegherebbero il nostro pianeta con altri mondi o, a seconda delle interpretazioni, con altri piani dell'esistenza. Quella del complesso di templi situati in un'ampia regione geografica è peraltro anche l'ipotesi proposta di recente dal professor Mike Parker Pearson e che in questi anni sta incontrando un grande favore presso comunità scientifica internazionale.

Sempre al primo filone appartiene la teoria avanzata invece dallo studioso italiano Paolo Marini: seconda questa teoria Stonehenge potrebbe essere un monumento eretto a memoria di un qualche evento passato, l'ultimo tributo ad un mondo e ad una cultura che ormai si è persa nei meandri della storia. Allo stesso modo il viale che da Stonehnge porta al fiume Avon potrebbe essere la testimonianza di un viaggio o magari di un'emigrazione di massa avvenuta in tempi remoti. Questi concetti si ritroverebbero anche in un altro sito archeologico situato nella Francia del Nord, Carnac.

Carnac

Carnac è uno dei complessi megalitici più grandi al mondo e, secondo l'archeologia ufficiale, sarebbe stato costruito tra il quinto ed il terzo millennio a.C. Si tratta principalmente di menhir, grossi massi verticali, allineati o disposti a cerchio e diverse tombe. Secondo lo studioso italiano Paolo Marini il complesso di Carnac potrebbe rappresentare la memoria di un evento catastrofico o di un esodo di massa che si riteneva degno di dover essere ricordato con una costruzione di quelle dimensioni. A questo proposito va ricordato che Carnac è talmente imponente da essere una delle tre opere umane visibili dallo spazio.

Le altre sono le linee di Nazca e la grande Muraglia Cinese. I due siti quindi potrebbero avere un substrato culturale comune e, forse, potrebbero addirittura essere rappresentazioni diverse dello stesso evento. A questo va aggiunto poi che entrambi i siti sembrano puntare verso l'arcipelago delle Azzorre, nel mezzo dell'oceano Atlantico.

Secondo Marini la cultura megalitica potrebbe essere quindi basata sia sul culto del sole che su quello degli antenati. Questa lettura potrebbe dunque far pensare che il popolo che ha edificato Carnac e Stonehenge fosse in realtà originario di una zona prossima alle odierne

---

[41] William Stukueley, *Stonehenge: a Temple Restor'd to the British Druids*, Library of Alexandria, 2012.

Azzorre, popolo che sarebbe stato costretto a migrare a causa di una qualche calamità naturale paragonabile al diluvio biblico. L'orientamento dei due siti sarebbe ciò che questo popolo misterioso avrebbe deciso di lasciare ai posteri come memoria di questa immane tragedia: ma quale terra abitata poteva trovarsi in quel punto dell'oceano? Per molti si potrebbe trattare niente meno che di Atlantide, il celebre continente perduto.

A riprova di questa teoria c'è anche la descrizione fatta da Platone della capitale dell'isola di Atlantide: secondo il filosofo greco la principale città dell'isola perduta si sviluppava su una pianta a base circolare composta da sei cerchi concentrici di acque e di terra. A ben guardare anche Stonehenge ha una struttura a sei cerchi concentrici infatti, partendo dall'esterno, possiamo contare: il terrapieno, le buche di Aubrey, le buche Y e Z, il cerchio di Sarsen ed infine un ultimo cerchio di pietre blu. Ma le similitudini non finiscono qui.

La città descritta da Platone era collegata all'oceano attraverso un lungo canale: allo stesso modo Stonehenge è collegata al fiume Avon da un sentiero lungo alcuni chilometri. Questa teoria è senza dubbio suggestiva e propone alcune intuizioni molto interessanti, ma non possiamo dimenticare che il sito di Stonehenge è stato restaurato agli inizi del '900 e che praticamente nessuna pietra si trova oggi nella sua posizione originale: è quindi difficile, se non impossibile, basare una qualsiasi interpretazione partendo dall'attuale orientamento geografico di questo sito.

Il secondo grande filone di interpretazioni non convenzionali vede in Stonehenge l'opera di una civiltà più progredita di quella che, basandoci sulla datazione ufficiale del sito, ci dovremmo aspettare. Per questi studiosi un po' ovunque nel mondo sono rimaste tracce evidenti di un passato misterioso nel quale gli esseri umani sembravano possedere conoscenze e competenze tecniche in seguito perdute in maniera improvvisa e inspiegabile. In quest'ottica tutta una serie di monumenti antichi che vanno dalle piramidi egizie fino alle grandi costruzioni dell'America latina altro non sarebbero se non la testimonianza diretta di una cultura superiore e per molti aspetti non terrestre, una cultura che in un certo periodo della storia dell'uomo avrebbe popolato e dominato la Terra.

In effetti per noi uomini del terzo millennio è molto difficile pensare che un popolo poco più che primitivo come quello di Stonehenge sia riuscito ad erigere un monumento tanto imponente senza poter contare sull'aiuto di macchine moderne per la movimentazione. Stesso stupore, se non addirittura maggiore, ci pervade quando pensiamo alla maestosità e alla precisione delle piramidi egizie, per non parlare della disposizione dei massi nella fortezza Sacsayhuamán in Perù.

Sacsayhuamán

Per gli archeologi di tutto il mondo Sacsayhuamán è ancora oggi un interrogativo a cui nessuno è riuscito a dare una risposta soddisfacente. Il sito infatti si presenta come un'immensa fortezza composta da enormi pietre, alcune del peso di diverse tonnellate, sovrapposte l'una all'altra in maniera talmente precisa che tra una roccia e l'altra non passa nemmeno la lama di un coltello. Il misterioso complesso si presenta come un sistema di tre cinte murarie, lunghe trecento metri, realizzate con enormi massi di porfido e ardesia.

La muraglia principale è formata da pietre alte 5 metri, larghe circa 2,5 metri che possono arrivare a pesare tra le 90 e le 120 tonnellate. È evidente che le rocce sono state modellate in qualche modo per raggiungere quell'effetto di unione perfetta, ma ancora oggi nessuno è riuscito a capire come ciò sia stato possibile, tanto che qualcuno è addirittura arrivato ad ipotizzare che le rocce siano stare fuse in qualche modo.

Per molti dunque il sito di Sacsayhuamán sarebbe l'esempio tangibile di un intervento esterno ovvero di qualcosa o qualcuno in grado di trasmettere tecnologie e conoscenze altrimenti impensabili nel 1.500 a.C. quando Sacsayhuamán venne edificata.

Göbekli Tepe

Un altro sito archeologico che ha stimolato la fantasia di numerosi archeologi non convenzionali è Göbekli Tepe in Turchia. La costruzione di Göbekli Tepe è stata datata attorno all'11.500 a.C. ed è di fatto il sito architettonico più antico mai rinvenuto. Per capirsi, giusto fino alla data della sua scoperta, negli anni '90, si riteneva che le strutture architettoniche più antiche al mondo fossero le piramidi Ziggurat babilonesi, che però sono di circa 5.000 anni più giovani. In poche parole il ritrovamento di Göbekli Tepe ha riscritto in un attimo la storia dell'uomo spostando indietro le lancette dell'inizio della civiltà di oltre 5.000 anni.

Gli scavi hanno portato alla luce uno stupendo complesso megalitico composto da muri di pietra grezza, pilastri del peso di oltre 10 tonnellate e recinti circolari. Sono state inoltre portate alla luce numerose pietre a forma di T dell'altezza di circa 3 metri ciascuna, sulle quali si trovano raffinate incisioni raffiguranti diverse specie animali tra cui serpenti, formiche, cinghiali e leoni. Oltre alle raffigurazioni di animali si trovano decorazioni geometriche e puntiformi. Secondo gli archeologi che hanno diretto lo scavo ci sono per lo meno altre 250 pietre che aspettano di essere dissotterrate.

Secondo l'interpretazione corrente il sito di Göbekli Tepe doveva fungere da tempio per un culto antico, qualcuno si è addirittura spinto ad ipotizzare che il bestiario rappresentato a Göbekli Tepe altro non sia che un richiamo al racconto dell'Arca di Noè e che il sito possa in effetti essere il punto in cui Noè e la sua arca si siano fermati dato che il monte Ararat, dove la tradizione vuole che sia arrivato Noè dopo il diluvio, si trova anch'esso in Turchia.

Anche a Göbekli Tepe troviamo manufatti e costruzioni che che sembrano frutto di tecnologie e conoscenze ben più evolute di quelle che potremmo aspettarci da un popolo semi-primitivo. Ma c'è di più, il sito di Göbekli Tepe ad un certo punto (e senza apparente spiegazione) è stato completamente abbandonato. Il popolo che l'ha costruito però, prima di allontanarsi definitivamente, ha ricoperto tutto con tonnellate e tonnellate di sabbia e terra in maniera tale che esso è rimasto nascosto e inaccessibile (ma perfettamente conservato) fino ai giorni nostri. Sulle ragioni di questa migrazione non siamo in grado di avanzare alcuna ipotesi.

Čerekskij, la Stonehenge Russa

Nel Caucaso del Nord è stato recentemente scoperto un sito eccezionale che è stato subito ribattezzato "la Stonehenge Russa". Nella gola di Čerekskij infatti è stata ritrovata un'incredibile struttura dalla forma circolare realizzata con enormi blocchi di pietra alti fino a 20 metri. A oggi nessuno è ancora riuscito a capire come sia stata possibile una cosa del genere: c'è chi ha parlato di un "miracolo della natura" e chi invece ha ipotizzato l'intervento di un'intelligenza aliena.

L'aspetto più paradossale di tutta questa vicenda è che gli abitanti di quelle regioni conoscono da sempre questo sito archeologico "ai confini della realtà". I visitatori che arrivano restano sbalordito di fronte ad una costruzione impressionante alta 20 metri e lunga più di 50 metri. I blocchi sono enormi e, aspetto inspiegabile, sono uniti tra loro in maniera perfetta: com'è stato possibile realizzare tutto ciò?

Le pietre infatti sono perfettamente incastrate l'una con l'altra, come se un gigante enorme si fosse divertito a giocare con dei "mattoncini" di lego alti 20 metri l'uno. Per gli studiosi di geologia non ci sono dubbi: si tratta di una formazione naturale. Ma com'è possibile che massi tutti delle stesse dimensioni si siano messi "naturalmente" tutti insieme in maniera perfetta fino ad arrivare a creare questa meraviglia architettonica? No, il calcolo delle probabilità ci dice che una spiegazione del genere non regge.

Ma i misteri che aleggiano tra le "mura dei giganti" non sono finiti, dato che nelle vicinanze di questo eccezionale sito archeologico sono state ritrovate tibie lunghe 78 centimetri: si tratta di un particolare assurdo, per lo meno da un punto di vista scientifico, dato che la tibia umana mediamente è lunga 50 cm. In pratica stiamo parlando di persone che sarebbero dovute essere alte più di due metri e mezzo... Ancora una volta il mistero invece che chiarirsi diventa ancora più oscuro e nebuloso.

Stonehenge e i cerchi nel grano

Il fenomeno dei cerchi nel grano è noto in tutto il mondo ed è risaputo che proprio la Gran Bretagna è stato il Paese in cui per primo si sono manifestati i così detti "drop circles". Quello che invece spesso viene omesso è che la stragrande maggioranza dei cerchi nel grano presenti sul suolo inglese sono stati avvistati nei pressi di Stonehenge. Non si tratta certo di un fenomeno nuovo, basti pensare che è possibile leggere riferimenti ai cerchi nel grano già nelle leggi inglesi del '600.

Da un punto di vista statistico è stato calcolato che circa l'85% dei cerchi nel grano inglese si sono verificati nei pressi di Stonehenge: perché? C'è stato chi ha dimostrato come sia possibile realizzare in maniera artificiosa i drop circles, quindi è probabile che in molti casi si possa trattare di qualche scherzo. Nei casi più articolati e complessi però è francamente impensabile che una persona riesca a realizzare opere così complesse, che peraltro compaiono nei campi nel giro di una notte.

Probabile dunque che Stonehenge si trovi su di un'area dalle forti energie naturali, energie note agli antichi e che noi ormai abbiamo dimenticato. In quest'ottica c'è stato chi ha ipotizzato che le pietre di Stonehenge contengano quarzo o qualche altro materiale capace di catalizzare queste forze primigenie, e proprio per questo motivo nelle campagne che circondano i megaliti si sarebbero verificati con maggior frequenza fenomeni come i cerchi nel grano.

RITORNO A STONEHENGE

Come abbiamo visto esistono numerosi siti archeologici che mettono in discussione le ricostruzioni storiche ed archeologiche più accreditate. Si è trattato di popoli particolarmente precoci ed in grado di sviluppare autonomamente delle tecnologie avanzate o qualcuno ha suggerito loro come fare? Il problema è soprattutto antropologico: fino ad oggi infatti siamo stati abituati a leggere il progresso nella conoscenza umana come una linea costantemente crescente al passare dei secoli.

Questi siti però sono la prova vivente di competenze e tecnologie che sicuramente si sono smarrite in epoche successive e che, in alcuni casi, non riusciamo nemmeno a riprodurre al giorno d'oggi se non al costo di enormi sacrifici.

Se questo fosse confermato allora dovremmo non solo riconsiderare il nostro passato, ma anche ripensare al nostro futuro e magari arrenderci all'idea che la nostra società possa subire un processo di involuzione, magari traumatico, piuttosto che un costante processo di evoluzione come tutti ci attendiamo.

Un domani gli esseri umani potrebbero abbandonare gli aerei, le auto e la tecnologia digitale e magari perdere addirittura memoria di queste cose? Questo scenario è possibile?

Secondo la maggior parte degli antropologi e dei filosofi che si sono confrontati con questi argomenti questo non è assolutamente possibile, per lo meno a livello di scelta collettiva e condivisa. Ma allora cosa rappresentano Göbekli Tepe, Carnac, Stonehenge o le piramidi egizie, giusto per fare alcuni esempi, nel processo di evoluzione della razza umana?

Qualcuno si è spinto fino ad ipotizzare che ad un certo punto della storia dell'umanità vi sia stato un intervento extraterrestre che abbia dato una svolta alla storia dell'uomo e le cui tracce sarebbero appunto visibili ancora oggi in alcune antiche costruzioni.

Il mistero permane soprattutto laddove la scienza e la storiografia ufficiali si fermano e non riescono a dare spiegazioni convincenti al di là di ogni ragionevole dubbio.

L'ultimo mistero

Da ultimo non possiamo citare un mistero nel mistero: alcuni mesi fa pare che sia stata rinvenuta un'incisione su una pietra di Stonehenge che gli esperti fanno risalire ad almeno 4.000 anni fa.

L'immagine è stata analizzata con l'ausilio di un sofisticato programma digitale che permette di ricostruire le immagini deteriorate e gravemente compromesse e il risultato ha lasciato tutti a bocca aperta: sulla roccia di Stonehenge infatti sarebbe stata scolpita quella che a tutti gli effetti sembra la classica sagoma di un alieno con gli occhi grandi e la testa allungate.

Per ora mancano verifiche ufficiali ma se la notizia venisse confermata potrebbe cambiare ancora una volta la storia dell'uomo così come la conosciamo...

Jeremy Feldman

LA DISTRUZIONE DI POMPEI

POMPEI

Pompei è per molti aspetti uno dei siti archeologici più importanti della penisola italiana, un'attrazione turistica straordinaria che porta in Italia ogni anno migliaia di visitatori da tutto il mondo. Lo stato di eccezionale conservazione di Pompei infatti ha trasformato la piccola cittadina campana in un museo enorme, un museo che dopo più di 2.000 anni continua ad affascinare.

Tutto ciò però è stato reso possibile da una delle più grandi tragedie dell'umanità, un cataclisma spaventoso che ha letteralmente pietrificato Pompei e i suoi abitanti.

La tragedia che ha colpito la città di Pompei nel 79 d.C. infatti ci ha consegnato una testimonianza unica nel suo genere, un patrimonio di conoscenze senza pari per quanto riguarda la storia dell'antichità.

Da un punto di vista puramente scientifico possiamo tranquillamente affermare che l'importanza di Pompei è fondamentale, un vero tesoro. Il turista, lo studioso o anche il semplice curioso che passeggia tra le vie di questa città dimenticata per secoli è come se venisse catapultato indietro nella storia. Camminando tra quei vicoli infatti si effettua un viaggio nel tempo.

Ma Pompei è anche qualcosa di più di un semplice sito archeologico. Pompei è anche e soprattutto una testimonianza attuale sulla forza della natura che, alla luce dei molti episodi di cronaca recente, ci costringe a profonde riflessioni.

Pompei, una città che come vedremo tra poco era ricca e fiorente, venne cancellata dalla storia nello spazio di poche ore. Una tragedia immane che trovò una città e un Impero, quello Romano, totalmente impreparati e che ancora oggi dovrebbe servire da monito all'uomo moderno che sempre pi spesso finisce per commettere gli stessi errori e patire la stessa sorte.

Historia magistra vitae, la Storia è maestra di vita, ripeteva un antico adagio romano. Eppure l'uomo continua a dimostrare di essere uno studente indisciplinato, si ostina a non voler fare i compiti a casa e continua a ripetere gli stessi drammatici errori.

UNA STORIA AVVOLTA NEL MITO

La storia di Pompei è antica quanto quella di Roma. Del resto le zone dell'Italia meridionale e di tutto il Mar Mediterraneo sono state il centro della civiltà europea, e troppo spesso si sottovaluta l'importanza e l'evoluzione di popoli che, una volta conquistati dai Romani, vennero completamente assimilati dalla Repubblica prima e dall'Impero poi. Recenti studi hanno avanzato l'ipotesi che il primo insediamento abitativo nella zona di Pompei sia stato opera degli abitanti della Valle del Sarno, a loro volta discendenti dai Pelasgi, una popolazione le cui origini sono ancora oggi molto dibattute tra gli esperti.

I Pelasgi

Alcune fonti classiche infatti identificano con il nome Pelasgi tutti quei popoli che abitavano la penisola ellenica prima dell'avvento dei popoli di lingua greca. Non è chiaro se si trattasse di popolazioni autoctone o se anche i Pelasgi provenissero da altre zone e si fossero insediati nella penisola greca in seguito a ondate migratorie precedenti. Sembra comunque assodato che utilizzassero una lingua e una forma di alfabeto diversi dal greco. Pare inoltre che alcuni gruppi di Pelasgi sopravvissero anche in epoca classica fino al V secolo a.C. Omero li cita come alleati di Troia nell'Iliade, forse per distinguerli dai popoli greci veri e propri.

Ancora oggi non è chiaro se si trattasse di una singola popolazione o se con il nome Pelasgi venissero indicati diversi popoli con usi e costumi differenti e accomunati dal fatto di non parlare greco. Non dobbiamo infatti dimenticare che molto spesso popoli e gruppi sociali antichi che consideriamo omogenei per lingua e tradizioni erano in realtà formati da popolazioni distinte, molto spesso provenienti da aree diverse del mondo. Qualcosa del genere è successo anche con gli indiani d'America. Non tutti infatti sanno che i cosiddetti pellerossa erano gruppi distinti formati da popolazioni diversissime per lingua, tradizioni e origini. Alcune popolazioni, come gli Hopi, erano autoctone del continente americano, o per lo meno ignoriamo da dove venissero, mentre altre, come gli Apache di Geronimo, arrivarono in Arizona con ogni probabilità dalle terre del Nord attraversando lo Stretto di Bering. Quindi non possiamo escludere che il termine Pelasgi fosse utilizzato già nell'antichità per definire un crogiolo di popoli e culture simili tra loro, ma non per questo necessariamente uniti da un punto di vista genetico, militare o culturale. Come dicevamo la fondazione di un primo agglomerato si ritiene sia stata opera delle popolazioni della Valle del Sarno.

La posizione era particolarmente strategica, una sorta di passaggio obbligato per chi volesse risalire la penisola italiana verso nord, e ben presto divenne oggetto di scontri tra le popolazioni locali che volevano occupare e gestire quest'importante snodo viario.

A questo punto dobbiamo fare subito una precisazione. Potrebbe apparire singolare, se non addirittura illogico, che popolazioni antiche e di solito molto attente alla conformazione geografica del territorio abbiano deciso di colonizzare una zona vulcanica, ma questo non deve sorprenderci del tutto. Nell'antichità infatti il Vesuvio era considerato estinto da secoli e all'epoca nessuno sospettava minimamente che potesse tornare in attività.

D'altro canto le conoscenze scientifiche sui fenomeni delle eruzioni vulcaniche erano molto scarse. A differenza di mareggiate, piogge insistenti, grandine o altre calamità naturali infatti le eruzioni vulcaniche erano meno frequenti, soprattutto nel Mediterraneo, e per tanto molto meno comprensibili dalle popolazioni antiche che per forza di cose non avevano la possibilità di studiare fenomeni di questo tipo. Ma torniamo alla storia di Pompei.

Gli Etruschi

Tra il 525 e il 474 a.C Pompei venne annessa alla colonia di Cuma ed entrò quindi a far parte dei domini Etruschi, andando a comporre la famosa dodecapoli ovvero la lega delle dodici città etrusche che si opponevano all'avanzata verso il Nord della penisola dei popoli di lingua greca (che avevano colonizzato tutto il Sud Italia). A capo della dodecapoli c'era la città di Nuvkrinum altresì nota come Nuceria Alfaterna, i cui resti si trovano nella zona dell'odierna Salerno. Nuvkrinum, che significa "la nuova rocca", era anch'essa una città posizionata in un punto strategico per il controllo della zona.

I Sanniti

Intorno alla metà del V secolo a.C Pompei, e Nuvkrinum, passano ancora una volta di mano entrando a far parte dei domini dei Sanniti, altra popolazione di cui gli storici sanno relativamente poco. Secondo la tradizione i Sanniti deriverebbero dai Sabini, il famoso popolo a cui i romani avrebbero sottratto le donne con il celebre "ratto". I Sabini a quel tempo avrebbero occupato le zone corrispondenti all'attuale Molise, il Sud della Campania e il Nord della Puglia. Come nel caso dei Pelasgi si tratta con ogni probabilità di un gruppo di tribù diverse, anche se pare certo che fossero tutti accomunati dall'uso della medesima lingua, l'osco, diffusa presso numerosi popoli italici dell'epoca. Secondo alcuni studiosi i Sanniti sarebbero anche gli inventori dei combattimenti tra gladiatori divenuti poi celebri presso i romani ma su quest'aspetto non tutti gli storici sono d'accordo.

La città di Pompei aderì quindi alla lega nucerina ovvero la confederazione che comprendeva Nuceria Alfaterna (il nome sannitico di Nuvkrinum), Ercolano, Sorrento e Stabia e adottò l'alfabeto nucerino ovvero una sorta di ibrido tra l'etrusco e il greco. Sono di questo periodo le opere di fortificazione muraria a protezione della città che rimaneva ancora di piccole dimensioni.

I Sanniti erano un popolo fondamentalmente tribale nell'organizzazione sociale e dalle potenzialità economiche piuttosto limitate. L'esercito era decisamente disorganizzato, più simile in questo alle armate dei Celti e dei Germani che alle legioni romane. Quando i Sanniti consolidarono i loro territori a Nord inevitabilmente dovettero fare i conti con l'altra grande potenza economico-militare in piena ascesa nella stessa area. Stiamo ovviamente parlando di Roma che proprio in quegli anni cominciava la sua campagna di espansione territoriale che l'avrebbe portata ben presto a conquistare uno degli imperi più grandi che la storia ricordi.

All'epoca dei fatti i Romani dominavano già sul Lazio e sulla Campania settentrionale ed erano stati in grado di stringere alleanze con diverse popolazioni minori. All'inizio questa sembrò un'ottima soluzione anche per regolare i rapporti con i Sanniti ma questo popolo era troppo grande e organizzato rispetto al resto delle tribù autoctone e parve subito chiaro che lo scontro era solo rimandato.

Le guerre sannitiche

La prima guerra sannitica venne combattuta tra il 343 e il 341 a.C. La guerra scoppiò all'indomani della richiesta di aiuto inviata al Senato romano da parte della città di Capua che era stata messa sotto assedio dai Sanniti. Il Senato dal canto suo rifiutò ogni aiuto appellandosi al trattato di non belligeranza che, come abbiamo visto, era stato siglato con i temuti Sanniti.

Ma quando Capua inviò una seconda ambasceria con la quale consegnava la città ai Romani non ci fu altra scelta. Si trattava infatti di un espediente, noto con il nome giuridico di *deditio*, utilizzato dalle popolazioni che volevano schierarsi al fianco di Roma in un conflitto o che volevano evitare una conquista armata ai loro danni per non patire le perdite e le umiliazioni di una sicura sconfitta.

Ecco come lo storico romano Tito Livio riporta il testo della *deditio* arrivata al Senato Romano per mano dei messaggeri Capuani:

«Visto che rifiutate di far ricorso a un legittimo uso della forza per opporvi alla violenza e all'ingiustizia perpetrate nei confronti di ciò che ci appartiene, proteggerete almeno quanto appartiene a voi. Di conseguenza noi affidiamo alla vostra autorità e a quella del popolo romano il popolo della Campania e la città di Capua, le campagne, i santuari degli dèi e tutte le cose sacre e profane: qualunque cosa affronteremo da questo momento in poi, la affronteremo come vostri sudditi»[42].

A questo punto ai Romani non restò altra scelta che prendere atto del cambiamento di scenario e inviare una delegazione ai Sanniti chiedendo loro di togliere l'assedio. I Sanniti dal canto loro rifiutarono ogni negoziato e così vennero aperte le ostilità. La campagna militare venne condotta magistralmente dai romani che riportarono diversi successi sul campo e costrinsero i Sanniti a chiedere la fine delle ostilità. È sempre dai libri di Tito Livio che ricaviamo notizie importanti sulle battaglie e sulle dinamiche del conflitto. Ecco come descrive l'esito di un'importante battaglia combattuta alle pendici del Monte Gauro, in Campania:

«I Sanniti vennero catturati, uccisi. Non ne sarebbero sopravvissuti molti, se la notte non avesse interrotto quella che era una vittoria più che una battaglia. I Romani ammettevano di non aver mai combattuto con un nemico più tenace, mentre i Sanniti, essendo loro stato domandato che cosa li avesse spinti, nella loro determinazione, alla fuga, dicevano di aver visto il fuoco negli occhi dei Romani, e un folle furore nei loro sguardi»[43].

La storia ci ha insegnato che un nemico umiliato ma non sottomesso non potrà far altro che tornare all'attacco, e infatti già nel 326 a.C nuovi venti di guerra cominciarono a spazzare il Centro e il Sud della penisola italiana. Questa volta il casus belli venne fornito da diversi atti intimidatori e da ripetute provocazioni a cui entrambe le popolazioni finirono per cedere.

Le sorti della guerra sembravano segnate dato che durante i primi anni di scontri i Romani riuscirono a portare a case diverse vittorie con relativa facilità. Tutto questo fino al 321 a.C quando le cose cambiarono drasticamente: mentre il grosso dell'esercito romano era accampato presso Sannio, il generale sannita Gaio Ponzio fece schierare i suoi presso Caudio, in una zona non lontano dall'odierna Benevento. A quel punto fece scattare una delle trappole più ingegnose che la storia militare ricordi.

Le Forche Caudine

Il generale sannita mandò nelle campagne antistanti l'accampamento dei romani alcuni suoi soldati vestiti da pastori con lo scopo di farli catturare dai nemici. Quando vennero interrogati, i finti pastori dissero che l'esercito sannita stava assediando Luceria, una città alleata dei Romani e che questa era sul punto di capitolare.

I generali Romani decisero di muovere immediatamente verso la città amica per portare soccorso ma prima per prima cosa andava stabilito il percorso da seguire. Le strade possibili

---

[42] Tito Livio, *Titus Livius Patavinus: Historiarum AB Urbe Condita,* Palala Press, 2016.

[43] Ib.

per arrivare a Luceria erano due: una più lunga ma più sicura e una breve ma che prevedeva il passaggio in una stretta vallata. Su pressione dei finti pastori e forse anche convinti di poter aver facilmente ragione di qualunque armata sannita, i Romani s'incamminarono lunga via più breve.

Giunti nelle strette gole presso Caudio furono immediatamente circondati dal nemico che ne blocco l'avanzata e la ritirata costringendoli ad accamparsi in un terreno del tutto sfavorevole. Le possibilità di successo in caso di scontro erano pari a zero per i romani che, molto banalmente, sarebbero morti di fame se solo i sanniti li avessero bloccati in quel punto abbastanza a lungo.

Gaio Ponzio inviò allora un messaggero a casa per chiedere un consiglio sul da farsi al padre Gaio Erennio Ponzio, un veterano delle guerre romane molto considerato dai sanniti per la sua saggezza. Sorprendendo tutti l'anziano condottiero consigliò di lasciar andare tutti i soldati romani senza torcer loro un capello.

Non contento di questa risposta Gaio Ponzio inviò nuovamente un messaggero a casa e questa volta il consiglio dell'anziano padre fu quello di uccidere tutti soldati romani e di non risparmiarne nessuno. Confusi dalle risposte dell'anziano soldato i sanniti lo mandarono a prendere a casa e lo portarono presso Caudio dove questi spiegò il senso delle sue risposte.

Secondo Erennio Ponzio c'erano solo due alternative: lasciare andare il nemico e con questo guadagnarsi i suoi favori per gli anni a venire, oppure distruggerlo e marciare sulla Roma e prendere il controllo dei suoi territori. Qualsiasi altra soluzione sarebbe stata avventata e priva di senso. Per Erennio infatti umiliare un esercito e un popolo come quello romano senza distruggerlo avrebbe sicuramente portato alla distruzione del popolo sannita.

«Conservate ora coloro che avete inaspriti col disonore: il popolo romano non è un popolo che si rassegni ad essere vinto; rimarrà sempre viva in lui l'onta che le condizioni attuali gli hanno fatto subire, e non si darà pace se non dopo averne fatto pagare il fio ad usura»[44].

Gaio Ponzio e i suoi però decisero di far di testa loro e, dopo aver obbligato alla resa il nemico, costrinsero tutto l'esercito, generali inclusi, a denudarsi e a chinarsi per passare sotto i gioghi mentre i Sanniti li umiliavano e deridevano in quella che è passata alla storia come l'umiliazione delle Forche Caudine.

Le parole di Tito Livio

Ecco come lo storico romano Tito Livio racconta quest'episodio:

«[...] Frattanto, nell'accampamento romano, falliti parecchi tentativi di fare breccia nell'accerchiamento, e mancando ormai ogni cosa, nella morsa degli eventi si decise di inviare ambasciatori a chiedere una pace a parità di condizioni: se non l'avessero ottenuta, avrebbero

---

[44] Tito Livio, op. cit.

sfidato il nemico in battaglia. Alla delegazione Ponzio replicò che la guerra era ormai stata decisa, e siccome neppure da sconfitti e da prigionieri erano in grado di ammettere la propria sorte, li avrebbe fatti passare sotto il giogo privi di armi e con una sola veste per ciascuno.

Il resto delle condizioni sarebbero state eque per vincitori e vinti: se i Romani abbandonavano il territorio sannita e ritiravano le colonie fondate, allora Romani e Sanniti in futuro sarebbero vissuti attenendosi alle loro leggi in base a un patto di alleanza alla pari.

Erano queste le condizioni alle quali egli era pronto a scendere a patti coi consoli.

Se qualcuna di queste clausole non era di loro gradimento, allora vietava agli ambasciatori di ripresentarsi al suo cospetto.

Quando venne riferito l'esito dell'ambasceria, il lamento levatosi immediatamente da tutto l'esercito fu così profondo e gli animi vennero invasi da un tale sconforto, che il dolore non sarebbe stato più grande se fosse giunta la notizia che tutti erano destinati a morire in quello stesso luogo.

Restarono a lungo in silenzio, e i consoli non riuscivano ad aprire bocca né per difendere un accordo così infamante, né per respingere un patto tanto necessario [...]

Arrivò l'ora fatale dell'ignominia, destinata a rendere tutto, alla prova dei fatti, ancora più doloroso di quanto non avessero immaginato.

In un primo tempo ricevettero disposizione di uscire dalla trincea senza armi, con addosso un'unica veste.

I primi a essere consegnati e incarcerati furono gli ostaggi.

Poi fu ingiunto ai littori di scostarsi dai consoli, cui fu invece tolta la mantella da generali: spettacolo questo che suscitò così grande compassione anche tra quanti poco prima si erano scagliati contro i consoli proponendo di consegnarli al nemico e di farli a pezzi, che ciascuno dei presenti, dimentico della propria sorte, distolse lo sguardo da quella profanazione di una simile autorità, come dalla vista di qualcosa di abominevole.

I consoli furono i primi a esser fatti passare seminudi sotto il giogo; poi, in ordine di grado, tutti gli ufficiali vennero esposti all'infamia, e alla fine le singole legioni una dopo l'altra.

I nemici stavano intorno con le armi in pugno, lanciando insulti e dileggiando i Romani.

Molti vennero minacciati con le spade, e alcuni furono anche feriti e uccisi, se l'espressione troppo risentita dei loro volti a causa di quell'oltraggio offendeva il vincitore.

Così furono fatti passare sotto il giogo, e - cosa questa quasi ancora più penosa - proprio sotto gli occhi dei nemici.

Una volta usciti dalla gola, pur sembrando loro di vedere per la prima volta la luce come se fossero emersi dagli inferi, ciò nonostante la luce in sé e per sé fu più dolorosa di ogni tipo di morte, al vedere una schiera ridotta in quello stato. E così, anche se avrebbero potuto raggiungere Capua prima di notte, dubitando dell'affidabilità degli alleati e trattenuti dalla vergogna, lungo la strada che porta alla città abbandonarono a terra i loro corpi ormai bisognosi di tutto.

Quando a Capua arrivò la notizia del vergognoso episodio, l'arroganza congenita dei Campani venne meno di fronte alla naturale compassione nei confronti degli alleati.

Inviarono immediatamente ai consoli le insegne della loro carica; ai soldati offrirono invece armi, cavalli, vestiti e cibo, e al loro arrivo si fecero loro incontro tutto il senato e il popolo, adempiendo così a ogni tipo di obbligo formale in materia di ospitalità pubblica e privata.

Ma né l'umanità degli alleati né la benevolenza dei voti poterono strappare una parola ai Romani, che nemmeno sollevavano gli occhi da terra per rivolgere uno sguardo agli amici che si sforzavano di consolarli. A tal punto la vergogna, ancor più dell'amarezza, li spingeva a evitare la conversazione e la compagnia degli esseri umani [...]»[45].

Non dobbiamo dimenticare che tale e tanta fu l'onta a Roma per l'umiliazione per questa sconfitta che non vi è nessuna indicazione precisa sulla localizzazione esatta della zona si verificò. È come se i romani avessero deciso di cancellare dalla cartina geografica quel luogo così funesto e carico di brutti ricordi. I soldati umiliati fecero dunque rientro in patria e per la vergogna non si fecero più vedere in giro. A Roma c'era addirittura chi voleva respingerli togliendo loro tutti i diritti di cittadinanza. Il senato e i negozi furono chiusi per lutto.

Ripresisi a fatica dalla cocente umiliazione i romani, come aveva giustamente previsto il vecchio Erennio Ponzio, si riorganizzarono militarmente e cominciarono a inanellare una serie di vittorie che culminarono nella richiesta di resa da parte dei Sanniti nel 304 a.C.

Tra il 298 e il 290 a.C venne combattuta l'ultima e decisiva guerra Sannitica. Il casus belli fu una richiesta di protezione avanzata nei confronti di Roma dai popoli della Lucania che erano stati attaccati dai Sanniti. Dopo otto anni di durissime battaglie i Sanniti vennero definitivamente piegati e sottomessi consentendo a Roma di conquistare l'egemonia su tutto il Centro-Sud della penisola italiana.

Pompei durante le Guerre Sannitiche

Durante questi scontri Pompei rimase sempre ostile a Roma, ma alla fine delle conflitto fu capace di negoziare una pace separata che le garantì una certa autonomia linguistica e istituzionale. In quegli anni venne infatti ampliata la struttura urbanistica della città e vennero costruite nuove mura di fortificazione. Durante la seconda guerra Punica tra Roma e Cartagine (218 a.C - 202 a.C) Pompei, a differenza di altre città dentro e fuori confini della penisola, rimase fedele a Roma e per tanto riuscì a conservare ancora una parziale indipendenza.

Nel II secolo a.C grazie al commercio di olio e vino nella città di Pompei iniziarono a circolare grandi ricchezze. Molte delle ville pompeiane infatti potevano rivaleggiare per lusso e bellezza con quelle dei dignitari romani o con le dimore reali ellenistiche. Tutto fila liscio fino al 91 a.C quando la penisola italiana è sconvolta da un nuovo sanguinoso conflitto: la cosiddetta Guerra Sociale.

---

[45] Tito Livio, op. cit.

La guerra sociale

Con il nome di Guerra Sociale viene definito il conflitto che vide Roma impegnata contro i popoli italici che risiedevano nei territori romani ma che non godevano di nessun diritto politico. La questione era stata affrontata diverse volte in Senato e più di qualche patrizio romano si era fatto portavoce, senza successo, della causa dei popoli italici. Si trattava, infatti, di popolazioni che come abbiamo detto vivevano in uno stato di simbiosi con Roma senza però godere di alcun diritto politico.

Oltre a Pompei infatti non erano pochi i popoli, anche ricchi e culturalmente molto sofisticati come gli Etruschi e gli Umbri, a dover subire questo stato di subordinazione forzata.

Quando il tribuno della plebe Marco Livio Druso propose una legge a favore del riconoscimento dell'estensione del diritto di cittadinanza furono in molti tra i popoli sottomessi a sperare di essere vicini a una risoluzione pacifica del problema.

La situazione lungo tutta la penisola italiana era di estrema tensione e in molti temevano che da lì a breve sarebbero potuti scoppiare scontri e tensioni. La legge proposta da Druso però non incontrò il favore del Senato e, anzi, lo stesso Druso venne assassinato dai seguaci del console Lucio Marcio Filippo, fiero sostenitore della purezza della razza romana. In un attimo la situazione precipitò e quasi tutti i popoli italici si riunirono in una lega, la Lega Italica appunto, e dichiararono guerra a Roma. Iniziarono a battere una loro moneta e stabilirono il loro quartier generale a Isernia. In meno di tre anni le legioni romane riportarono la situazione sotto controllo ma, di fatto, conquistando formalmente questi territori dovettero riconoscere ai loro abilitanti lo status di cittadini romani.

Da quel momento, siamo nell'88 a.C., tutti i cittadini dell'Italia peninsulare, inclusi gli abitanti di Pompei, diventarono cittadini romani a tutti gli effetti. Il clima e la qualità della vita a Pompei erano tra i migliori dell'antichità tanto è vero che diversi patrizi romani, tra cui il noto Cicerone, avevo una casa di villeggiatura in zona. Per il resto le fonti antiche non ci hanno tramandato molto altro sulla vita di Pompei fino al giorno dell'eruzione.

Lo storico Tacito ad esempio ci ricorda che nel 59 d.C la città fu teatro di una rissa colossale tra pompeiani e nocerini durante uno spettacolo di gladiatori nella stessa Pompei. Alla base di questo scontro durissimo, che portò alla morte e al ferimento di diverse persone, vi erano vecchi dissapori tra le due città.

Come conseguenza di questo fatto l'imperatore Nerone fece chiudere l'anfiteatro pompeiano per 10 anni (pena ridotta a due forse per intervento di Poppea che aveva una casa in zona) e l'organizzatore dei giochi, il senatore Livineio Regolo, venne mandato in esilio. Nel 64 d.C. Pompei venne colpita da un tremendo terremoto che distrusse molti degli edifici della città vesuviana, ma già l'anno successivo, grazie agli ingenti capitali che circolavano in città, gran parte delle costruzioni erano state restaurate.

IL TERREMOTO DEL 64 D.C.

Le parole di Seneca

Il terremoto del 64 d.C. fu un evento che sconvolse il mondo antico, dato che si trattò di un disastro di grande portata. Il filosofo romano Seneca, nel sesto libro delle "Naturales queastiones" dedica un ampio spazio al resoconto di quegli eventi drammatici.

«O Lucilio, che sei il migliore fra gli uomini, abbiamo sentito dire che Pompei, frequentata città della Campania, dove si incontrano da una parte le coste di Sorrento e di Stabia e dall'altra quelle di Ercolano, e circondano con una ridente insenatura il mare che si ritrae dal largo, è sprofondata a causa di un terremoto che ha devastato tutte le regioni adiacenti, e che ciò è avvenuto proprio nei giorni invernali, che i nostri antenati garantivano essere al sicuro da un pericolo del genere.

Questo terremoto si è verificato alle None di febbraio, durante il consolato di Regolo e di Virginio, e ha devastato con gravi distruzioni la Campania, regione che non era mai stata al sicuro da questa calamità e che ne era sempre uscita indenne, anche se tante volte morta di paura: infatti, anche una parte della città di Ercolano è crollata e anche ciò che è rimasto in piedi è pericolante, e la colonia di Nocera, pur non avendo subito gravi danni, ha comunque motivo di lamentarsi; anche Napoli ha subito perdite, molte fra le proprietà private, nessuna fra quelle pubbliche, essendo stata toccata leggermente dall'enorme disgrazia: in effetti, alcune ville sono crollate, altre qua e là hanno tremato senza essere danneggiate.

A questi danni se ne aggiungono altri: è morto un gregge di seicento pecore, alcune statue si sono rotte, alcuni dopo questi fatti sono andati errando con la mente sconvolta e non più padroni di sé. Sia il piano dell'opera che mi sono proposto, sia la coincidenza che dà attualità all'argomento esigono che esaminiamo approfonditamente le cause di questi fenomeni. Bisogna cercare modi per confortare gli impauriti e per togliere il grande timore.

Infatti, che cosa può sembrare a ciascuno di noi abbastanza sicuro, se il mondo stesso viene scosso e le sue parti più solide vacillano? Se l'unica cosa che c'è di immobile e di fisso in esso, tanto che regge tutte le cose che tendono verso di essa, tremola; se la terra ha perso quella che era la sua peculiarità, la stabilità: dove si acquieteranno le nostre paure? Quale rifugio troveranno i corpi, dove si ripareranno, se la paura nasce dal profondo e viene dalle fondamenta?

Lo sbigottimento è generale, quando le case scricchiolano e si annuncia il crollo. Allora ciascuno si precipita fuori e abbandona i suoi penati e si affida all'aria aperta: a quale nascondiglio guardiamo, a quale aiuto, se il globo stesso prepara rovine, se ciò che ci protegge e ci sostiene, su cui sono situate le città e che alcuni hanno detto essere il fondamento del mondo, si apre e vacilla?

Che cosa ti può essere non dico di aiuto, ma di conforto, quando la paura ha perso ogni via di scampo? Che cosa c'è, dico di abbastanza sicuro o di saldo per difendere gli altri e se stessi?

Respingerò un nemico con un muro, e fortificazioni erette su un'altura dirupata arresteranno anche grandi eserciti per la difficoltà dell'accesso; un porto ci mette al riparo dalla tempesta; i tetti tengono lontano la violenza sfrenata dei temporali e le piogge che cadono senza fine; un incendio non insegue chi fugge; contro il tuono e le minacce del cielo sono un rimedio le case sotterranee e le grotte scavate in profondità (quel fuoco proveniente dal cielo non trapassa la terra, anzi viene rintuzzato da un ostacolo minuscolo); in caso di pestilenza si può cambiare sede: nessun male è senza scampo.

I fulmini non hanno mai bruciato completamente un popolo; un clima pestilenziale ha vuotato delle città, non le ha fatte sparire: questo flagello, invece, ha un'estensione immensa ed è inevitabile, insaziabile, rovinoso per intere popolazioni. Infatti, non ingoia solo case o famiglie o singole città, ma fa sprofondare popolazioni e regioni intere, e ora le copre di rovine, ora le seppellisce in profonde voragini e non lascia neppure una minima traccia da cui appaia che ciò che non esiste più un tempo è esistito, ma sulle città più famose il suolo si stende senza alcun'impronta del loro antico aspetto. E non mancano persone che temono maggiormente questo tipo di morte per il quale vanno a finire nell'abisso con le loro dimore e vengono strappati dal novero dei viventi, come se non ogni destino giungesse alla medesima conclusione.

Fra le altre prove che la natura ci offre della sua giustizia, questa è quella decisiva: che quando siamo arrivati alla fine della vita, siamo tutti sullo stesso piano. Dunque, non c'è nessuna differenza se è una pietra a schiacciarmi o una montagna intera a stritolarmi, se mi cade addosso il peso di una sola casa e io spiro sotto il piccolo mucchio delle sue rovine polverose o l'intero globo terrestre fa sparire la mia persona, se esalo l'ultimo respiro alla luce e all'aperto o nell'immensa voragine delle terre che si spalancano, se sono portato nell'abisso da solo o in compagnia di un seguito numeroso di popoli che cadono insieme con me; non mi importa affatto che attorno alla mia morte ci sia un gran clamore: essa è ovunque altrettanto grande.

Quindi, facciamoci coraggio contro questa catastrofe che non può essere né evitata né prevista, e smettiamo di dare ascolto a costoro che hanno rinunciato alla Campania e che sono emigrati dopo questo evento e dicono che non rimetteranno mai piede in quella regione: infatti, chi assicura loro che questo o quell'altro terreno poggia su fondamenta più solide? Tutti condividono le medesime condizioni e, se non sono stati ancora mossi, tuttavia sono suscettibili di esserlo: forse questa notte o questo giorno prima di notte fenderà questa località in cui risiedete più sicuri. Come fai a sapere se non sia migliore la condizione di quei luoghi in cui la fortuna ha già consumato le sue forze e che per il futuro trovano un sostegno sulle proprie macerie? Sbagliamo, infatti, se crediamo che qualche parte della terra sia esente e immune da questo pericolo: tutte sono sottomesse alla medesima legge; la natura non ha generato niente che fosse immobile; qualcosa cade un giorno, qualcosa un altro giorno e, come nelle grandi città si puntella ora questa casa ora quella, così in questo globo terrestre va a pezzi ora questa parte ora quella.

Tiro divenne un tempo tristemente famosa per le sue rovine, l'Asia Minore ha perso in una volta sola dodici città; l'anno precedente la violenza di questa sciagura, qualunque essa sia, ha colpito l'Acaia e la Macedonia, ora ha ferito la Campania: il destino fa il suo giro e, se ha trascurato a lungo qualcosa, ritorna per colpirla. Alcune zone le affligge più raramente, altre più spesso: non permette che nulla resti indenne e illeso.

Non solo noi uomini, che nasciamo esseri effimeri e caduchi, ma le città, i continenti, le rive e il mare stesso sono schiavi del destino. Noi, tuttavia, ci induciamo a credere che i beni della fortuna dureranno, e pensiamo che la felicità, che di tutte le cose umane è quella che vola via più rapidamente, per qualcuno avrà solidità e durata: e a quelli che promettono a se stessi cose perenni non viene in mente che il suolo stesso su cui stanno non è stabile. Infatti, questo difetto di mancare di coesione e di disgregarsi per più cause e di durare nel complesso, ma di crollare nelle singole parti, non è proprio solo della Campania o dell'Acaia, ma di tutte le terre»[46].

Una nube nera a forma di pino

Nel 79 d.C Pompei venne coperta da una coltre di lapilli e cenere. In poche ore secoli di storia vennero cancellati per sempre in quella che sembra la trama di un film catastrofico moderno. Questa però non è fiction, questa purtroppo è la realtà.

Ma cerchiamo di procedere con ordine. La data esatta dell'eruzione è ancora oggi dibattuta dagli storici. Secondo alcune fonti dell'epoca si tratterebbe del 24 agosto, mentre alcuni reperti rinvenuti duranti gli scavi farebbero pensare che l'eruzione possa essere avvenuta in ottobre, o comunque in autunno. Tra questi reperti non possiamo dimenticare il ritrovamento di frutta secca carbonizzata, di bracieri usati all'epoca per il riscaldamento, di mosto in fase d'invecchiamento trovato ancora sigillato nei contenitori e, soprattutto, di una moneta ritrovata sul sito archeologico, coniata in occasione della quindicesima acclamazione di Tito a imperatore, avvenuta l'8 settembre del 79. Molti esperti moderni sono convinti che gli eventi tellurici del 64 d.C. abbiano in qualche modo ridestato l'attività del Vesuvio.

Il ciclo eruttivo vero e proprio cominciò nel 79 d.C e finì col seppellire Pompei, Ercolano, Stabia e altri centri minori che si trovavano anch'essi nella zona Sud-Est del Vesuvio. Contrariamente a quanto ci hanno fatto vedere in diversi film hollywoodiani non si trattò di

---

[46] Lucio Anneio Seneca, *Letters on Ethics: To Lucilius (The Complete Works of Lucius Annaeus Seneca)*, University of Chicago Press, 2017.

una colata lavica quanto piuttosto di una pioggia di cenere e lapilli che in poche ore ricoprirono tutta la città. Gli esperti moderni hanno calcolato che in circa tre giorni di eruzione si sono depositati sulla città di Pompei circa 10 metri di cenere. A tutto ciò vanno uniti i gas venefici sprigionatisi dal vulcano che in pochi istanti paralizzarono e soffocarono quasi tutti gli abitanti dei centri urbani che si trovavano alle pendici del vulcano.

La drammaticità di quest'evento può essere ben compresa osservando i calchi di gesso fatti durante gli scavi di Pompei del 1863. In quell'anno, infatti, venne introdotta questa nuova tecnica che consentì di ricostruire le fattezze di uomini e animali rimasti intrappolati per secoli sotto la pesante coltre di cenere vulcanica. In pratica vennero fatte delle colate di gesso o altro materiale all'interno delle cavità lasciate dai corpi ormai decomposti. Il risultato sono state decine di sculture viventi che ci hanno riconsegnato uomini, donne, bambini e animali nell'istante stesso della loro morte.

Molti corpi sono adagiati al suolo come se dormissero segno che la morte, per molti sfortunati abitanti di Pompei, sopraggiunse inaspettata a causa delle esalazioni tossiche prodotte dal vulcano in eruzione. L'effetto visivo dev'essere stato sorprendente e spaventoso visto che un'enorme nube nera a forma di albero (in questo del tutto simile agli effetti delle deflagrazioni delle moderne bombe atomiche) si levò in cielo fino a oscurare il sole per diverse ore. Abbiamo anche una testimonianza diretta di questi eventi.

Si tratta di una lettera che lo scrittore e senatore romano Plinio il Giovane inviò allo storico e amico fraterno Tacito. Plinio il Giovane era in zona assieme allo zio, il famoso naturalista e scienziato Plinio il Vecchio, quando il vulcano eruttò e fu testimone diretto della catastrofe. Lo zio, spinto dal desiderio di studiare l'affascinate evento naturale per molti aspetti unico nel suo genere, decise di avvicinarsi al luogo del disastro e anch'egli trovò la morte a causa delle esalazioni tossiche che avevano invaso l'intera area per un raggio di diversi chilometri. Abbiamo deciso di riportare integralmente quest'importante documento storico perché a tutt'oggi è l'unica fonte diretta in grado di fornirci informazioni dirette su questa sciagura.

Le parole di Plinio il Giovane

«Mi chiedi che io ti esponga la morte di mio zio, per poterla tramandare con una maggiore obiettività ai posteri. Te ne ringrazio, in quanto sono sicuro che, se sarà celebrata da te, la sua morte sarà destinata a gloria immortale.

Quantunque. infatti, egli sia deceduto nel disastro delle più incantevoli plaghe, come se fosse destinato a vivere sempre - insieme a quelle genti ed a quelle città- proprio in virtù di quell'indimenticabile sciagura, quantunque abbia egli stesso composto una lunga serie di opere che rimarranno, tuttavia alla perennità della sua fama recherà un valido contributo l'immortalità dei tuoi scritti. Personalmente io stimo fortunati coloro ai quali per dono degli dei fu concesso o di compiere imprese degne di essere scritte o di scrivere cose degne di essere lette, fortunatissimi poi coloro ai quali furono concesse entrambe le cose. Nel novero di questi ultimi sarà mio zio, in grazia dei suoi libri e in grazia dei tuoi.

Tanto più volentieri perciò accolgo l'incombenza che tu mi proponi, anzi te lo chiedo insistentemente. Era a Miseno e teneva personalmente il comando della flotta.

Il 24 agosto, verso l'una del pomeriggio, mia madre lo informa che spuntava una nube fuori dell'ordinario sia per la grandezza sia per l'aspetto. Egli dopo aver preso un bagno di sole e poi un altro nell'acqua fredda, aveva fatto uno spuntino stando nella sua brandina da lavoro ed attendeva allo studio; si fa portare i sandali e sale in una località che offriva le migliori condizioni per contemplare il prodigio.

Si elevava una nube, ma chi guardava da lontano non riusciva a precisare da quale montagna si seppe poi che era il Vesuvio: nessun'altra pianta meglio del pino ne potrebbe riprodurre la forma. Infatti slanciatosi in su in modo da suggerire l'idea di un altissimo tronco, si allargava poi in quelli che si potrebbero chiamare dei rami, credo che il motivo risiedesse nel fatto che, innalzata dal turbine subito dopo l'esplosione e poi privata del suo appoggio quando quello andò esaurendosi, o anche vinta dal suo stesso peso, si dissolveva allargandosi; talora era bianchissima, talora sporca e macchiata, a seconda che aveva trascinato con sé terra o cenere.

Nella sua profonda passione per la scienza, stimò che si trattasse di un fenomeno molto importante e meritevole di essere studiato più da vicino. Ordina che gli si prepari una liburnica e mi offre la possibilità di andare con lui se lo desiderassi. Gli risposi che preferivo attendere ai miei studi e, per caso, proprio lui mi aveva assegnato un lavoro da svolgere per iscritto.

Mentre usciva di casa, gli venne consegnata una lettera da parte di Rettina, moglie di Casco, la quale, terrorizzata dal pericolo incombente (infatti la sua villa era posta lungo la spiaggia della zona minacciata e l'unica via di scampo era rappresentata dalle navi), lo pregava che la strappasse da quel frangente così spaventoso. Egli allora cambia progetto e ciò, che aveva incominciato per interesse scientifico, affronta per l'impulso della sua eroica coscienza.

Fa uscire in mare delle quadriremi e vi sale egli stesso, per venire in soccorso non solo a Rettina ma a molta gente, poiché quel litorale in grazia della sua bellezza, era fittamente abitato. Si affretta colà donde gli altri fuggono e punta la rotta e il timone proprio nel cuore del pericolo, così immune dalla paura da dettare e da annotare tutte le evoluzioni e tutte le configurazioni di quel cataclisma, come riusciva a coglierle successivamente con lo sguardo. Oramai, quanto più si avvicinavano, la cenere cadeva sulle navi sempre più calda e più densa, vi cadevano ormai anche pomici e pietre nere, corrose e spezzate dal fuoco, ormai si era creato un bassofondo improvviso e una frana della montagna impediva di accostarsi al litorale.

Dopo una breve esitazione, se dovesse ripiegare all'indietro, al pilota che gli suggeriva quell'alternativa, tosto replicò: "La fortuna aiuta i prodi; dirigiti sulla dimora di Pomponiano".

Questi si trovava a Stabia; dalla parte opposta del golfo (giacché il mare si inoltra nella dolce insenatura formata dalle coste arcuate a semicerchio); colà, quantunque il pericolo non fosse ancora vicino, siccome però lo si poteva scorgere bene e ci si rendeva conto che, nel suo espandersi era ormai imminente, Pomponiano aveva trasportato sulle navi le sue masserizie, determinato a fuggire non appena si fosse calmato il vento contrario. Per mio zio

168

invece questo era allora pienamente favorevole, così che vi giunge, lo abbraccia tutto spaventato com'era, lo conforta, gli fa animo, per smorzare la sua paura con la propria serenità, si fa calare nel bagno: terminata la pulizia prende posto a tavola e consuma la sua cena con un fare gioviale o, cosa che presuppone una grandezza non inferiore, recitando la parte dell'uomo gioviale.

Nel frattempo dal Vesuvio risplendevano in parecchi luoghi delle larghissime strisce di fuoco e degli incendi che emettevano alte vampate, i cui bagliori e la cui luce erano messi in risalto dal buio della notte. Egli, per sedare lo sgomento, insisteva nel dire che si trattava di fuochi lasciati accesi dai contadini nell'affanno di mettersi in salvo e di ville abbandonate che bruciavano nella campagna. Poi si abbandonò al riposo e riposò di un sonno certamente genuino.

Infatti il suo respiro, a causa della sua corpulenza, era piuttosto profondo e rumoroso, veniva percepito da coloro che andavano avanti e indietro sulla soglia. Senonché il cortile da cui si accedeva alla sua stanza, riempiendosi di ceneri miste a pomice, aveva ormai innalzato tanto il livello che, se mio zio avesse ulteriormente indugiato nella sua camera, non avrebbe più avuto la possibilità di uscirne.

Svegliato, viene fuori e si ricongiunge al gruppo di Pomponiano e di tutti gli altri, i quali erano rimasti desti fino a quel momento. Insieme esaminano se sia preferibile starsene al coperto o andare alla ventura allo scoperto. Infatti, sotto l'azione di frequenti ed enormi scosse, i caseggiati traballavano e, come se fossero stati sbarbicati dalle loro fondamenta, lasciavano l'impressione di sbandare ora da una parte ora dall'altra e poi di ritornare in sesto. D'altronde all'aperto cielo c'era da temere la caduta di pomici, anche se erano leggere e corrose; tuttavia il confronto tra questi due pericoli indusse a scegliere quest'ultimo. In mio zio una ragione predominò sull'altra, nei suoi compagni una paura s'impose sull'altra.

Si pongono sul capo dei cuscini e li fissano con dei capi di biancheria; questa era la loro difesa contro tutto ciò che cadeva dall'alto. Altrove era già giorno, là invece era una notte più nera e più fitta di qualsiasi notte, quantunque fosse mitigata da numerose fiaccole e da luci di varia provenienza. Si trovò conveniente di recarsi sulla spiaggia ed osservare da vicino se fosse già possibile tentare il viaggio per mare; ma esso perdurava ancora sconvolto ed intransitabile.

Colà, sdraiato su di un panno steso a terra, chiese a due riprese dell'acqua fresca e ne bevve. Poi delle fiamme ed un odore di zolfo che preannunciava le fiamme spingono gli altri in fuga e lo ridestano. Sorreggendosi su due semplici schiavi riuscì a rimettersi in piedi, ma subito stramazzò, da quanto io posso arguire, l'atmosfera troppo pregna di cenere gli soffocò la respirazione e gli otturò la gola, che era per costituzione malaticcia, gonfia e spesso infiammata.

Quando riapparve la luce del sole (era il terzo giorno da quello che aveva visto per ultimo) il suo cadavere fu ritrovato intatto, illeso e rivestito degli stessi abiti che aveva indossati: la maniera con cui si presentava il corpo faceva più pensare ad uno che dormisse che non ad un morto.

Frattanto a Miseno io e mia madre... ma questo non interessa la storia e tu non hai espresso il desiderio di essere informato di altro che della sua morte.

Dunque terminerò. Aggiungerò solo una parola: che ti ho esposto tutte circostanze alle quali sono stato presente e che mi sono state riferite immediatamente dopo, quando i ricordi conservano ancora la massima precisione. Tu ne stralcerai gli elementi essenziali: sono infatti cose ben diverse scrivere una lettera od una composizione storica, rivolgersi ad un amico o a tutti»[47].

La seconda lettera di Plinio il Giovane a Tacito

Tacito mostrò grande interesse per l'evento tanto che invitò l'amico Plinio il Giovane a scrivergli una seconda lettera, per poter capire meglio come l'amico aveva vissuto quei tragici momenti. Lo storico romano infatti si era subito reso conto dell'importanza epocale di quell'evento e cercava disperatamente di raccogliere più informazioni possibili.

Ecco il testo della seconda lettera che Plinio il Giovane inviò a Tacito:

«Mi dici che la lettera che io ti ho scritta, dietro tua richiesta, sulla morte di mio zio, ti ha fatto nascere il desiderio di conoscere, dal momento in cui fui lasciato a Miseno (ed era precisamente questo che stavo per raccontarti, quando ho troncato la mia relazione), non solo quali timori ma anche quali frangenti io abbia dovuto affrontare.

"Anche se il semplice ricordo mi causa in cuore un brivido di sgomento... incomincerò".

Dopo la partenza di mio zio, spesi tutto il tempo che mi rimaneva nello studio, dato che era stato proprio questo il motivo per cui mi ero fermato; poi il bagno, la cena ed un sonno agitato e breve. Si erano già avuti per molti giorni dei leggeri terremoti, ma non avevano prodotto molto spavento, essendo un fenomeno ordinario in Campania, quella notte invece le scosse assunsero una tale veemenza che tutto sembrava non muoversi, ma capovolgersi.

Mia madre si precipita nella mia stanza: io stavo alzandomi con il proposito di svegliarla alla mia volta nell'eventualità che dormisse. Ci mettemmo a sedere nel cortile della nostra abitazione: esso con la sua modesta estensione separava il caseggiato dal mare.

A questo punto non saprei dire se si trattasse di forza d'animo o di incoscienza (non avevo ancora compiuto diciotto anni!): domando un libro di Tito Livio e, come se non mi premesse altro che di occupare il tempo, mi dò a leggerlo ed a continuare gli estratti che avevo incominciati. Ed ecco sopraggiungere un amico di mio zio, che era da poco arrivato dalla Spagna per incontrarsi con lui; quando vede che io e mia madre ce ne stiamo seduti e che io attendo niente meno che a leggere, fa un'energica paternale a mia madre per la mia inettitudine e a me per la mia noncuranza. Con tutto ciò io continuo a concentrarmi nel mio libro come prima.

Il sole era già sorto da un'ora e la luce era ancora incerta e come smorta. Siccome le costruzioni che ci stavano all'intorno erano ormai malconce, anche se eravamo in un luogo scoperto - che era però angusto - c'era da temere che, qualora crollassero, ci portassero delle conseguenze gravi e ineluttabili. Soltanto allora ci parve opportuno di uscire dalla cittadina;

[47] Plinio il Giovane, *Delphi Complete Works of Pliny the Younger (Illustrated)*, Delphi Classics, 2014.

ci viene dietro una folla sbalordita, la quale - seguendo quella contraffazione dell'avvedutezza che è tipica dello spavento - preferisce l'opinione altrui alla propria e con la sua enorme ressa ci incalza e ci spinge mentre ci allontaniamo.

Una volta fuori dell'abitato ci fermiamo. Là diventiamo spettatori di molti fatti sbalorditivi, ci colpiscono molti particolari che incutono terrore. Così i carri che avevamo fatto venire innanzi, sebbene la superficie fosse assolutamente livellata, sbandavano nelle più diverse direzioni e non rimanevano fermi al loro posto neppure se venivano bloccati con pietre. Inoltre vedevamo il mare che si riassorbiva in se stesso e che sembrava quasi fatto arretrare dalle vibrazioni telluriche. Senza dubbio il litorale si era avanzato e teneva prigionieri nelle sue sabbie asciutte una quantità di animali marini.

Dall'altra parte una nube nera e terrificante, lacerata da lampeggianti soffi di fuoco che si esplicavano in linee sinuose e spezzate, si squarciava emettendo delle fiamme dalla forma allungata: avevano l'aspetto dei fulmini ma ne erano più grandi.

A questo punto si rifà avanti l'amico spagnolo e ci incalza con un tono più inquieto e più stringente:

"Se tuo fratello, se tuo zio vive, vi vuole incolumi, se è morto, ha voluto che voi gli sopravviveste. Perciò perché indugiate a mettervi in salvo?".

Gli rispondiamo che noi non avremmo mai accettato di provvedere alla nostra salvezza finché non avevamo nessuna notizia della sua. Egli non perde tempo, ma si getta in avanti correndo a più non posso si porta fuori dal pericolo.

Poco dopo quella nube calò sulla terra e ricoperse il mare: aveva già avvolto e nascosto Capri ed aveva già portato via ai nostri sguardi il promontorio di Miseno. Allora mia madre a scongiurarmi, ad invitarmi, ad ordinarmi di fuggire in qualsiasi maniera; diceva che io, ancora giovane, ci potevo riuscire, che essa invece, pesante per l'età e per la corporatura avrebbe fatto una bella morte se non fosse stata causa della mia. Io però risposi che non mi sarei salvato senza di lei; poi presala per mano, la costringo ad accelerare il passo. Mi ubbidisce a malavoglia e si accusa di rallentare la mia marcia. Incomincia a cadere cenere, ma è ancora rara. Mi volgo indietro: una fitta oscurità ci incombeva alle spalle e, riversandosi sulla terra, ci veniva dietro come un torrente.

"Deviamo, le dico, finché ci vediamo ancora, per evitare di essere fatti cadere sulla strada dalla calca che ci accompagna e calpestati nel buio".

Avevamo fatto appena a tempo a sederci quando si fece notte, non però come quando non c'è luna o il cielo è ricoperto da nubi, ma come a luce spenta in ambienti chiusi. Avresti potuto sentire i cupi pianti disperati delle donne, le invocazioni dei bambini, le urla degli uomini: alcuni con le grida cercavano di richiamare ed alle grida cercavano di rintracciare i genitori altri i figli, altri i coniugi rispettivi; gli uni lamentavano le loro sventure, gli altri quelle dei loro cari taluni per paura della morte, si auguravano la morte, molti innalzavano le mani agli dei, nella maggioranza si formava però la convinzione che ormai gli dei non esistessero più e che quella notte sarebbe stata eterna e l'ultima del mondo. Ci furono di quelli che resero più gravosi i pericoli effettivi con notizie spaventose che erano inventate e false. Arrivavano di quelli i quali riferivano che a Miseno la tale costruzione era crollata, che la tal altra era divorata dall'incendio: non era vero ma la gente ci credeva. Ci fu una tenue schiarita, ma ci sembrava che non fosse la luce del giorno ma un preannuncio dell'avvicinarsi del fuoco. Il fuoco c'era davvero, ma si fermò piuttosto lontano; poi di nuovo il buio e di nuovo cenere densa e pesante.

Tratto tratto ci alzavamo in piedi e ce la scuotevamo di dosso; altrimenti ne saremmo stati coperti e saremmo anche rimasti schiacciati sotto il suo peso. Potrei vantarmi che, circondato da così gravi pericoli, non mi sono lasciato sfuggire né un gemito né una parola meno che coraggiosa, se non fossi stato convinto che io soccombevo con l'universo e l'universo con me: conforto disperato, è vero, ma pure grande nella mia qualità di essere soggetto alla morte.

Finalmente quella oscurità si attenuò e parve dissiparsi in fumo o in vapori, ben presto sottentrò il giorno genuino e risplendette anche il sole, ma livido, come suole apparire durante le eclissi. Agli occhi ancora smarriti tutte le cose si presentavano con forme nuove, coperte di una spessa coltre di cenere come se fosse stata neve.

Ritornati a Miseno, e preso quel po' di ristoro che ci fu possibile, passammo tra alternative di speranza e di timore una notte ansiosa ed incerta. Era però il timore a prevalere; infatti le scosse telluriche continuavano ed un buon numero di individui, alienati, dileggiavano con spaventevoli profezie le disgrazie loro ed altrui. Noi però, quantunque avessimo provato personalmente il pericolo e ce ne aspettassimo ancora, non venimmo nemmeno allora alla determinazione di andarcene prima di ricevere notizie dello zio. Ti mando questa relazione perché tu la legga, non perché la scriva, dato che non s'addice affatto al genere storico; attribuisci poi la colpa a te - evidentemente in quanto me l'hai richiesta - se non ti parrà addirsi neppure a quello epistolare.

Stammi bene»[48].

L'Apocalisse

Oggi il Vesuvio ha un'altezza minore rispetto a quella che aveva in epoca romana, quando i due pendii erano uniti da un'unica cima. Molti degli abitanti delle città vesuviane non furono in grado di trovare una via di fuga. L'improvvisa pioggia di cenere e lapilli unita alle esalazioni del vulcano fece sì che non pochi di loro trovassero la morte nelle strade. Come abbiamo ricordato la città di Pompei scomparve alla vista, sepolta sotto una spessa coltre di 10 metri di materiali eruttivi.

Quelle zone che fino a pochi giorni prima avevano ospitato la vita ora erano solo un desolato deserto evitato e oggetto di terrori superstiziosi da parte delle popolazioni locali, che infatti decisero di non ripulire la zona ma di lasciare tutto così com'era. Le caratteristiche dei fenomeni eruttivi che interessarono Pompei e Stabia furono differenti rispetto a Ercolano.

Le prime furono investite da una pioggia di cenere e lapilli che, salvo un intervallo di alcune ore (una trappola mortale per tanti che rientrarono alla ricerca di persone care e

---

[48] Plinio il Giovane, op. cit.

oggetti preziosi), cadde senza sosta. Ercolano invece non fu colpita nella prima fase, ma quasi dodici ore dopo e, sino alle recentissime scoperte in zona, si era pensato che tutti gli abitanti si fossero posti in salvo. Ciò che accadde a Ercolano fu che il gigantesco pino di materiali eruttivi prese a collassare fino a quando, per effetto del vento, un'infernale mistura di gas roventi, ceneri e vapore acqueo incandescente investì la zona. Coloro che si trovavano all'aperto ebbero forse miglior sorte, vaporizzati all'istante, rispetto a coloro che, trovandosi al riparo, hanno lasciato tracce di una morte che, pur rapida, ebbe caratteristiche tremende. Il fenomeno è oggi conosciuto come "nube ardente".

Al calar della notte del secondo giorno, l'attività eruttiva cominciò a calare rapidamente fino a cessare del tutto. L'eruzione del Vesuvio era durata poco più di 25 ore, durante le quali il vulcano aveva espulso quasi un miliardo di metri cubi di materiale eruttivo. Come abbiamo ricordato l'aspetto stesso del Vesuvio era cambiato e dove prima c'erano vigne e campagne lussureggianti adesso c'era solo un deserto nero di pietre e roccia lavica.

Ecco come il poeta Marziale ricorda questo drammatico contrasto in un suo famoso epigramma:

«Ecco il Vesuvio, poc'anzi verdeggiante di vigneti ombrosi, qui un'uva pregiata faceva traboccare le tinozze; Bacco amò questi balzi più dei colli di Nisa, su questo monte i Satiri in passato sciolsero le lor danze; questa, di Sparta più gradita, era di Venere la sede, questo era il luogo rinomato per il nome di Ercole. Or tutto giace sommerso in fiamme ed in tristo lapillo: ora non vorrebbero gli dei che fosse stato loro consentito d'esercitare qui tanto potere»[49].

Questo è invece quello che scrisse il poeta Publio Painio Stazio:

«Crederanno le generazioni a venire [...] che sotto i loro piedi sono città e popolazioni, e che le campagne degli avi s'inabissarono?»[50].

Dopo l'eruzione del 79 d.C , il Vesuvio ebbe molti periodi di attività alternati a lunghi intervalli di riposo. Nel 472, eruttò una tale quantità di ceneri, che si sparsero per tutta Europa. Nel 1036 si ebbe la prima eruzione con fuoriuscita di magma. Quest'evento è molto importante nella storia del monte visto che fino ad allora le eruzioni avevano prodotto esclusivamente materiale volatile, ma non lava. Secondo le cronache antiche, l'eruzione avvenne non solo sulla cima ma anche sui fianchi e il fiume di magma si riversò in mare, allungando la linea costiera di circa 600 m. Questa eruzione fu seguita da altre cinque, l'ultima delle quali (sebbene molto dubbia in quanto riportata da un'unica fonte storica) avvenne nel 1500.

---

[49] Marziale, *Delphi Complete Works of Martial (Illustrated)*, Delphi Classics, 2014.

[50] Publio Stazio, *Delphi Complete Works of Statius (Illustrated)*, Delphi Classics, 2014.

POMPEI TRA PASSATO E FUTURO

P oco dopo l'eruzione l'Imperatore romano Alessandro Severo diede ordine di scavare nella zona dove sorgeva l'antica Pompei, ma a causa della fitta colte di ceneri e lapilli, ogni sforzo venne ben presto abbandonato e di fatto la città di Pompei venne pian piano dimenticata. Tra il 1594 e il 1600, a seguito della costruzione di una canale che aveva il compito di portare acqua dal fiume Sarno fino a Torre Annunziata, si procedette ad alcuni scavi in zona dove furono rinvenute monete e altri reperti.

Tuttavia non fu compreso che si trattava dell'antica città romana e a seguito del terremoto del 1631 tutto fu nuovamente abbandonato. A seguito del ritrovamento dell'antica Ercolano e dei suoi preziosi reperti, la dinastia borbonica voleva accrescere il proprio patrimonio artistico con l'intento di dare maggiore prestigio alla propria casata.

XVIII Secolo

Per questo motivo il 23 marzo 1748 l'ingegnere Rocque Joaquin de Alcubierre, coadiuvato dall'abate Giacomo Martorelli e dagli ingegneri Karl Jakob Weber e Francisco la Vega, aprì un primo cantiere nella zona di Civita, presso l'incrocio di una strada che da un lato portava nell'attuale Castellammare di Stabia, dall'altro a Nola. Furono rinvenute monete, statue, affreschi e uno scheletro. Fu anche individuata una parte dell'anfiteatro e la necropoli di Porta Ercolano anche se de Alcubierre credeva che si trattasse dell'antica Stabia. Tuttavia la mancanza di ritrovamenti di oggetti di valori, fece spostare l'attenzione nuovamente su Ercolano e il cantiere fu chiuso.

All'epoca la disciplina che oggi conosciamo come archeologia era ai suoi albori. In quegli anni infatti chi si cimentava con degli scavi di questo tipo lo faceva animato dalla speranza di trovare oggetti di valore, oro o altri preziosi piuttosto che dall'interesse scientifico. Durante di scavi di questo primo periodo, dopo l'esplorazione e la raccolta di reperti considerati di valore, gli edifici venivano nuovamente sepolti e le modalità d'indagine erano molto approssimative. Tanto per dirne una quando le pitture murali di un edificio non venivano considerate interessanti, le mura che le contenevano venivano distrutte. Gli scavi a Pompei ripresero nel 1754, grazie anche all'entusiasmo prodotto dal ritrovamento della Villa dei Papiri a Ercolano e riguardarono per lo più diverse zone già individuate negli anni precedenti come i Praedia di Iulia Felix e la Villa di Cicerone nei pressi di Porta Ercolano.

Solo nel 1759, con la creazione da parte di Carlo di Borbone, dell'Accademia Ercolanese, s'iniziò a catalogare e descrivere i vari ritrovamenti che venivano effettuati nella zona vesuviana.

Nel 1763 poi, grazie all'individuazione di un'epigrafe di Titus Suedius Clemens, dov'era nominata la Res Publica Pompeianorum, gli storici furono in grado di capire che si trattava in effetti di Pompei e non di Stabia come fino allora era stato creduto.

Nel periodo compreso tra il 1759 e 1799, fu riportata alla luce parte della città, questa volta non più riseppellita ma lasciata a vista, grazie anche ad un sistema di scavo sistematico, voluto dal direttore delle operazioni (Francisco la Vega), il quale preferiva che i reperti, soprattutto gli affreschi parietali, rimanessero alle mura e non fossero asportati per essere esibiti al museo nella Reggia di Portici come era stato fatto fino a quel momento.

Tra il 1764 e il 1766 fu riportato alla luce parte della zona dei teatri, del tempio di Iside e del Foro Triangolare.

Negli anni che vanno dal 1760 al 1772 l'attenzione si spostò nella zona Nord-Occidentale della città, con le esplorazioni della Villa di Diomede, della Casa del Chirurgo e della Via dei Sepolcri, dove furono rinvenuti, oltre a monete di oro e argento, anche diciotto corpi, morti a causa dell'eruzione.

Durante gli scavi del XVIII secolo furono prodotti una grande quantità di documenti: la maggior parte erano delle semplici liste che riportavano tutti i reperti catalogati, mentre alcune descrizioni dettagliate degli oggetti ritrovati contribuirono a far conoscere Pompei ed Ercolano in tutta Europa.

XIX Secolo

Un nuovo impulso fagli scavi fu dato sotto il dominio francese quando Giuseppe Bonaparte nel 1806, insieme al ministro Antoine Christophe Saliceti, gestiva un organico di circa cinquecento operai. In quegli anni con l'aiuto del direttore del museo di Portici, Michele Arditi, iniziarono i primi espropri di case dall'area archeologica, per evitare che cittadini privati potessero effettuare scavi a loro spese impossessandosi dei reperti ritrovati

A seguito della partenza di Bonaparte per la Spagna, nel 1808, il regno di Napoli fu affidato a Gioacchino Murat, la cui moglie Carolina Bonaparte era un'appassionata di archeologia. Fu grazie a quest'ultima che gli operai impiegati quotidianamente negli scavi arrivarono a 624, oltre a circa 1.500 zappatori.

Sotto la regina Carolina venne individuata la cinta muraria della città e fu per lo più scavata la zona dei teatri e del foro. Sempre in quel periodo venne rinvenuta la Casa di Pensa e la Basilica. Su suggerimento di Carolina Bonaparte furono pubblicate numerose guide che riportavano la planimetria delle scoperte di Pompei e inviate poi in tutta Europa, facendo diventare il luogo tappa obbligata del Grand Tour.

Il ritorno della dinastia borbonica segnò un nuovo periodo di stasi negli scavi soprattutto sotto Ferdinando I, il quale vendette parte dei terreni espropriati a privati e ridusse il numero di operai a sole tredici unità. Con Francesco I gli scavi ripresero vigore e nel 1830 venne scoperta la celebre Casa del Fauno dove si trova il famoso mosaico ritraente Alessandro Magno. Con l'unità d'Italia la direzione degli scavi passò a Giuseppe Fiorelli che cominciò a delimitare le aree di scavo in maniera scientifica e moderna. Non dobbiamo dimenticare che nel frattempo le tecniche di scavo e più in generale l'archeologia avevano fatto passi da gigante.

Nel 1863 venne infatti introdotta la già citata tecnica dei calchi che ha permesso di ricostruire le fattezze degli abitanti di Pompei morti a causa dell'eruzione del 79 d.C.

XX Secolo

Gli scavi proseguirono quasi ininterrottamente fino alla metà degli anni '60 del secolo scorso quando, visto l'enorme patrimonio storico e artistico scoperto nel corso dei secoli, l'attenzione venne spostata sull'aspetto conservativo delle opere fino ad allora rinvenute. Negli ultimi anni a causa della mancanza di fondi e di una certa incuria alcune costruzioni sono franate e il sito ha subito diversi danni.

Nel corso dei secoli il sito di Pompei è stato visitato da milioni di turisti provenienti da tutto il mondo. Tra questi non possiamo non citare lo scrittore Alexandre Dumas, famoso per I Tre Moschettieri ed Il Conte di Montecristo, Papa Pio IX, Massimiliano II di Baviera e Giacomo Leopardi che scrisse una delle sue opere più celebri, La ginestra, proprio dopo un suo viaggio a Pompei. La ginestra o fiore del deserto è la penultima opera del poeta marchigiano scritta nella primavera del 1863. Il componimento prende spunto dalla visione del Vesuvio, laddove quasi 1800 anni prima si ergeva la città di Pompei e oggi sono rimasti solo i resti di una civiltà passata.

Quest'immagine permette al poeta di analizzare la precarietà della condizione umana sempre in balia della natura matrigna e in qualche modo crudele ma allo stesso tempo, come giustamente ricorda il critico Asor Rosa, afferma

«[...] con estrema forza il valore morale di un comportamento che non s'illude di trovare a questa infelicità un risarcimento spirituale ma nella resistenza disillusa e pur fiera alle avversità della natura crede di assolvere al compito naturale assegnato alla ragione dell'uomo e su questa matura consapevolezza, senza speranza alcuna ma anche senza vigliaccheria, fonda il rapporto uomo-natura, che è ormai un rapporto antagonistico e agonistico, di lotta reciproca e senza cedimenti. Non solo: la individuazione della natura come nemica fondamentale di tutti gli uomini porta persino a intravvedere la possibilità che quella resistenza sia comune, cioè comporti un'idea di "confederazione" fra gli uomini».

<u>Pompei per l'uomo moderno</u>

Cosa rappresenta Pompei al giorni nostri? Come abbiamo avuto modo di sottolineare in precedenza per gli storici e gli archeologici di tutto il mondo il ritrovamento di Pompei ha rappresentato e ancora oggi rappresenta un'autentica miniera d'oro d'informazioni e reperti. Basti pensare che la conoscenza stessa del latino ha fatto passi da gigante grazie a molte scritture murali rinvenute negli edifici pompeiani. In molti casi infatti sono stati repertati testi scritti da persone meno istruite rispetto agli storici e ai filosofi romani arrivati fino a noi.

Grazie allo studio degli errori nella grafia delle parole i linguisti sono stati in grado di capire meglio la pronuncia e la lingua parlata dal popolo che, come spesso succede, era notevolmente diversa rispetto a quella parlata dalle classi abbienti.

Ma l'importanza di Pompei non si ferma al suo aspetto storico-culturale perché Pompei è innanzi tutto un simbolo, il simbolo della lotta perenne dell'uomo contro le avversità della natura. Ancora oggi quando leggiamo delle tremende catastrofi naturali che affliggono il pianeta non possiamo non andare con la mente a quelle drammatiche ore vissute dagli abitanti delle città vesuviane in quel lontano 79 d.C.

Oggi come ieri la natura può rappresentare una perenne minaccia contro l'umanità. Una minaccia sempre terribile, inaspettata e, soprattutto, inarrestabile, nonostante le moderne strumentazioni scientifiche, e con la quale dobbiamo ancora convivere.

APPENDICE: FANTARCHEOLOGIA

Una tragedia di proporzioni bibliche come quella che ha devastato Pompei nel corso dei secoli ha alimentato leggende di ogni tipo. Al di là dei racconti e dei miti antichi, che identificavano in quella tragedia una sorta di punizione divina, anche in epoca moderni alcuni studiosi non convenzionali hanno avanzato ipotesi e teorie molto diverse rispetto alle posizioni accademiche ufficiali.

Una delle ipotesi più affascinanti è senza dubbio quella che vedrebbe nel disastro di Pompei una delle prime catastrofi nucleari della storia. Parlare di catastrofe nucleare in relazioni ai tempi antichi può sembrare quanto meno fuori luogo, ma non tutti la pensano così. Cerchiamo di capire perché.

Stargate

Il Prof. Smitheson ha ipotizzato che il Vesuvio fosse un antico Stargate. Naturalmente stiamo parlando di teoria che non hanno alcuna dimostrazione scientifica e che, infatti, vengono classificate sotto il termine di "fanta-archeologia". Secondo questi studi la terra avrebbe ospitato una serie di Stargate, ossia portali dimensionali, che permettevano a civiltà aliene di compiere lunghi viaggi nello spazio.

La terra dunque sarebbe stata semplicemente un'area di servizio in cui riposarsi durante un lunghissimo viaggio, per usare un esempio molto banale. Durante le soste però queste presunte civiltà aliene avrebbero lasciato traccia di sé, contribuendo in maniera determinante alla nascita e allo sviluppo della civiltà umana.

Zone come Stonehenge, la Valle delle Piramidi o il Misterioso triangolo delle Bermude sarebbero stati dunque centri nevralgici su di una rotta inter-dimensionale o interspazio-temporale. Partendo da questa ipotesi Smitheson ha immaginato che anche il Vesuvio fosse un antico Stargate e che il disastro del 79 d.C. sia da imputarsi a un'esplosione termonucleare.

Secondo Smitheson infatti le caratteristiche peculiari raccontate da Plinio il Giovane e un insieme di altri elementi fanno pensare che quella di Pompei non sia stata una naturale eruzione vulcanica ma una vera esplosione termonucleare.

Naturalmente i motivi di tale esplosione restano soltanto delle mere ipotesi, anche se principalmente si pensa a un incidente di percorso capitato a una delle astronavi utilizzate da questa misteriosa civiltà.

Il "quadrato magico" di Pompei

Gli storici e gli studiosi che si sono avvicinati allo studio dei meravigliosi reperti ritrovati a Pompei non sono ancora riusciti a risolvere il mistero del cosiddetto "quadrato magico" di Pompei. Il quadrato magico venne osservato per la prima volta da Pompeo Della Corte, noto studioso di graffiti italiano, nel novembre del 1936. Si trattava di un graffito presente in una delle colonne della Grande Palestra, nei pressi dell'Anfiteatro.

Ma ne venne osservato anche un altro, però incompleto, già nel 1925, inciso in una colonna della casa di Publio Paquio Proculo. Stiamo parlando di un misterioso quadrato rinvenuto su una colonna della palestra grande, nei pressi dell'anfiteatro.

Il quadrato magico, conosciuto anche come "quadrato di Sator", è un insieme di lettere disposte in modo da formare un quadrato palindromo perfetto. La frase infatti rimane identica se letta da sinistra a destra, da destra a sinistra, dall'alto in basso e dal basso in alto.

Queste sono le lettere che lo compongono nell'esatta disposizione originale:

R O T A S
O P E R A
T E N E T
A R E P O
S A T O R

Senza dubbio il termine più intrigante e misterioso è AREPO, dato che siamo di fronte a una parola di origine non latina, molto probabilmente infatti si tratta di un termine di origine celtica. Vediamo comunque il significato generico di ogni singola parola:

SATOR - Creatore, Seminatore;
TENET - Domina, Tiene, Dirige;
ROTAS - Ruote;
OPERA - Opere;
AREPO - Aratro, Carro;

Tecnicamente si tratta di un pentadico latercolo, e cioè di un insieme di parole di 5 lettere che vanno a formare una forma quadrata. Il quadrato magico può essere letto in molti modi, sia partendo da un lato che da un altro, oppure dall'alto verso il basso o anche in diagonale.

Come abbiamo detto nel corso dei decenni gli studiosi hanno interpretato il quadrato magico in mille modi diversi, come del resto capita sempre quando si ha a che fare con messaggi cifrati di questo tipo.

Una delle interpretazioni più interessanti è quella che individua nel quadrato magico un codice cifrato utilizzato dai cristiani della prima ora che, essendo pesantemente discriminati da Roma, dovevano praticare il loro culto segretamente. Del resto gli archeologi hanno trovato tracce della diffusione del culto cristiano già a Ercolano, Napoli e Pozzuoli in epoche compatibili con quella dell'eruzione del Vesuvio, quindi è perfettamente logico pensare che anche a Pompei ci fossero alcune comunità cristiane. Va detto però che non esiste nessun'altra prova della diffusione del culto cristiano a Pompei, motivo che rende comunque attaccabile quest'ipotesi.

Lo studioso Rino Camilleri, nel suo libro "Il quadrato magico. Un mistero che dura da duemila anni" anagrammando le lettere presenti nel graffito ha ottenuto la formula pater noster ripetuta 2 volte, formando una croce delimitata da 2 lettere "A" e da 2 lettere "O", ovvero l'Alfa e l'Omega che simboleggiano l'inizio e la fine di ogni cosa secondo la religione cristiana.

I cristiani del I sec. dunque utilizzavano un codice segreto per comunicare tra loro? Probabile, dato che reperti simili al quadrato magico di Pompei sono stati ritrovati in molte altre zone d'Europa. In Italia lo si può osservare sul pavimento della sagrestia della pieve di Tremori, oppure a Capestrano, a Magliano, in una chiesa di Verona, e ancora in molti edifici sacri medievali francesi e inglesi. Se ne conoscono copie anche in Africa, a Budapest, in Asia Minore o in Albania, ma ne potete ammirare uno su un muro della cattedrale di Siena, cattedrale in cui trova spazio anche una raffigurazione dell'oscuro Ermete Trimegisto.

Il quadrato magico inoltre è molto bene documentato anche in letteratura: lo troviamo in un manoscritto latino dell'882 che si trova presso la Biblioteca Nazionale Francese, e sappiamo anche Paracelso lo usava come talismano erotico. Nel "De Rerum Varietate" Girolamo Cardanao lo consiglia come rimedio contro la rabbia, mentre il cataro Qiroi lo incise su una pietra esterna della chiesa di San Lorenzo a Rochemaure. Ma è anche stampato in un'antica Bibbia di epoca carolingia, dipinto in una cappella della Santa Inquisizione Spagnola, si trova in una moneta dell'Imperatore Massimiliano II, o scolpito sul fondo di un'antica coppa d'argento rinvenuta in Scandinavia, per la precisione nell'Isola di Gotland...

C'è chi ha accostato il quadrato magico ai Templari, dato che la maggior parte dei luoghi in cui è stato ritrovato in Europa erano possedimenti templari. Molto probabilmente i Cavalieri del Tempio, depositari di conoscenze mistiche ed esoteriche, hanno ripreso quest'antico simbolo che veniva utilizzato nelle comunità iniziatiche più antiche per sottolineare l'importanza speciale di alcuni luoghi.

Inoltre congiungendo le A e le O con la N che sta al centro e tracciando il cerchio di raggio NA (o NO) si ottiene la famosa croix pattée dei Cavalieri Templari. Anche la storica delle religioni Esther Neumann ipotizza un collegamento tra i Templari e il misterioso quadrato magico di Pompei.

Per Neumann però il significato del quadrato sarebbe molto diverso da quant'è stato detto finora. La studiosa tedesca infatti si dice certa che i Cavalieri Templari fossero a conoscenza del significato profondo del quadrato magico di Pompei, ma che questo significato dev'essere ricollegato al particolare culto di Bafometto che veniva praticato da alcuni gruppi d'iniziati Templari. Il misterioso anagramma dunque sarebbe alla base non solo dell'eresia Templare, ma anche dello stesso Ordine, come sembrerebbe svelare l'analogia tra il Quadrato simbolo dei Cavalieri del Tempio e il quadrato di Pompei.

Ma in quell'epoca la dottrina cristiana non era ancora perfettamente definita quindi non avrebbe avuto senso parlare di eresia, quindi la Neumann arriva a ipotizzare che nella cittadina campana si praticassero antichi riti demoniaci legati al culto osceno di Bafometto. Ecco dunque che la distruzione di Pompei in quest'ottica andrebbe letta come una tremenda punizione divina per una città in cui si annidava molto forte la presenza del Maligno.

Come abbiamo già detto si tratta di pure speculazioni prive di ogni conferma scientifica, ma il fascino di queste ipotesi è innegabile. A oggi comunque nessuno è ancora riuscito a decifrare in maniera chiara e univoca il misterioso quadrato magico di Pompei. Simbolo cristiano? Simbolo demoniaco? Anagramma magico custode di oscuri segreti? Simbolo noto soltanto agli iniziati Templari? Chi può dirlo...

Jeremy Feldman

NOÈ E IL DILUVIO UNIVERSALE

LA VERA STORIA DI NOÈ

Quella che stiamo per raccontare è una delle storie più antiche arrivate fino a noi. Come avremo modo di veder sono molti i racconti mitologici che hanno per protagonista un uomo, in alcuni casi un eroe, che riesce a mettere in salvo se stesso e la propria famiglia da un diluvio capace di distruggere tutto il mondo allora conosciuto.

Si tratta di una tradizione lunga e complessa nella quale si mescolano credenze religiose ad enigmi che la storiografia ufficiale non è ancora riuscita a chiarire del tutto. Un archetipo culturale che con il passare dei millenni si è trasformato in una storia di misteri e superstizioni, ma anche di cacciatori di tesori, avventurieri ed archeologi impegnati da secoli nella ricerca di quella che potrebbe essere la più grande scoperta di tutti i tempi: l'arca di Noè.

È esistito veramente un uomo con le caratteristiche di Noè? Quanto c'è di vero nella tradizione biblica e non solo riguardo al cosiddetto Diluvio Universale? Come era fatta la famosa arca che ospitò Noè, la sua famiglia e tutti gli animali della Terra? E poi, se questa storia ha un fondamento di verità, è possibile oggi localizzare i resti di questa misteriosa imbarcazione?

A queste ed a molte altre domande cercheremo di dare una risposta con questo libro ma, attenzione, questo non è un film hollywoodiano scritto e diretto per accontentare tutti. Questo è un resoconto storico che ci costringerà a confrontarci con diverse culture e tradizioni senza prediligere un punto di vista rispetto ad un altro. Una cosa vi possiamo garantire fin da ora: forse non avremo tutte le risposte ma quello che è certo è che proveremo a porci tutte le domande, anche le più insidiose.

NOÈ TRA STORIA E LEGGENDA

La storia di Noè è senza dubbio tra quelle più conosciute della Bibbia. Tutti noi infatti abbiamo sentito parlare della famoso Diluvio Universale e dell'arca dove avrebbero trovato riparo Noè e la sua famiglia assieme a tutti gli animali della Terra. Quello che forse non sapete però è che tutta questa storia era stata già raccontata in precedenza nelle saghe mitologiche assiro-babilonesi e che, allo stesso modo, esistono diverse versioni di questo stesso racconto fiorite un po' dovunque presso le culture antiche. Tutto questo ha spinto molti studiosi a rivalutare questo racconto intravedendo in esso le tracce di una memoria antica e condivisa di una sciagura, un disastro naturale che avrebbe devastato il pianeta Terra migliaia di anni fa e arrivato fino a noi sotto forma di mito o di racconto religioso.

Ma andiamo con ordine e rispolveriamo le nostre conoscenze bibliche per analizzare le parti dell'Antico Testamento dove si parla di Noè. La storia di Noè è contenuta nel libro della Genesi, ovvero il primo libro della Bibbia cristiana e della Torah ebraica. Gli esperti concordano sul fatto che la Genesi sia stata scritta nel VI secolo a.C., e cioè dopo il ritorno dalla cosiddetta cattività babilonese. Vedremo in seguito che questo particolare sarà molto importante, ma non anticipiamo troppe cose.

La Genesi è uno dei libri fondamentali del monoteismo, quello su cui si basa tutta la teoria che vede nel popolo di Israele il popolo eletto. Tanto per capirsi è nella Genesi che si parla della creazione del mondo, di Adamo ed Eva e delle figure di Caino ed Abele. Si tratta di concetti e storie antiche e che in alcuni casi possono far sorridere per la loro semplicità, ma non dobbiamo fermarci a queste interpretazioni superficiali e molto spesso banali.

I testi antichi e soprattutto quelli sacri infatti sono una miniera di informazioni tramandate da secoli, una sorta di condensato di conoscenze antiche che dietro ad una facciata all'apparenza semplice nascondono messaggi profondi e ancora oggi importanti anche per i non credenti. Da ultimo è bene non sottovalutare mai la potenza dei testi sacri, Bibbia e Corano in testa, in quanto non sono poche le persone che ancora oggi basano tutta la loro vita e le loro credenze solo ed esclusivamente su queste letture. Giusto per rimanere in tema non possiamo dimenticare le migliaia di persone che ancora oggi in America si definiscono convinti "creazionisiti" e che rifiutano ogni teoria darwniniana o in qualche modo evoluzionista della specie. In poche parole questo movimento di opinione sempre più diffuso crede che, a dispetto di ritrovamenti archeologici e studi scientifici al riguardo, il mondo sia stato creato in 7 giorni così come raccontato nella Genesi, lo stesso libro dove troviamo la storia di Noè.

Abbiamo citato questo esempio proprio per dimostrare come i messaggi racchiusi nei testi sacri abbiano un ascendente fortissimo anche tra persone istruite ed in contatto con la cultura moderna. Tutto questo a riprova del loro profondo valore simbolico e catartico ed in molti casi anche storico in senso stretto.

LE PAROLE DELLA BIBBIA

Veniamo al testo biblico e partiamo da questo per analizzare la figura di Noè. Ecco cosa troviamo nella Genesi, specificatamente nei libi 6, 7, 8 e 9, che sono i libri dedicati alla storia di Noè e del diluvio universale:

«Il Signore vide che la malvagità degli uomini era grande sulla terra e che ogni disegno concepito dal loro cuore non era altro che male.

E il Signore si pentì di aver fatto l'uomo sulla terra e se ne addolorò in cuor suo.

Il Signore disse: "Sterminerò dalla terra l'uomo che ho creato: con l'uomo anche il bestiame e i rettili e gli uccelli del cielo, perché sono pentito d'averli fatti".

Ma Noè trovò grazia agli occhi del Signore.

Questa è la storia di Noè.

Noè era uomo giusto e integro tra i suoi contemporanei e camminava con Dio.

Noè generò tre figli: Sem, Cam, e Iafet. Ma la terra era corrotta davanti a Dio e piena di violenza.

Dio guardò la terra ed ecco essa era corrotta, perché ogni uomo aveva pervertito la sua condotta sulla terra.

Allora Dio disse a Noè: "È venuta per me la fine di ogni uomo, perché la terra, per causa loro, è piena di violenza; ecco, io li distruggerò insieme con la terra.

Fatti un'arca di legno di cipresso; dividerai l'arca in scompartimenti e la spalmerai di bitume dentro e fuori.

Ecco come devi farla: l'arca avrà trecento cubiti di lunghezza, cinquanta di larghezza e trenta di altezza.

Farai nell'arca un tetto e a un cubito più sopra la terminerai; da un lato metterai la porta dell'arca.

La farai a piani: inferiore, medio e superiore.

Ecco io manderò il diluvio, cioè le acque, sulla terra, per distruggere sotto il cielo ogni carne, in cui è alito di vita; quanto è sulla terra perirà.

Ma con te io stabilisco la mia alleanza. Entrerai nell'arca tu e con te i tuoi figli, tua moglie e le mogli dei tuoi figli.

Di quanto vive, di ogni carne, introdurrai nell'arca due di ogni specie, per conservarli in vita con te: siano maschio e femmina.

Degli uccelli secondo la loro specie, del bestiame secondo la propria specie e di tutti i rettili della terra secondo la loro specie, due d'ognuna verranno con te, per essere conservati in vita.

Quanto a te, prenditi ogni sorta di cibo da mangiare e raccoglilo presso di te: sarà di nutrimento per te e per loro".

Noè eseguì tutto; come Dio gli aveva comandato, così egli fece.

Il Signore disse a Noè: "Entra nell'arca tu con tutta la tua famiglia, perché ti ho visto giusto dinanzi a me in questa generazione.

D'ogni animale mondo prendine con te sette paia, il maschio e la sua femmina; degli animali che non sono mondi un paio, il maschio e la sua femmina.

Anche degli uccelli mondi del cielo, sette paia, maschio e femmina, per conservarne in vita la razza su tutta la terra.

Perché tra sette giorni farò piovere sulla terra per quaranta giorni e quaranta notti; sterminerò dalla terra ogni essere che ho fatto".

Noè fece quanto il Signore gli aveva comandato.

Noè aveva seicento anni, quando venne il diluvio, cioè le acque sulla terra.

Noè entrò nell'arca e con lui i suoi figli, sua moglie e le mogli dei suoi figli, per sottrarsi alle acque del diluvio.

Degli animali mondi e di quelli immondi, degli uccelli e di tutti gli esseri che strisciano sul suolo entrarono a due a due con Noè nell'arca, maschio e femmina, come Dio aveva comandato a Noè.

Dopo sette giorni, le acque del diluvio furono sopra la terra; nell'anno seicentesimo della vita di Noè, nel secondo mese, il diciassette del mese, proprio in quello stesso giorno, eruppero tutte le sorgenti del grande abisso e le cateratte del cielo si aprirono.

Cadde la pioggia sulla terra per quaranta giorni e quaranta notti. In quello stesso giorno entrò nell'arca Noè con i figli Sem, Cam e Iafet, la moglie di Noè, le tre mogli dei suoi tre figli: essi e tutti i viventi secondo la loro specie e tutto il bestiame secondo la sua specie e tutti i rettili che strisciano sulla terra secondo la loro specie, tutti i volatili secondo la loro specie, tutti gli uccelli, tutti gli esseri alati.

Vennero dunque a Noè nell'arca, a due a due, di ogni carne in cui è il soffio di vita.

Quelli che venivano, maschio e femmina d'ogni carne, entrarono come gli aveva comandato Dio. Il Signore chiuse la porta dietro di lui.

Il diluvio durò sulla terra quaranta giorni: le acque crebbero e sollevarono l'arca che si innalzò sulla terra.

Le acque divennero poderose e crebbero molto sopra la terra e l'arca galleggiava sulle acque.

Le acque si innalzarono sempre più sopra la terra e coprirono tutti i monti più alti che sono sotto tutto il cielo.

Le acque superarono in altezza di quindici cubiti i monti che avevano ricoperto.

Perì ogni essere vivente che si muove sulla terra, uccelli, bestiame e fiere e tutti gli esseri che brulicano sulla terra e tutti gli uomini.

Ogni essere che ha un alito di vita nelle narici, cioè quanto era sulla terra asciutta morì.

Così fu sterminato ogni essere che era sulla terra: con gli uomini, gli animali domestici, i rettili e gli uccelli del cielo; essi furono sterminati dalla terra e rimase solo Noè e chi stava con lui nell'arca.

Le acque restarono alte sopra la terra centocinquanta giorni.

Dio si ricordò di Noè, di tutte le fiere e di tutti gli animali domestici che erano con lui nell'arca.

Dio fece passare un vento sulla terra e le acque si abbassarono.

Le fonti dell'abisso e le cateratte del cielo furono chiuse e fu trattenuta la pioggia dal cielo; le acque andarono via via ritirandosi dalla terra e calarono dopo centocinquanta giorni.

Nel settimo mese, il diciassette del mese, l'arca si posò sui monti dell'Ararat.

Le acque andarono via via diminuendo fino al decimo mese.

Nel decimo mese, il primo giorno del mese, apparvero le cime dei monti.

Trascorsi quaranta giorni, Noè aprì la finestra che aveva fatta nell'arca e fece uscire un corvo per vedere se le acque si fossero ritirate.

Esso uscì andando e tornando finché si prosciugarono le acque sulla terra.

Noè poi fece uscire una colomba, per vedere se le acque si fossero ritirate dal suolo; ma la colomba, non trovando dove posare la pianta del piede, tornò a lui nell'arca, perché c'era ancora l'acqua su tutta la terra.

Egli stese la mano, la prese e la fece rientrare presso di sé nell'arca. Attese altri sette giorni e di nuovo fece uscire la colomba dall'arca e la colomba tornò a lui sul far della sera; ecco, essa aveva nel becco un ramoscello di ulivo.

Noè comprese che le acque si erano ritirate dalla terra.

Aspettò altri sette giorni, poi lasciò andare la colomba; essa non tornò più da lui.

L'anno seicentouno della vita di Noè, il primo mese, il primo giorno del mese, le acque si erano prosciugate sulla terra; Noè tolse la copertura dell'arca ed ecco la superficie del suolo era asciutta.

Nel secondo mese, il ventisette del mese, tutta la terra fu asciutta.

Allora Dio parlò a Noè, dicendo: "Esci dall'arca tu, tua moglie, i tuoi figli e le mogli dei tuoi figli con te.

Fà uscire con te tutti gli animali che sono con te, di ogni carne: uccelli, bestiame e tutti i rettili che strisciano sulla terra, perché crescano grandemente sulla terra, e siano fecondi e si moltiplichino sulla terra".

Così Noè uscì con i suoi figli, con sua moglie e con le mogli dei suoi figli.

Tutti gli animali, tutti i rettili, tutti gli uccelli, tutto quello che si muove sulla terra, secondo le loro famiglie, uscirono dall'arca.

Allora Noè edificò un altare all'Eterno, e prese di ogni specie di animali puri e di ogni specie di uccelli puri e offrì olocausti sull'altare.

E l'Eterno sentì un odore soave; così l'Eterno disse in cuor suo: "Io non maledirò più la terra a motivo dell'uomo, perché i disegni del cuore dell'uomo sono malvagi fin dalla sua fanciullezza; e non colpirò più ogni cosa vivente, come ho fatto.

Finché la terra durerà, semina e raccolta, freddo e caldo, estate e inverno, giorno e notte non cesseranno mai".

Poi Dio benedisse Noè e i suoi figli, e disse loro: "Siate fruttiferi, moltiplicate e riempite la terra.

La paura di voi e il terrore di voi sarà su tutti gli animali della terra, su tutti gli uccelli del cielo, su tutto quello che si muove sulla terra; e su tutti i pesci del mare.

Essi sono dati in vostro potere.

Tutto ciò che si muove ed ha vita vi servirà di cibo; io vi do tutte queste cose; vi do anche l'erba verde; ma non mangerete carne con la sua vita, cioè il suo sangue.

Io chiederò certamente conto del sangue delle vostre vite; ne chiederò conto ad ogni animale e all'uomo.

Chiederò conto della vita dell'uomo alla mano di ogni fratello dell'uomo.

Chiunque spargerà il sangue di un uomo, il suo sangue sarà sparso per mezzo di un uomo, perché Dio ha fatto l'uomo a sua immagine.

Voi dunque siate fruttiferi e moltiplicatevi; crescete grandemente sulla terra e moltiplicate in essa".

[…] Dopo il diluvio, Noè visse trecentocinquant'anni.

Così tutto il tempo che Noè visse fu di novecentocinquant'anni; poi morì»[51].

Questo il racconto biblico del diluvio. Abbiamo omesso una parte del testo in cui vengono presentati alcuni precetti fondamentali sui quali si basa la nuova alleanza tra Dio e gli uomini.

Si tratta di passi importantissimi per la storia della Chiesa ed i fedeli di tutto il mondo ma non aggiungo nulla riguardo all'evento catastrofico di cui ci stiamo occupando.

Noè nella letteratura ebraica

La figura di Noè ha avuto un grande sviluppo e una grande risonanza nella letteratura ebraica fin dall'antichità. Se nel testo biblico non viene fatto alcun riferimento particolare al periodo trascorso da Noè all'interno dell'arca, i testi sviluppati in seguito abbondano di particolari e descrizioni. Purtroppo non si tratta di notizie che possono essere interessanti per ricostruire un'eventuale verità storica alla base del racconto mitico, né per una eventuale identificazione del relitto dell'arca.

I rabbini che hanno elaborato la storia di Noè infatti hanno preso spunto dalla sua narrazione biblica per trasmettere messaggi religiosi e morali che non hanno nulla a che fare con l'aspetto storico della vicenda. Ecco allora che in questi testi veniamo a sapere che Dio aveva spiegato nel dettaglio a Noè come costruire l'arca asse per asse, ma anche che Noè aveva iniziato a piantare cedri ben 120 anni prima del diluvio per avvisare i peccatori di quello che stava per succedere.

---

[51] AAVV, *La Sacra Bibbia CEI 2008*, Edimedia, 2015.

Alcune tradizioni raccontano di come siano stati gli angeli a riunire tutte le coppie di animali nell'arca procurando a Noè il cibo necessario per il loro sostentamento durante il diluvio. Abbondano poi i particolari sulla vita all'interno dell'arca durante il diluvio: secondo la letteratura rabbinica infatti Noè per un anno intero non avrebbe mai dormito perché sempre impegnato a prendersi cura per gli animali. Alcuni particolari poi fanno decisamente sorridere, come quello per cui nessun animale, eccetto il cane e il corvo, ebbe mai rapporti sessuali durante l'anno trascorso nell'arca.

Una curiosità che in pochi conoscono è che non tra i passeggeri dell'arca non ci furono soltanto animali e uomini, ma anche un gigante: stiamo parlando del gigante Og, re di Bashan. I suoi discendenti infatti vengono citati nei libri successivi della Torah e di conseguenza i rabbini dedussero che anche lui doveva aver avuto il privilegio di salire a bordo dell'arca di Noè.

L'ARCA DI NOÈ

P er prima cosa è importante notare come, a differenza di altre versioni di questa storia precedenti o successive a quella narrata nella Genesi, per non parlare dei tanti film hollywoodiani sull'argomento, nel testo biblico non si fa alcun riferimento a quando dissero o fecero amici e conoscenti di Noè mentre egli costruiva quest'immensa imbarcazione. La scena si svolge in una realtà quasi asettica dove le interazioni tra il soggetto, Noè, e la realtà che lo circonda sono minime e tutte ispirate del divino.

Noè, nel racconto biblico, non si interroga su quanto sta per accadere né tanto meno sembra interessato a condividere con altri la sua conoscenza. Noè vive e si muove sulla base dell'ispirazione divina e poco gli importa se a breve tutti i suoi amici e parenti (esclusi moglie, figli e nuore) moriranno tra atroci tormenti. In qualche modo il personaggio di Noè non sembra essere percorso da nessun travaglio morale pur nella consapevolezza dell'imminente disgrazia.

Tralasciamo le tantissime le interpretazioni di tipo religioso e numerologico (come avrete notato il testo è ricco di numeri e cifre che si prestano a diverse letture) legate a questo brano che per secoli hanno appassionato e ancora appassionano studiosi ed esperti e concentriamoci sui dati per così dire tangibili e tecnici. Basti citare Sant'Agostino di Ippona che dimostra come le proporzioni dell'arca corrispondano in maniera perfetta alle proporzioni del corpo umano, a sua volta immagine del corpo di Cristo e della Chiesa.

Innanzitutto quella che noi traduciamo con "arca" nel testo ebraico viene descritta con il termine tebah, una parola che ricorre nelle scritture una sola altra volta, ovvero quando viene usato per descrivere la cesta nella quale venne posto il piccolo Mosè per salvarlo dal decreto di morte del faraone. Si tratta quindi di un oggetto in grado di salvare il prescelto dal pericolo di annegamento.

Tradizionalmente e nell'immaginario collettivo questo viene tradotto con il termine arca e raffigurato con una grande nave, ma non tutti sono d'accordo su questa interpretazione.

Abraham ibn Ezra, un grande erudito ebreo vissuto tra Spagna, Francia ed Italia, ha infatti ipotizzato che, sulla base della descrizione biblica, non si sarebbe trattato di un normale vascello di superficie ma di un qualche mezzo sottomarino in grado di rimanere isolato sotto il livello del mare per giorni e giorni fino alla fine del cataclisma.

Le dimensioni dell'arca

Su una cosa infatti tutti gli esperti sono concordi: non vi è nessuna possibilità che un imbarcazione costruita con quei materiali e con quelle dimensioni abbia potuto galleggiare per più di alcuni minuti. La pressione dell'acqua contro le pareti avrebbe infatti avuto la meglio di uno scafo del genere in pochi istanti aprendo numerose falle che avrebbero portato la barca ad affondare miseramente.

Quindi le ipotesi sono due, ovvero che l'arca fosse una nave di dimensioni molto ridotte rispetto a quelle riportare dalla Genesi o che non si trattasse affatto di una nave ma di una qualche altra "struttura" in grado di sopravvivere alla potenza devastatrice delle acque. Una tebah insomma in grado di salvare il prescelto e la sua stirpe.

Sposando quest'ultima ipotesi non possiamo non chiederci se in effetti la famosa arca altro non fosse se non una sorta di rifugio ermetico magari costruito all'interno di una grotta o sottoterra ed in grado di resistere in totale isolamento per diversi giorni. Da ultimo vogliamo far notare che Abraham ibn Ezra visse nel XII secolo d.C, ovvero secoli prima che un'imbarcazione anche solo simile ad un sottomarino fosse anche solo immaginata.

Stando al racconto biblico l'arca dovrebbe misurare 135x22x13 metri circa ma su questo punto gli esperti dibattono ancora. L'ambiguità nasce dalla misura utilizzata, il cubito, che nell'antichità descriveva diverse lunghezze a seconda del popolo che la utilizzava.

Si presume che il testo della Genesi faccia riferimento al cubito ebraico ma c'è chi sostiene che potrebbe trattarsi in realtà del cubito egizio, leggermente più grande, e che quindi la struttura avrebbe avuto dimensioni maggiori. Come abbiamo già detto si tratta di una struttura enorme per quell'epoca, ma non solo per quella. Dobbiamo infatti pensare che per arrivare a vedere imbarcazioni di dimensioni simili dovremmo aspettare il secolo appena trascorso. Stiamo parlando di navi e portaerei costruite impiegando materiali moderni, tra cui l'acciaio, per raggiungere quelle stazze.

Ci teniamo a sottolinearlo ancora una volta: da un punto di vista puramente fisico (e quindi escludendo qualsiasi intervento soprannaturale o divino) possiamo asserire con sicurezza che nessuna imbarcazione di quelle dimensioni costruita con legno ed isolata con semplice bitume avrebbe potuto resistere per più di alcuni minuti nelle acque calme di un lago. Figuriamoci in mezzo ad una tempesta.

Di questo sono consapevoli tutti gli studiosi e, infatti, a meno di non voler credere che Noè disponesse di tecnologie diverse e più moderne, sono tutti dell'idea che l'eventuale imbarcazione fosse di dimensioni molto più ridotte.

Non sarebbe la prima volta infatti che nella Bibbia, come peraltro in molti altri testi dell'antichità, alcune dimensioni o eventi vengono esagerati al fine di colpire l'immaginario collettivo e creare visioni sorprendenti agli occhi del fedele.

Il legname utilizzato per costruire l'arca

Per capire con che tipo di legname sia stata costruita l'arca di Noè è importante analizzare a fondo il testo biblico. Gli studiosi di ebraico hanno ipotizzato con una percentuale di sicurezza pressoché assoluta che si trattasse di "legno di cedro", ammettendo che i redattori della Genesi avessero molto probabilmente tradotto un'espressione babilonese molto simile che stava per "travi di cedro".

La versione della bibbia in latino, la cosiddetta vulgata, tradusse questa espressione con lignis levigatis, e cioè legno levigato.

La versione greca della Bibbia, nota anche come la Bibbia dei Settanta, non nomina nessun tipo di legno particolare ma pone attenzione sul fatto che l'arca fosse quadrata e con il guscio incatramato sia internamente che esternamente. Non c'è comunque un'interpretazione univoca da parte degli studiosi: c'è chi ha avanzato l'ipotesi del legno di cedro, come abbiamo visto, ma anche chi sostiene che si trattasse di legno di cipresso per motivi di accostamenti fonetici, e chi ancora ha ipotizzato che quella utilizzata nel testo originale fosse un'espressione per indicare un particolare tipo di legno lavorato con la resina utilizzato a quell'epoca e poi dimenticato.

E se l'arca fosse stata rotonda?

Come abbiamo visto nei testi biblici l'arca di Noè viene descritta in maniera accurata e minuziosa, con riferimenti a numeri e a misure molto precise. Una recentissima scoperta fatta da un ricercatore del British Museum sembra aver gettato una luce completamente nuova non solo sugli studi e le ricerche fatti finora, ma anche sulla struttura stessa dell'arca di Noè.

La notizia è rimbalzata nei media di tutto il mondo a febbraio 2014: Irving Finkel, un giovane ricercatore del British Museum, ha infatti decodificato un tavoletta incisa in alfabeto cuneiforme risalente a quasi 4.000 anni da cui emergerebbe una rivelazione scioccante. Secondo questo reperto infatti l'arca di Noè sarebbe stata di forma circolare, anzi, come ha detto lo stesso Finkel avrebbe le dimensione di un coracle, tradizionale imbarcazione utilizzata per attraversare i fiumi in molte zone orientali, ma anche nel Regno Unito:

«Per quanto imprevista, l'Arca rotonda avrebbe avuto comunque un senso. Sigillata con il bitume, non sarebbe affondata e sarebbe scivolata sulle acque tempestose di quella alluvione senza precedenti È stato un momento da infarto scoprire che l'Arca doveva essere rotonda. Una vera sorpresa!. Nessuno aveva mai pensato a questa possibilità.

La tavoletta descrive il materiale necessario per costruirla: corda in fibra di palma, nervature di legno e tinozze di bitume bollente per rendere il vascello impermeabile. Il risultato è un tradizionale coracle, ma la più grande che il mondo abbia mai immaginato, con una superficie di 3600 metri quadrati, equivalenti a 2/3 di un campo da calcio, e pareti alte 6 metri. La quantità di corda necessaria, se distesa in linea retta, collegherebbe Londra a Edimburgo! Non doveva andare da nessuna parte, doveva solo galleggiare ed era un tipo di imbarcazione che conoscevano molto bene: è ancora usata in Iran e in Iraq per trasportare il bestiame da un lato all'altro dei fiume»[52].

Al momento la nuova teoria di Finkel è al vaglio della comunità scientifica internazionale ed è immaginabile che passeranno ancora molti anni prima che sia possibile approvarla o confutarla in maniera ufficiale e condivisa. A ogni modo siamo di fronte ad una nuova ipotesi che costringe i ricercatori ad affrontare il problema tenendo conto di un nuovo punto di vista, aprendo dunque la porta a possibilità completamente inesplorat

Il diluvio

È interessante notare come il cataclisma venga descritto come un evento caratterizzato da pioggia ed aumento del livello delle acque:

«Eruppero tutte le sorgenti del grande abisso e le cateratte del cielo si aprirono. Cadde la pioggia sulla terra per quaranta giorni e quaranta notti»[53].

Si tratterebbe insomma dell'azione congiunta di pioggia ed onde giganti che avrebbero spazzato la terra distruggendo tutto quello che trovavano. È un'immagine molto precisa e che sembra richiamare alla mente la drammaticità degli tsunami come abbiamo imparato a conoscerli negli ultimi anni. Eventi catastrofici e devastanti spesso causati da una qualche calamità come un terremoto sottomarino o altro.

Nel testo biblico non si fa riferimento a nessun evento tellurico ma non dobbiamo dimenticare che in molti casi questi eventi sono causati da scosse sottomarine registrate solo grazie ai moderni e sofisticati sistemi di rilevazione a migliaia di miglia marine dalle coste che poi verranno interessate dal fenomeno delle onde anomale. Come già accennato nel corso degli ultimi anni sono in molti ad aver ipotizzato che alla base del racconto biblico vi possa essere una qualche verità storica tramandata sotto forma di racconto mitico.

In linea di principio di fronte ai testi sacri, di qualunque religione siano, che narrano di avventure e storie all'apparenza incredibili possiamo avere tre tipi di atteggiamento:

---

[52] Irving Finkel, *The Ark Before Noah: Decoding the Story of the Flood,* Anchor (Illustrated), 2015.

[53] AAVV, *La Sacra Bibbia CEI 2008*, Edimedia, 2015.

- Credere letteralmente o sostanzialmente a quanto riportato dal testo ovvero sposare l'idea che quanto tramandato sia fondamentalmente una verità storica.

- Rifiutare il racconto bollandolo come frutto della fantasia di un popolo o di una particolare cultura

- Sposare l'idea che, sotto forma di mito o leggenda, sia stato tramandato un fatto realmente accaduto e che quindi sia possibile ricavare degli spunti di ricerca storica a partire dai testi religiosi.

Noi sappiamo che per anni, e ancora oggi per molti fedeli, i racconti contenuti nella Bibbia e nel Corano, come del resto in molti altri testi religiosi, sono stati utilizzati come fonti di verità storica incontrovertibile. L'illuminismo e la rivoluzione scientifica hanno spinto, per lo meno nel mondo occidentale, molti studiosi e pensatori ad abbracciare il secondo atteggiamento, ovvero il rifiuto in toto di quanto riportato nei testi sacri in quanto ritenuto frutto della fantasia e non scientificamente sostenibile.

Ultimamente sono sempre di più quelli che hanno iniziato a rileggere molte storie del passato, un tempo ritenute puramente mitologiche, con occhi del tutto nuovi cercando in esse alcuni tasselli utili per comporre una lettura dei fatti più complessa ed articolata. Nel caso che stiamo analizzando non si è trattato di semplice suggestione o di una qualche forma moderna di infatuazione verso i classici del passato. Si è trattato piuttosto di una scelta consapevole se non addirittura obbligata perché negli ultimi 150 anni sono successe diverse cose che hanno permesso agli studiosi di collegare mondi e culture un tempo ritenuti lontanissimi e diversi tra loro.

UNO, CENTO, MILLE NOÈ

Come abbiamo già accennato il Noè della Bibbia non è il primo né tanto meno l'ultimo ricordato dalla storia delle religioni. Per il Corano Noè, ovvero Nuh, è uno dei cinque profeti più importanti. La sua storia, che presenta alcune varianti rispetto a quella narrata nella Genesi, ha sostanzialmente lo stesso messaggio morale di quella biblica.

Anche in questo caso Noè è un uomo giusto, scelto da Dio per rifondare la razza umana. Anche in questo caso Noè non si fa troppe domande ed agisce sulla base dell'impulso divino.

A differenza della bibbia però il Noè islamico costruisce una barca vera e propria, su questo nel testo coranico non c'è spazio per l'interpretazione.

All'interno dell'imbarcazione trovano rifugio anche in questo caso tutti i familiari di Noè, tranne uno dei figli di nome Canaan che avrebbe rifiutato di convertirsi e per questo sarebbe morto, e un gigante di nome Og l'unico della sua specie che sarebbe scampato alla catastrofe. La barca di Noè, dopo un peregrinare in mare aperto che l'avrebbe portata a passare anche nei pressi della Mecca, si sarebbe arenata sul monte Joudi.

Esistono anche altre differenze sostanziali molto interessanti. In primo luogo nel testo coranico Dio sembra esortare Noè a diffondere la parola divina per cercare di salvare gli uomini dalla catastrofe:

«Avverti il tuo popolo prima che giunga loro un doloroso castigo»[54].

In questo senso Noè sarebbe quindi un alter ego dello stesso Maometto con funzioni di predicatore tra le masse (anche se evidentemente meno fortunato).

---

[54] Muhammad Maulana, *The Holy Qur'an with English Translation and Commentary*, Lushena Books, 2002.

198

Le parole del Corano

Il Noè islamico ospita nel suo battello anche quanti nel frattempo si erano convertiti ma allo stesso tempo deve abbandonare alla sua sorte uno dei suo figli che avrebbe rifiutato di seguire gli insegnamenti di Dio abbandonandolo al proprio destino.

Ecco la Sura 11 del Corano in cui viene raccontata la prima parte della storia di Nuh, ovvero Noè:

«E come se fossero due gruppi, uno di ciechi e sordi e l'altro che vede e sente.
Sono forse simili?
Non rifletterete dunque?
Già inviammo Noè al popolo suo: "Io sono un nunzio esplicito, affinché non adoriate altri che Allah. In verità temo per voi il castigo di un Giorno doloroso".
I notabili del suo popolo, che erano miscredenti, dissero: "A noi sembri solo un uomo come noi, e non ci pare che ti seguano altri che i più miserabili della nostra gente.
Non vediamo in voi alcuna superiorità su di noi anzi, pensiamo che siate bugiardi".
Disse: "Cosa direste, gente mia, se mi appoggiassi su una prova proveniente dal mio Signore e se mi fosse giunta da parte Sua una misericordia che è a voi preclusa a causa della vostra cecità? Dovremmo imporvela nonostante la rifiutate?
O popol mio, non vi chiedo alcun compenso.
La mia ricompensa è in Allah.
Non posso scacciare quelli che hanno creduto e che incontreranno il loro Signore.
Vedo che siete veramente un popolo di ignoranti.
O popol mio, chi mi verrà in soccorso contro Allah, se li scacciassi?
Non rifletterete dunque?
Non vi dico di possedere i tesori di Allah, non conosco l'invisibile e neanche dico di essere un angelo.
Non dico a coloro che i vostri occhi disprezzano che mai Allah concederà loro il bene.
Allah conosce quello che c'è nelle loro anime. Se dicessi ciò certo sarei un ingiusto!".
Dissero: "O Noè, hai polemizzato con noi, hai polemizzato anche troppo. Fai venire quello di cui ci minacci, se sei sincero!".
Disse: "Allah, se vuole, ve lo farà venire e voi non potrete sfuggirvi.
Il mio consiglio sincero non vi sarebbe d'aiuto, se volessi consigliarvi mentre Allah vuole traviarvi.
Egli è il vostro Signore e a Lui sarete ricondotti.
Oppure dicono: "Lo ha inventato".
Dì: "Se l'ho inventato, che la colpa ricada su di me. Non sono colpevole di ciò di cui mi accusate".
Fu ispirato a Noè: "Nessuno del tuo popolo crederà, a parte quelli che già credono.
Non ti affliggere per ciò che fanno.

Costruisci l'Arca sotto i Nostri occhi e secondo la Nostra rivelazione.

Non parlarMi a favore degli ingiusti: in verità saranno annegati.

E mentre costruiva l'Arca, ogni volta che i notabili della sua gente gli passavano vicino si burlavano di lui.

Disse: "Se vi burlate di noi, ebbene, allo stesso modo ci burleremo di voi.

E ben presto saprete su chi si abbatterà un castigo ignominioso, su chi verrà castigo perenne".

Quando giunse il Nostro Decreto e il forno buttò fuori, dicemmo: "Fai salire una coppia per ogni specie e la tua famiglia, eccetto colui del quale è già stata decisa la sorte, e coloro che credono".

Coloro che avevano creduto insieme con lui erano veramente pochi.

Disse allora Noè: "Salite, il viaggio e l'ormeggio sono in nome di Allah. In verità il mio Signore è perdonatore misericordioso".

E l'Arca navigò portandoli tra onde alte come montagne.

Noè chiamò suo figlio, che era rimasto in disparte: "Figlio mio, sali insieme con noi, non rimanere con i miscredenti".

Rispose: "Mi rifugerò su un monte che mi proteggerà dall'acqua".

Disse Noè: "Oggi non c'è nessun riparo contro il decreto di Allah, eccetto per colui che gode della Sua misericordia".

Si frapposero le onde tra i due e fu tra gli annegati.

E fu detto: "O terra, inghiotti le tue acque; o cielo, cessa!".

Fu risucchiata l'acqua, il decreto fu compiuto e quando l'Arca si posò sul monte al-Judi fu detto: "Scompaiano gli empi!".

Noè invocò il suo Signore dicendo: "Signore, mio figlio appartiene alla mia famiglia! La Tua promessa è veritiera e tu sei il più giusto dei giudici!".

Disse Allah: "O Noè, egli non fa parte della tua famiglia, è [frutto di] qualcosa di empio.

Non domandarmi cose di cui non hai alcuna scienza.

Ti ammonisco, affinché tu noi sia tra coloro che ignorano".

Disse: "Mi rifugio in Te, o Signore, dal chiederti cose sulle quali non ho scienza.

Se Tu non mi perdoni e non mi usi misericordia, sarò tra i perdenti".

Fu detto: "O Noè, sbarca con la Nostra pace, e siate benedetti tu e le comunità che discenderanno da coloro che sono con te.

Anche ad altre comunità concederemo gioia effimera e poi verrà loro, da parte Nostra, un doloroso castigo.

Questa è una delle notizie dell'ignoto che ti riveliamo.

Tu non le conoscevi e neppure il tuo popolo prima di ora.

Sopporta dunque con pazienza.

In verità i timorati di Allah avranno il buon esito" [...]»[55]

---

[55] Muhammad Maulana, op. cit.

La figura di Nuh-Noè torna anche nella sura 71 del Corano:

«In verità inviammo Noè al suo popolo: "Avverti il tuo popolo prima che giunga loro un doloroso castigo".

Disse: "O popolo mio, in verità io sono per voi un ammonitore evidente: adorate Allah, temeteLo e obbeditemi, affinché perdoni una parte dei vostri peccati e vi conceda dilazione fino a un termine stabilito; ma quando giungerà il termine di Allah non potrà essere rimandato, se solo]lo sapeste".

Disse: "Signore, ho chiamato il mio popolo giorno e notte, ma il mio richiamo ha solo accresciuto la loro repulsione.

Ogni volta che li chiamavo affinché Tu li perdonassi, si turavano le orecchie con le dita e si avvolgevano nelle loro vesti, pervicaci e tronfi di superbia.

Poi li ho chiamati ad alta voce.

Li ho arringati e ho parlato loro in segreto, dicendo: Implorate il perdono del vostro Signore, Egli è Colui che molto perdona, affinché vi invii dal cielo una pioggia abbondante, accresca i vostri beni e i vostri figli e vi conceda giardini e ruscelli.

Perché non confidate nella magnanimità di Allah, quando è Lui che vi ha creati in fasi successive?

Non avete considerato come Allah ha creato sette cieli sovrapposti e della luna ha fatto una luce e del sole un luminare.

È Allah che vi ha fatto sorgere dalla terra come piante.

Poi vi rimanderà [ad essa] e vi farà risorgere.

Allah ha fatto della terra un tappeto per voi, affinché possiate viaggiare su spaziose vie".

Disse Noè: "Signore, mi hanno disobbedito seguendo coloro i cui beni e figli non fanno che aumentarne la rovina; hanno tramato un'enorme trama e hanno detto: "Non abbandonate i vostri dei, non abbandonate né Wadd, né Suwa, né Yaghuth, né Ya'uq, né Nasr".

Essi ne hanno traviati molti; Signore, non accrescere gli ingiusti altro che nella perdizione".

A causa dei loro peccati sono stati affogati e poi introdotti nel Fuoco, e non trovarono nessun soccorritore all'infuori di Allah.

Pregò Noè: "Signore, non lasciare sulla terra alcun abitante che sia miscredente!

Se li risparmierai, travieranno i Tuoi servi e non genereranno altro che perversi ingrati.

Signore, perdona a me, ai miei genitori, a chi entra nella mia casa come credente, ai credenti e alle credenti; non accrescere gli ingiusti altro che nella rovina»[56].

Sostanzialmente simile al racconto biblico il racconto coranico ha aggiunto diversi dettagli legati più strettamente alla psicologia umana di Noè e delle genti con cui egli entrò in contatto. L'attività di predicatore ma soprattutto gli scherni e burle di cui è vittima mentre costruisce un'imbarcazione gigantesca ci restituiscono un quadro più dinamico e per molti

---

[56] Muhammad Maulana, op. cit.

aspetti meno ermetico di quello biblico. Per secoli rabbini, imam, padri della chiesa e studiosi in generale sono stati fermamente convinti che la figura di Noè tramandataci dalla Bibbia prima e dal Corano poi fosse qualcosa di originale ed unica nel proprio genere. Ma furono tutti costretti a ricredersi.

Nel 1853, durante alcuni scavi nelle zone dell'antica Mesopotamia, l'archeologo inglese Hormuzd Rassam, riportò alla luce alcune tavolette di argilla incise con caratteri cuneiformi. Non riuscendo a ricomporre i frammenti in loco decise di spedirli a Londra al British Museum dove rimasero per alcuni anni chiusi in un cassetto. Circa 15 anni dopo, un archivista del museo di nome George Smith, decise di cercare di ricomporre quel complicato puzzle fatto di antichissimi pezzi d'argilla. Man mano che i pezzi combaciavano prendeva forma qualcosa di assolutamente inaspettato e sorprendente. Non si trattava infatti di elenchi di merci, tributi o semplici orazioni.

Quello che si componeva sotto gli occhi di Smith era qualcosa di unico ed incredibile. Alla fine del suo paziente lavoro Smith aveva ricostruito la più antica opera letteraria mai arrivata fino a noi. Solo questo basterebbe per rendere questa scoperta eccezionale, ma c'era molto di più.

George Smith e l'epopea di Gilgamesh

George Smith è considerato ancora oggi un genio nel suo settore. Nato da una famiglia povera aveva completato solo gli studi elementari ed era andato subito a lavorare, come molti ragazzi nella sua stessa condizione. Lavorava come operaio in una tipografia ma, a differenza dei suoi colleghi, aveva una grande passione per l'archeologia ed in particolare per la cultura assiro-babilonese.

Durante la sue pause al lavoro e nei suoi giorni liberi Smith andava spesso al British Museum per visitare l'ala dedicata agli antichi popoli della Mesopotamia. Quando riusciva a mettere le mani su un testo di storia di quelle zone poi lo divorava letteralmente.

Un normale appassionato di archeologia, direte voi, ma le cose non stanno esattamente così. Smith infatti aveva una caratteristica, un dono che ancora oggi lascia sbalorditi: pur non avendo alcuna preparazione filologica o letteraria era riuscito ad immergersi a tal punto nella cultura assiro-babilonese da riuscire a leggere la scrittura cuneiforme con cui le antiche popolazioni si esprimevano in quelle zone del mondo. A lui bastava uno sguardo e in pochi istanti poteva intuire il significato di un testo che poteva richiedere mesi se non anni di duro lavoro ad un qualsiasi professore di filologia classica.

Smith, che nel frattempo era stato notato dal personale del museo ed assunto seppur con funzioni di basso livello, era riuscito a comporre il complicato rompicapo spedito da Hormuzd Rassam alcuni anni prima. Appena posò lo sguardo sul testo completo fu preso da una frenesia incontrollabile.

Il testo oggi conosciuto come l'Epopea di Gilgamesh è come già ricordato il più antico testo letterario fino ad oggi mai rinvenuto.

Si tratta fondamentalmente del racconto epico delle gesta del re Gilgamesh, un qualcosa che per molti aspetti ricorda molto da vicino l'Odissea omerica dove ideali di guerra, sprezzo del pericolo, lotta contro le avversità e prove di coraggio si mescolano in un racconto coinvolgente e mai scontato. Stiamo parlando del più antico componimenti letterario mai scoperto e questo sarebbe bastato a far passare Smith e Hormuzd Rassam alla storia, ma come abbiamo detto non è tutto.

Tra le varie peripezie narrate nel testo Gilgamesh viene in contatto con Utnapishtim, un uomo molto vecchio e saggio che era riuscito a scampare al diluvio universale grazie all'aiuto del dio Ea. Come era riuscito a scampare all'immane tragedia che aveva distrutto tutta l'umanità? Grazie ad una grande imbarcazione, costruita su suggerimento divino ovviamente. E chi trovò rifugio sulla barca costruita da Utnapishtim? Ma la sua famiglia e coppie di animali ovviamente.

E anche nel caso di Utnapishtim alla fine del diluvio vengono utilizzati degli uccelli per verificare se vi fossero delle terre emerse. Tutto esattamente come nel racconto biblico-coranico di Noè.

Lo stesso racconto di Gilgamesh aveva versioni ancora più antiche e vedeva come protagonista il re Atrahasis (in accadico "Il molto saggio") e il re sumero Ziusudra ("Dalla lunga vita"). Nomi diversi, per la medesima vicenda mitica. Ovviamente esistono anche delle differenze, la più evidente della quali è lo spessore morale e simbolico del racconto giudaico-cristiano-islamico che invece è totalmente assente nel caso dell'epopea di Gilgamesh.

Il Noè biblico, infatti, è un prescelto sulla base delle sue doti morali, nel caso del corano poi viene pure spinto a fare proselitismo. Utnapishtim e Gilgamesh dal canto loro sono più simili agli eroi dell'antica Grecia come Giasone o Ulisse. Persone eccezionali e famose per il coraggio, la forza e la furbizia, ma assolutamente non dei modelli di virtù, per lo meno da un punto di vista cristiano-giudaico-islamico.

Noè, infatti, porta nell'arca soltanto i suoi parenti ma ha ben chiaro l'obiettivo di salvare tutti gli animali della terra, mentre Utnapishtim è preoccupato principalmente di conservare le sue proprietà private.

Non c'è una missione salvifica nella missione di Utnapishtim, la cui storia viene infatti raccontata principalmente come un'avventura emozionante. Manca poi completamente l'aspetto punitivo: il dio della Genesi vuole punire gli uomini per i loro peccati, mentre nell'epopea di Gilgamesh ci troviamo di fronte soltanto a divinità annoiate e capricciose.

Lo stesso Utnapishtim viene salvato non tanto perché più giusto rispetto agli altri uomini, come Noè, ma perché sta simpatico a una divinità. Anche gli dei delle epiche di Gilgamesh sono più simili agli dei della Grecia classica, volubili e spesso inaffidabili nei loro comportamenti.

Il diluvio nell'epopea di Gilgamesh

Vediamo dunque un estratto della Tavola XI dell'epopea di Gilgamesh, quella che contiene il racconto del diluvio e dell'impresa di Utnapishtim:

«Utnapishtim parlò a lui, a Gilgamesh: "Una cosa nascosta, Gilgamesh, ti voglio rivelare, e il segreto degli dei ti voglio manifestare.

Shuruppak - una città che tu conosci, che sorge sulle rive dell'Eufrate - questa città era già vecchia e gli dei abitavano in essa.

Bramò il cuore dei grandi dei di mandare il diluvio.

Prestarono il giuramento il loro padre An, Enlil, l'eroe, che li consiglia, Ninurta il loro maggiordomo, Ennugi, il loro controllore di canali; Ninshiku-Ea aveva giurato con loro.

Le loro intenzioni (quest'ultimo) però le rivelò ad una capanna: "Capanna, capanna! Parete, parete!

Capanna, ascolta; parete, comprendi!

Uomo di Shuruppak, figlio di Ubartutu, abbatti la tua casa, costruisci una nave, abbandona la ricchezza, cerca la vita! Disdegna i possedimenti, salva la vita! fai salire sulla nave tutte le specie viventi!

La nave che tu devi costruire - le sue misure prendi attentamente, eguali siano la sua larghezza e la sua lunghezza - ; tu la devi ricoprire come l'Apsu".

Io compresi e così io parlai al mio signore Enki:

"L'ordine, mio signore, che tu mi hai dato, l'ho preso sul serio e lo voglio eseguire.

Che cosa dico però alla città, agli artigiani e agli anziani?"

Enki aprì la sua bocca, così parlò a me il suo servo: "Tu, o uomo, devi parlare loro così: 'Mi sembra che Enlil sia adirato con me; perciò non posso vivere più nella vostra città non posso più porre piede sul territorio di Enlil.

Per questo voglio scendere giù nell'Apsu, e là abitare con il mio signore Enki.

Su di voi però Enlil farà piovere abbondanza, abbondanza di uccelli, abbondanza di pesci.

Egli vi regalerà ricchezza e raccolto.

Al mattino egli farà scendere su di voi focacce,

di sera egli vi farà piovere una pioggia di grano".

Appena l'alba spuntò, si raccolse attorno a me tutto il paese [...]

Al quinto giorno disegnai lo schema della nave; la sua superficie era grande come un campo, le sue pareti erano alte 120 cubiti.

Il bordo della sua copertura raggiungeva anch'esso 120 cubiti.

Io tracciai il suo progetto, feci il suo modello: suddivisi la superficie in sei comparti, innalzai fino a sette piani.

La sua base suddivisi per nove volte.

Nel suo mezzo infissi pioli per le acque; scelsi le pertiche e approntai tutto ciò che serviva alla sua costruzione:

tre sar di bitume grezzo versai nel forno, tre sar di bitume fine impiegai; tre sar di olio portarono le persone portatrici dei canestri.

Tranne un sar di olio che il niqqu ha consumato,
e due sar di olio messi da parte dal marinaio.

Come approvvigionamento macellai buoi, giorno dopo giorno uccisi pecore; mosto, birra, olio e vino gli artigiani bevvero come fosse acqua del fiume, essi celebrarono una festa come se fosse la festa del Nuovo Anno!

Al sorgere del sole io feci un'unzione; al tramonto la nave era pronta.

Il varo della nave fu molto difficile; corde per il varo furono lanciate sopra e sotto; due terzi di essa stavano sopra la linea d'acqua.

Tutto ciò che io possedevo lo caricai dentro: tutto ciò che io possedevo di argento lo caricai dentro, tutto ciò che io possedevo di oro lo caricai dentro, tutto ciò che io possedevo di specie viventi le caricai dentro: sulla nave feci salire tutta la mia famiglia e i miei parenti, il bestiame della steppa, gli animali della steppa, tutti gli artigiani feci salire.

L'inizio del diluvio me lo aveva indicato Shamash: "Al mattino farò scendere focacce, la sera farò piovere una pioggia di grano; allora sali sulla nave e chiudi la porta!".

Venne il momento indicato: al mattino scesero focacce, la sera una pioggia di grano.

Io allora osservai le fattezza del giorno: al guardarlo, il giorno incuteva paura.

Entrai dentro la nave e sprangai la mia porta.

Al marinaio Puzur-Amurri, il costruttore della nave, regalai il palazzo con tutti i suoi averi.

Appena spuntò l'alba, dall'orizzonte salì una nuvola nera.

Adad all'interno di essa tuonava continuamente, davanti ad essa andavano Shullat e Canish; i ministri percorrevano monti e pianure.

Il mio palo d'ormeggio strappò allora Erragal.

Va Ninurta, le chiuse d'acqua abbatte.

Gli Anunnaki sollevano fiaccole, con la loro luce terribile infiammano il paese.

Il mortale silenzio di Adad avanza nel cielo, in tenebra tramuta ogni cosa splendente.

Il paese come un vaso egli ha spezzato.

Per un giorno intero la tempesta infuriò, il vento del sud si affrettò per immergere le montagne nell'acqua: come un'arma di battaglia la distruzione si abbatte sugli uomini.

A causa del buio il fratello non vede più suo fratello,
dal cielo gli uomini non sono più visibili.

Gli dei ebbero paura del diluvio, indietreggiarono, si rifugiarono nel cielo di An. […]

Quando giunse il settimo giorno, la tempesta, il diluvio cessa la battaglia, dopo aver lottato come una donna in doglie.

Si fermò il mare, il vento cattivo cessò e il diluvio si fermò.

Io osservo il giorno, vi regna il silenzio.

Ma l'intera umanità è ridiventata argilla.

Come un tetto è pareggiato il paese.

Aprii allora lo sportello e la luce baciò la mia faccia.

Mi abbassai, mi inginocchiai e piansi.

Sulle mie guance scorrevano due fiumi di lacrime.

Scrutai la distesa delle acque alla ricerca di una riva: finché ad una distanza di dodici leghe non scorsi un'isola.

La nave si incagliò sul monte Nisir.

Il monte Nisir prese la nave e non la fece più muovere; un giorno, due giorni, il monte Nisir prese la nave e non la fece più muovere; tre giorni, quattro giorni, il monte Nisir prese la nave e non la fece più muovere; cinque giorni, sei giorni, il monte Nisir prese la nave e non la fece più muovere.

Quando giunse il settimo giorno, feci uscire una colomba, la liberai.

La colomba andò e ritornò, un luogo dove stare non era visibile per lei, tornò indietro.

Feci uscire una rondine, la liberai; andò la rondine e ritornò, un luogo dove stare non era visibile per lei, tornò indietro.

Feci uscire un corvo, lo liberai.

Andò il corvo e questo vide che l'acqua ormai rifluiva, egli mangiò, starnazzò, sollevò la coda e non tornò. […]

Feci allora uscire ai quattro venti tutti gli occupanti
della nave e feci un sacrificio.

Posi l'offerta sulla cima di un monte.

Sette e sette vasi vi collocai: in essi versai canna, cedro e mirto.

Gli dei odorarono il profumo.

Gli dei odorarono il buon profumo.

Gli dei si raccolsero come mosche attorno all'offerente.

Dopo che Belet-Ili fu arrivata innalzò in alto le sue grandi 'mosche' che An aveva fatto per la sua gioia:

"Voi, o dei, siete come i lapislazzuli del mio collo! che io ricordi sempre questi giorni e non li dimentichi mai!

Gli dei vengano all'offerta, ma Enlil non venga all'offerta, perché egli ha ordinato avventatamente il diluvio, destinando le mie genti alla rovina!".

Dopo che Enlil fu arrivato, vide la nave e si infuriò, d'ira si riempì il suo cuore verso gli dei Igigi:

"Qualcuno si è salvato? Eppure nessun uomo doveva sopravvivere alla distruzione".

Ninurta aprì la sua bocca e disse, così parlò ad Enlil l'eroe: "Chi può aver escogitato ciò se non Enki? Solo Enki conosce ogni arte!".

Enki aprì allora la sua bocca e parlò ad Enlil, l'eroe: "O eroe, tu il più saggio fra gli dei, come, come hai potuto agire così sconsideratamente, ordinando il diluvio?

Al colpevole imponi la sua pena, a colui che commette un delitto imponi la sua pena, flettilo, ma non venga stroncato; tiralo, ma non sia spezzato!

Piuttosto che mandare il diluvio, sarebbe stato meglio che un leone fosse venuto e avesse fatto diminuire le genti!

Piuttosto che mandare il diluvio, sarebbe stato meglio che un lupo fosse venuto e avesse fatto diminuire le genti! […]»[57].

---

[57] N. K. Sandars, *The Epic of Gilgamesh (Rivisited)*, Penguin Classic, 1960.

Si aprono nuovi scenari

Tralasciamo considerazioni di tipo filologico o culturale per concentrarci su un dato di fatto incontrovertibile: l'epopea di Gilgamesh è un testo antecedente la bibbia. Su questo non vi è alcun dubbio. Come abbiamo accennato in precedenza si presume infatti che il testo della genesi sia arrivato alla sua stesura definitiva intorno al sesto/quinto secolo a.C (anche se la tradizione giudaico-cristiana indica il 1.513 a.C come data di completamento dell'opera).

Questo particolare diventa dunque fondamentale perché proprio nel VI secolo a.C. il popolo ebraico soffrì la cosiddetta cattività babilonese: nel 587 a.C. il Regno di Giuda infatti venne travolto dall'esercito di Babilonia, città in cui vennero condotte con la forze le élite del popolo ebraico. Soltanto dopo che Babilonia venne conquistata dall'Impero Persiano la maggior parte delle famiglie ebree sotto la guida dei profeti Esdra e Neemia tornarono in Giudea (518 a.C.).

La contaminazione tra Ebrei e Babilonesi è un fatto provato storicamente, e non c'è alcun dubbio su quale sia il testo più antico, dato che nel caso dell'epopea di Gilgamesh stiamo però parlando di un testo risalente nella migliore delle ipotesi al 2.150 a.C. È evidente quindi che con questa scoperta si aprono nuovi scenari fino a quel momento impensabili e ci troviamo di fronte a due scenari macro:

- Il testo biblico-coranico altro non è che la trasposizione moralizzata di una leggenda più antica. Dio e il divino c'entrano poco in questa storia, i redattori della Bibbia e del Corano avrebbero solo ripreso una vecchia storia già molto in voga nel mondo antico per trasmettere un insegnamento morale superiore introducendo una forte valenza religiosa nel testo.

- La catastrofe c'è stata. Si è trattato di un evento drammatico e sconvolgente capace di lasciare una traccia nelle leggende e nelle culture del tempo antico. Possiamo anche ipotizzare che effettivamente qualcuno si sia salvato grazie ad un'imbarcazione particolarmente grande e solida. Successivamente i redattori dei testi sacri avrebbero interpretato questi eventi come il segno tangibile della volontà divina di premiare e punire gli uomini.

Sulle tracce di una catastrofe naturale

Trovare delle prove storiche di una tragedia delle proporzioni di quella descritta nei testi fino ad ora analizzati non è una cosa semplice. Diverse zone del nostro pianeta vengono sconvolte da eventi più o meno catastrofici ogni anno: terremoti, alluvioni, tsunami ed eruzioni vulcaniche hanno accompagnato la storia degli esseri umani fin dalla notte dei tempi. Per aver segnato così profondamente l'immaginario collettivo l'evento di cui stiamo parlando deve quindi aver avuto delle dimensioni del tutto inusuali.

Ci sarebbe però un'altra ipotesi, ovvero che l'evento catastrofico si sia sviluppato in un'area normalmente non soggetta a questo tipo di cataclismi e per tanto abbia impressionato gli abitanti di una certa zona per la sua rarità. Questa potrebbe essere una teoria plausibile, ma gli indizi raccolti analizzando i miti e le leggende di popoli distantissimi tra loro ci restituiscono un'altra realtà. Quella del diluvio universale è infatti una storia che troviamo praticamente a tutte le latitudini del mondo. Non solo, in molti casi ritroviamo anche qualcosa di simile a quanto analizzato fino ad ora. Vediamone assieme alcuni.

Il racconto di Manu

Nella cultura indiana troviamo il racconto di Manu, l'unico uomo sopravvissuto alla catastrofe dei diluvio universale all'interno di una barca costruita su suggerimento di un pesce che lo aiuta anche a navigare nelle acque in tempesta. Il suo viaggio finirà su una montagna dove, attraverso la pratica dell'ascesi, riuscirà a creare una femmina dal nulla e a rigenerare la razza umana.

Il Nun egiziano

Alla base della mitologia egizia troviamo Nun, creatore dormiente nel caos delle acque primordiali. L'Egitto sarebbe nato proprio da queste acque primordiali. Qui non troviamo il racconto di una civiltà distrutta dal diluvio, ma di una società che nasce dal caos di acque simbolo di forze devastanti e divine. Le analogie con gli altri racconti del diluvio sono dunque palesi, a partire dal nome Nun che impersona questa divinità creatrice che si trova in stato dormiente tra le acque.

Deucalione e Pirra

Anche la mitologia greca ha il suo Noè, anche se in questo caso dovremmo parlare al plurale. Sarebbero infatti i coniugi Deucalione e Pirra, gli unici umani ad essere scampati alla tremenda alluvione voluta da Zeus grazie ad una barca costruita in fretta e furia. Dopo l'alluvione i due superstiti riuscirono a creare altri esseri umani tirando dietro le loro spalle delle pietre raccolte da terra.

L'alluvione di Makunaima

Incredibilmente simile è la storia del dio Makunaima, tramandata dal popolo Macusi della Guyana Britannica. Secondo questa leggenda il dio Makunaima, creatore del mondo e della luce, avrebbe distrutto tutti gli esseri umani con un'alluvione. Sarebbero morti tutti tranne uno il quale, una volta giunto di nuovo a terra, avrebbe creato altri esseri umani scagliando dietro di se alcuni sassi trovati a terra.

L'alluvione di Phya Theng

Se ci spostiamo in Indocina troviamo una leggenda analoga che ci parla di una tremenda alluvione a cui trovarono scampo solo una manciata di uomini che vennero poi perdonati dal dio Phya Theng e da questi spinti a ricreare la razza umana.

L'alluvione di Burkhan

In Siberia il dio Burkhan avrebbe dato istruzioni ad un uomo di costruire una barca per scampare al diluvio universale assieme alla moglie e a tutte le specie di animali presenti sulla terra.

Solo il mammut non riuscì a trovare posto nella barca e per tanto si estinse. Anche in Tibet si tramanda la storia di un tremendo diluvio che avrebbe quasi coperto del tutto le cime delle montagne più alte del pianeta.

La storia di Nuu

Dalle Hawaii un'altra testimonianza che ha dell'incredibile. Nella tradizione delle isole del Pacifico infatti si tramanda la storia di Nuu (in questo caso anche il nome è sorprendentemente simile a quello riconsegnatoci dalla tradizione giudaico-cristiana) il quale sarebbe riuscito a salvarsi da un tremendo diluvio grazie ad una canoa di grandi dimensioni e dallo scafo coperto che gli dei gli avrebbero ordinato di costruire. All'interno dell'imbarcazione avrebbero trovato posto Nuu, la sua famiglia e una coppia di animali di ogni specie e razza.

L'alluvione degli indiani Skokomish

Gli indiani Skokomish dell'odierno stato di Washington narravano di come un giorno il grande spirito avesse deciso di ripulire il mondo dagli esseri umani e dagli animali cattivi. Per fare questo avrebbe creato una sorta di corda fatta di frecce infilzate l'una nell'altra che dal suolo si innalzavano fino al cielo.

Gli uomini buoni e gli animali buoni sarebbero saliti fino in cielo mentre a la terra veniva ricoperta d'acqua cancellando ogni forma di vita.

Solo racconti mitologici?

I racconti di questo tipo sono letteralmente centinaia. Alcuni sono semplicemente lo specchio di paure ataviche o semplici leggende, ma molti sembrano essere accomunati da alcuni tratti comuni. In molti casi infatti ritroviamo la figura di un uomo, in alcuni casi solo in altri con la famiglia, che su suggerimento di una qualche divinità costruisce una grande barca con la quale si salva da una tremenda alluvione imprevista. Tutte coincidenze? Forse. Quello che è certo è che in molte parti del mondo il tema dell'alluvione e più in generale delle inondazioni ha segnato profondamente la cultura di diverse popolazioni.

Ma quali possono essere state le dimensioni delle alluvioni descritte dalla Bibbia e prima ancora dall'epopea di Gilgamesh e dalle migliaia di miti e leggende che hanno il tema dell'acqua come portatrice di morte e rigenerazione della vita? Questa è una domanda a cui molti studiosi cercano da anni di dare una risposta. Innanzi tutto dobbiamo partire dal presupposto che ogni evento catastrofico vissuto da una comunità di individui tende ad essere tramandato con esagerazioni ed iperboli.

Attenzione, stiamo sempre parlando di drammi e tragedie tremende, ma molto spesso la dimensione del racconto prima orale e poi scritta ha finito per consegnarci delle cronache esagerate degli eventi. Questa è una tendenza del genere umano per cui un dramma vissuto in prima persona, vuoi per una limitata prospettiva dell'individuo, vuoi per una innata tendenza all'egocentrismo, viene caricato di una valenza generale e molto spesso esagerata.

Se ci limitiamo ai racconti tramandatici dalla tradizione giudaico-islamica, ovvero Bibbia e Corano, e dall'epopea di Gilgamesh, abbiamo l'impressione che si sia trattato di un evento di portata planetaria.

«Il diluvio durò sulla terra quaranta giorni: le acque crebbero e sollevarono l'arca che si innalzò sulla terra. Le acque divennero poderose e crebbero molto sopra la terra e l'arca galleggiava sulle acque. Le acque si innalzarono sempre più sopra la terra e coprirono tutti i monti più alti che sono sotto tutto il cielo. Le acque superarono in altezza di quindici cubiti i monti che avevano ricoperto».

La domanda che in molti si sono posti nel corso dei secoli è molto semplice: esiste nel nostro pianeta acqua sufficiente per coprire tutte le terre emerse? Ebbene apparentemente la risposta è no. Il primo principio della termodinamica ci ha insegnato che a livello di materia niente si crea e niente si distrugge. Sulla base di questo semplice assunto possiamo ipotizzare che l'acqua presente sul nostro pianeta oggi sia grosso modo la stessa che era presente migliaia di anni fa quando un evento catastrofico come quello descritto nella Bibbia di sarebbe verificato.

Ebbene, anche supponendo di veder disciolte tutte le distese di ghiaccio presenti ai poli, anche immaginando di vedere cadere tutta la pioggia in sospensione nell'atmosfera, ancora non avremmo abbastanza acqua per ricoprire la maggior parte delle terre emerse. Anzi le zone interessate sarebbero tutto sommato modeste rispetto alla totalità delle terre emerse. Con ogni probabilità quindi dobbiamo ipotizzare che si sia trattato di un evento locale, una tragedia circoscritta in una certa area del mondo e che poi sia stata ingigantita e tramandata come un evento a livello globale.

Ma allora come spiegare le decine di miti simili se non identici presenti a tutte le latitudini del pianeta? Qualcuno ha ipotizzato che un tempo le terre emerse sarebbero state disposte in maniera diversa e forse la superficie abitata sarebbe stata più piccola e circoscritta. Una popolazione, di cultura probabilmente superiore, avrebbe abitato questo continente fino ad un drammatico evento che avrebbe distrutto per sempre quella civiltà cancellando con l'acqua le tracce dei suoi abitanti, tranne pochi fortunati che si sarebbero salvati. Le tracce di questa immane tragedia sarebbero sopravvissute poi nei racconti e nelle leggende di popoli diversi e all'apparenza lontani tra loro.

Stiamo ovviante parlando di Atlantide, il continente perduto, che per qualcuno sarebbe stato la culla della nostra civiltà. Ma procediamo con ordine e vediamo tutte le spiegazioni e le diverse teorie che sono state costruite per spiegare un evento traumatico come quello descritto da così tante leggende e credenze popolari.

I DILUVI

C ome abbiamo detto generazioni intere di studiosi, religiosi ma anche semplici fedeli e curiosi si sono cimentati nella ricerca del relitto dell'arca di Noè. Per far questo occorre innanzi tutto stabilire dove e quando possa essersi registrato l'evento catastrofico passato alla storia come "diluvio universale". Se prendiamo la Bibbia come testo di riferimento possiamo stabilire un anno preciso, il 2.348 a.C. Questo numero si ottiene a ritroso partendo dall'età di Noè, 600 anni, e andando indietro fino ad arrivare ad Adamo e alla creazione del mondo ovvero l'anno zero per l'Antico testamento. Sulla base di questi calcoli quindi dovremmo datare il diluvio universale intorno all'anno 2.348 a.C. Questo dato troverebbe conferma nell'epopea di Gilgamesh, che come abbiamo visto risalirebbe al 2.150 a.C circa.

È anche vero però che le storie narrate nelle tavolette tradotte da George Smith sarebbero ispirate a racconti e leggende precedenti, quindi si tende a collocare la data del disastro narrato nella Bibbia in un'epoca precedente.

Allo stesso modo non sono state trovate evidenze chiare di un disastro naturale di quelle proporzioni collocabile intorno a quegli anni.

Localizzare geograficamente un cataclisma del passato poi non è affatto facile. Innanzi tutto si tratta di capire se vogliamo credere che si sia trattato di un evento globale o piuttosto, come forse è più probabile, di un evento geograficamente circoscritto.

I sostenitori della tesi dell'evento a livello planetario, fondata come abbiamo visto sullo studio di tradizioni e leggende di popoli lontanissimi e diversissimi tra loro, ritengono che alla base del cataclisma ci possa essere stato un evento traumatico ed eccezionale. Alcuni parlano di enormi meteoriti o gigantesche comete cadute in mare, altri di pianeti del sistema solare che deviando la loro traiettoria normale si sarebbero avvicinati alla Terra modificandone l'inclinazione dell'asse.

Ovviamente si tratta di teorie interessanti e a volte molto affascinanti, ma purtroppo non esistono prove scientifiche a loro sostegno. Con ogni probabilità quindi l'evento narrato nell'epopea di Gilgamesh prima e nella Bibbia poi potrebbe essersi verificato nella zona della Mesopotamia, ovvero in una zona corrispondente all'odierno Iraq.

Altri studiosi tendono a collocare più a nord l'area interessata al cataclisma, ovvero nella zona dell'odierno Mar Nero.

La teoria Mesopotamica

Recenti studi hanno dimostrato che in epoca preistorica e soprattutto nel periodo post glaciale l'area della Mesopotamia godeva di un clima molto diverso rispetto a quello odierno. All'epoca infatti i fiumi erano più numerosi e di portata maggiore e l'intera area era notevolmente più umida. Sappiamo con certezza, grazie ai ritrovamenti archeologici più recenti, che già in quel periodo storico quell'area del mondo era abitata da importanti colonie neolitiche.

Molti studiosi ipotizzano che a causa di un cambio climatico, o per colpa di una serie di eventi naturali imprevedibili, l'area possa essere stata interessata da un violento nubifragio sfociato poi in una tremenda alluvione dovuta allo straripamento dei fiumi della zona. Le poche persone sopravvissute, alcune delle quali magari vivevano in palafitte o in imbarcazioni ancorate agli argini dei fiumi con i loro animali, avrebbero dato origine alla storia che tutti conosciamo.

Questo evento eccezionale sarebbe stato poi tramandato di generazione in generazione arrivando sino a noi sotto forma di racconto mitologico.

La teoria del Mar Nero

Per molti aspetti simile è la teoria che sposta l'epicentro della scena nel Mar Nero. Secondo i sostenitori di questa lettura dei fatti in epoca preistorica il Mar Nero avrebbe avuto una superficie minore. Lungo le sue coste si sarebbe inserita una civiltà primitiva, di tipo contadino.

Un'équipe di studiosi americani e russi ha poi dimostrato, attraverso lo studio dei materiali rocciosi sottomarini, che nel 5.600 a.C circa ci sarebbe stato uno svaso o meglio un'inondazione di acqua salata proveniente dal Mediterraneo attraverso il Bosforo. Le date coinciderebbero con le informazioni in nostro possesso che daterebbero attorno a quegli anni l'ultimo scioglimento dei ghiacci che ricoprivano il nord Europa.

Il Mar Nero, che all'epoca si trovava circa 100 metri sotto il livello del mare, per effetto del fenomeno dei vasi comunicanti, sarebbe stato invaso dalle acque del Mediterraneo che avrebbero ricoperto di fatto i villaggi e gli insediamenti umani in zona.

Si deve essere trattato sicuramente di un evento catastrofico con enormi masse di acqua che dall'alto arrivavano ad investire tutto quello che incontravano lungo il loro cammino. Quello che però convince meno di questa teoria è la tempistica dei fatti.

Il racconto biblico, e più in generale le leggende ed i miti ad esso assimilabili, parlano di un evento catastrofico di tipo imprevedibile e tutto sommato rapido. Una sorta di veloce sconvolgimento climatico in grado di modificare una certa zona nel breve volgere di poche ore. L'inondazione del Mar Nero invece sembra avere tutte le caratteristiche di un evento più lento e graduale con aumenti del livello delle acque tutto sommato percepibili in anticipo. Non dobbiamo dimenticare però che le culture primitive non disponevano del nostro bagaglio culturale e che, forse, non riuscirono ad interpretare i segnali di pericolo che comunque ci dovevano essere.

In fin dei conti una tragedia simile a quella descritta si è verificata in Italia con lo straripamento della diga del Vajont nel 1963, quando erano già disponili ben più sofisticati sistemi di controllo ed allarme rispetto a quelli di allora.

La teoria della catastrofe planetaria

Allo stesso modo non possiamo escludere che un altro evento catastrofico, magari una scossa tellurica, abbia accelerato il processo di inondazione portando morte e distruzione in tempi rapidissimi. Altri studiosi fanno risalire il diluvio al periodo dell'ultima glaciazione ovvero nel 10.500 a.C. Secondo questa teoria si sarebbe quindi trattato di un evento planetario, qualcosa insomma in grado di interessare tutte le popolazioni del pianeta. Tra l'altro pare che tracce di questa alluvione preistorica siano ancora oggi visibili nel basamento della Sfinge come ho ricordato nella parte dedicata alle piramidi.

Altre teorie affascinanti sono sempre legate allo scioglimento dei ghiacci verificatosi dopo l'ultima glaciazione. Tutte queste teorie sono legittime e fondate su dati scientifici e sostanzialmente si differenziano solo nella collocazione geografica della zona interessata dall'evento catastrofico. Da ultimo non possiamo non ricordare il già citato mito di Atlantide di cui però abbiamo già parlato in precedenza.

ALLA RICERCA DELL'ARCA DI NOÈ

Dove si possono trovare i resti dell'arca di Noè? Da secoli studiosi, religiosi, avventurieri e semplici appassionati si cimentano in questa ricerca ai confini della realtà. Si tratta di una caccia al tesoro tra mito e realtà qualcosa di antico, per certi aspetti di mistico prima ancora che storico ed archeologico. L'arca di Noè infatti non è l'unico cimelio della cristianità e non solo ad aver goduto di tanta fama.

La famosa Arca dell'Alleanza, il Graal, la croce di Cristo ma anche la lancia di Longino e molte altre reliquie hanno appassionato e tutt'oggi appassionano migliaia di studiosi e ricercatori di tutto il mondo. Per quanto riguarda l'arca di Noè le ricerche sono partite fin dai primi anni della chiesa cristiana, ebrei prima e musulmani poi non hanno infatti dimostrato altrettanto interesse nel localizzare i possibili resti di questa reliquia. Se ci atteniamo alle informazioni contenute nella Bibbia l'arca di Noè dovrebbe trovarsi in una zona corrispondente ai monti dell'Ararat nell'odierna Turchia, al confine con l'Iran.

A caccia dell'arca sull'Ararat

I monti Ararat, due per la precisione ovvero di Grande ed il Piccolo Ararat, si trovano nella zona al confine tra la Turchia e l'Armenia. L'indicazione biblica sembra molto precisa ma non dobbiamo dimenticare che nell'antichità l'espressione "Monti dell'Ararat" poteva identificare un'ampia zona tra Turchia e Armenia e non necessariamente i monti che portano quel nome. Allo stesso modo non possiamo escludere che quel nome abbia un significato simbolico visto che in alcune lingue antiche locali Ararat significa "Luogo creato da Dio". Da ultimo dobbiamo ricordare che il Corano indica il monte Joudi e non l'Ararat come luogo di approdo di Noè.

Come abbiamo detto le ricerche per identificare il luogo preciso dove trovò terra l'imbarcazione di Noè sono antiche quanto la storia della Chiesa. Già nei primissimi anni della cristianesimo alcuni commentatori identificarono il luogo dove, secondo il loro racconto, i resti dell'arca erano all'epoca ancora visibili. Si tratta sempre di zone circostanti il monte Ararat, in alcuni casi a qualche decina di chilometri di distanza. Con il passare dei secoli si è fatta sempre più forte la convinzione che l'arca possa trovarsi proprio sui monti dell'Ararat e non in una zona circostante come sembrerebbe più plausibile sulla base del racconto biblico.

Lo stesso Marco Polo, in viaggio verso oriente, si trovò a passare per quella zona e così annotò poi nel Milione "dovete sapere che nella lontana terra di Armenia l'Arca di Noè ancora giace sulla vetta dell'alta montagna".

Per arrivare a delle vere e proprie spedizioni però dobbiamo aspettare fino al diciannovesimo secolo, quando la tecnologia permise all'uomo di scalare montagne tanto alte (il picco più alto della montagna dell'Ararat misura oltre 5.000 metri di altezza).

Nel 1829 il dottor Friedrich Parrot affrontò una delle prime scalate in vetta. Tornò a casa a mani vuote, ma annotò come le popolazioni locali erano fermamente convinte che l'arca di Noè si trovasse proprio tra quelle cime innevate.

Nel 1876 lo storico e diplomatico britannico James Bryce fece ritorno da una spedizione in vetta con un pezzo di legno che gli esperti ritennero appartenere all'arca.

Pochi anni dopo circolò la notizia che alcuni studiosi turchi che stavano indagando sulle valanghe in zona avessero avvistato i resti dell'arca.

Nel 1949 un aereo dell'esercito americano in perlustrazione nella zona di confine tra Turchia ed Armenia (allora facente parte del blocco sovietico) scattò delle foto di quella che da allora si chiama "l'anomalia dell'Ararat". Nelle foto prese dall'aereo statunitense è ben visibile una macchia scura in prossimità della cima della montagna.

La qualità delle immagini però è piuttosto bassa e la maggior parte degli esperti interpellati ad analizzare le immagini sembrano propendere per l'idea che si tratti di una normale conformazione rocciosa. Sempre nel 1949 fece il giro del mondo la testimonianza di un pastore locale che dichiarava di aver visto parecchie volte l'arca da bambino quando assieme allo zio andava a far pascolare le pecore in altura. Il reverendo Aaron J.Smith del collegio biblico di Greensboro in North Carolina decise di finanziare una spedizione sul monte Ararat alla ricerca del famoso testimone oculare. Tornò a casa a mani vuote senza nemmeno riuscire ad identificare il famoso pastore.

Nel 1955 l'esploratore francese Fernand Navarra si spinge fino alle cime dell'Ararat con il figlio che allora era poco più che un ragazzino. I due tornano al campo base esibendo un pezzo di legno che la datazione al carbonio stabilirà essere vecchio di circa 5.000 anni. Le guide locali però accusarono Navarra di aver portato quel reperto fino in cima per poi spacciarlo come un ritrovamento fatto in loco.

L'ex astronauta americano James Irwin partecipò a ben due spedizioni sul monte Ararat accompagnato da personale tecnico specializzato non riuscendo però a trovare nulla.

L'arca si trova sul massiccio del Tendurek?

Nel 1959 un capitano dell'esercito turco, Llhan Durupinar, si convinse di aver scoperto il sito definitivo in cui l'arca si era fermata. Si tratta del massiccio del Tendurek, un'area montuosa al confine tra Iran e Turchia ad un'altitudine di circa 6.500 metri in cui attraverso una serie di fotografie aeree è stato individuata quello che sembrerebbe essere la fossilizzazione di un manufatto simile all'arca biblica.

Diversi studiosi hanno analizzato le foto e hanno stabilito che con ogni probabilità quell'aera così particolare all'interno di una zona prevalentemente rocciosa rappresenti lo stampo dell'arca. In pratica Noè si sarebbe fermato lì con l'arca che, una volta posatasi, avrebbe lasciato la sua impronta indelebile sprofondando lentamente nel terreno. Con il tempo poi l'arca sarebbe stata distrutta dalle intemperie e dagli uomini stessi che avrebbero utilizzato i materiali dell'arca per scopi pratici.

Per anni nessuno andò a verificare direttamente la zona, se si esclude una spedizione scientifica americana che però non trovò nessun reperto a sostegno della tesi di Durupinar. Poi nel 1977 un'équipe guidata da Ron Wyatt riprese gli studi e attraverso una serie di misurazioni scientifiche (scansioni radar, analisi chimica del sottosuolo, ecc), giunse alla conclusione che quello era effettivamente il luogo in cui si era fermata l'arca dopo il diluvio universale. Nel punto indicato da Wyatt si trova effettivamente una struttura che potrebbe ricordare una nave.

Le dimensioni poi sarebbero coerenti con quelle indicate dalla bibbia. Allo stesso modo nelle campagne circostanti sono state trovate delle pietre traforate simili a quelle usate nel mediterraneo come ancore prima della scoperta dell'acciaio. Questa zona però dista parecchi chilometri dal primo punto di approdo marittimo. Questi ed altri indizi spinsero Wyatt ad indicare quello come il luogo dove si troverebbe l'arca. Le analisi condotte sui materiali di quella struttura però hanno dati esiti contrastanti.

Per qualcuno si potrebbe trattare di legno fossile per altri di semplici sedimenti di pietre. Insomma, non è ancora del tutto chiaro se quella scoperta da Wyatt sia la vera arca fossilizzata, come ha scritto lo studioso Charles Berlitz, che ha fornito un'altra spiegazione per quell'eccezionale ritrovamento:

«Anche se si potesse dimostrare che l'oggetto è parte di una nave, si potrebbe ancora dubitare che si tratti dell'Arca di Noè; è interessante notare che gran parte della popolazione locale è a conoscenza dell'oggetto, ma non crede che sia l'Arca di Noè, che si troverebbe più in alto, bensì la nave di Malik Shah, un satrapo dei tempi antichi, che aveva una grossa imbarcazione in un lago che copriva una vasta zona intorno all'Ararat».

Ancora oggi comunque sono molti ad essere convinti che quello indicato da Wyatt sia effettivamente ciò che resta della famosa arca di Noè e nella zona è fiorito un turismo di massa che ogni anno porta migliaia di curiosi su quelle alture.

The Noah's Ark Ministries International Limited

Dal 2003 il The Media Evangelism Limited, un gruppo di cristiani evangelici di Hong Kong promuove la più grossa iniziativa per la localizzazione dell'Arca di Noè: Noah's Ark Ministries International Limited (NAMI). Questa associazione si occupa da anni delle ricerche proprio nella zona del monte Ararat e dintorni. Si tratta di zone impervie e spazzate da venti gelidi e neve, condizioni ottime per l'eventuale conservazione della struttura di legno ma pessime per quanti si recano lì per scopi di ricerca.

Nel 2006 il gruppo sostiene di aver rinvenuto un pezzo di legno, ma è solo nel 2008 che le scoperte si fanno più interessanti. In quell'anno infatti un uomo sostiene di aver ritrovato una struttura di legno in una cavità nei ghiacciai a 4.000 metri di altezza, e subito la NAMI finanzia una ricerca in loco.

Effettivamente qualcosa viene ritrovato e nel 2010 vengono divulgati i primi risultati delle analisi: in base a quanto emerso dal test del carbonio 14, il legno risalirebbe a circa 4.800 anni fa, l'epoca in cui si colloca nelle scritture il diluvio universale.

I resti, ritrovati da un team congiunto di turchi e cinesi, sarebbero quindi appartenuti all'arca di Noè. A conferma di questa incredibile ipotesi, gli studiosi riportano anche dati sulla struttura, che sarebbe suddivisa in vari compartimenti, destinati evidentemente al trasporto di animali di razze diverse. Il team ha affermato di aver rinvenuto i reperti in una caverna dalla forma anomala con pareti in legno. A quell'altitudine inoltre sembra che non siano mai esistiti insediamenti umani, elemento che ha aumentato ancora di più l'attenzione dei media e della comunità scientifica a proposito di questa scoperta.

Yeung Wing-Cheung, il portavoce della spedizione, ha inoltre dichiarato alla stampa che non si può essere certi al 100% che si tratti dell'Arca, ma al 99,9% invece sì.

Ovviamente la scarsità di prove scientifiche e la mancanza di reperti analizzati da laboratori indipendenti hanno gettato immediatamente un'ombra sinistra su questo ennesimo ritrovamento. Tra l'altro pare che persino alcuni membri della spedizione si siano dissociati sostenendo che le costruzioni di legno ritrovate in loco sarebbero state portate dalle guide locali forse nell'intenzione di creare un flusso turistico in zona come quello già presente sul massiccio del Tendurek.

La scoperta del diluvio universale

Nel 1929 Sir Charles Leonard Walley disse di aver scoperto la prova inconfutabile del diluvio universale. Sì, proprio così, Walley non affermò di aver scoperto l'arca di Noè ma la prove del diluvio. Va detto che Walley non era certo uno sprovveduto ma, anzi, era un archeologo di nota fama, capace di scoprire nel deserto iracheno i resti dell'antica città caldea chiamata Ur nei testi biblici, uno delle più importanti scoperte nella storia dell'archeologia moderna.

Disseppellì inoltre le tombe dei re sumerici aprendo scenari inediti e incredibilmente stimolanti per l'archeologia.

Nel 1929, poco dopo gli studi che lo avevano portato a scoprire le tombe dei re sumerici, Walley decise di approfondire i suoi scavi alla ricerca di un'eventuale civiltà precedente. Gli scavi continuarono finché non venne individuato uno strato da cui mancavano completamente segni di una qualsiasi civiltà umana. Al di sotto ecco la scoperta che avrebbe dovuto rivoluzionare l'archeologia: Wally ritrovò infatti un'argilla che poteva essere spiegata soltanto come sabbia alluvionale.

La particolare conformazione geofisica del luogo fecero escludere che si trattasse di materiale sedimentario dell'Eufrate, il fiume più vicino.

Gli scavi continuarono finché, all'improvviso, quello strato argilloso disparve ed ecco che spuntarono nuove tracce di una civilizzazione umana. I nuovi reperti però differivano molto dai precedenti: quelli più recenti erano chiaramente frutto di una civiltà che conosceva strumenti avanzati per lavorare le materie prime mentre quelli trovati al di sotto dello strato argilloso erano stati lavorati a mano, segno che si trattava di una civiltà meno evoluta da un punto di vista tecnico.

Gli strumenti erano inoltre tutti di pietra e quindi Walley giunse alla naturale conclusione di aver scoperto resti diretti risalenti all'Età della Pietra. Lo strato argilloso che divideva le due civiltà si poteva spiegare soltanto in un modo: un evento catastrofico legato all'acqua aveva separato in maniera netta le due civiltà. L'archeologo fu preso da una tale eccitazione che inviò questo telegramma:

"Scoperto diluvio universale - Stop"

In realtà studi e scavi successivi hanno dimostrato che lo strato argilloso scoperto da Walley non può essere attribuito ad un diluvio universale, ma può benissimo essere frutto di un'alluvione locale, alluvione che poi si sarebbe trasformata nel mito del diluvio nella mitologia popolare, fino a raggiungere una forma compiuta nel poema di Gilgamesh. Questa è quella che gli esperti hanno definito teoria "dell'alluvione ingigantita", esperti però che sono concordi nel ritenere che queste tradizioni si riferiscano a un evento catastrofico molto più antico rispetto a quello rinvenuto da Walley.

LA RICERCA CONTINUA...

Dopo secoli di ricerche l'arca di Noè resta un oggetto sfuggente ed inafferrabile. Ma forse è proprio nell'ottica della ricerca continua che dobbiamo leggere il messaggio di Noè e della sua arca. Come nel caso del Graal o l'arca dell'Alleanza stiamo parlando di oggetti che trascendono la dimensione fisica fino a diventare metafore di qualcosa di più grande e spiritualmente più elevato.

In questo senso tutte le reliquie la cui ricerca appassiona l'uomo da decine di secoli altro non sono che simboli di qualcosa di più grande e più complicato, qualcosa che per molti aspetti ci sfugge ma allo stesso tempo non ci da pace.

Nell'epopea di Gilgamesh colui che era riuscito a sopravvivere al diluvio, il già citato Utnapishtim, sarebbe stato premiato dalla divinità con la vita eterna. Oggi, a distanza di miglia di anni possiamo dire con certezza che questo è vero: Utnapishtim-Noè non morirà mai.

Jeremy Feldman

IL MOSTRO DI LOCH NESS

LOCH NESS

Sono innumerevoli le storie di misteriose creature marine che popolano i racconti e le leggende delle popolazioni di mezzo mondo. Praticamente a ogni latitudine sono stati registrati avvistamenti di mostri o altri animali non riconducibili alla normale fauna locale, ma nessuno di questi è mai riuscito a competere per celebrità e riconoscibilità a livello globale con il cosiddetto Mostro di Loch Ness.

Sono decenni che la scienza ufficiale ha messo a disposizione le migliori attrezzature per cercare di risolvere quello che a tutti gli effetti è uno dei misteri più affascinanti dell'epoca moderna. Esiste veramente una creatura che si nasconde tra i fondali limacciosi di Loch Ness nel Nord della Scozia? Di che animale si tratta di preciso? Esistono prove della sua esistenza oppure si tratta solo del prodotto della fantasia di alcune persone facilmente suggestionabili?

Quello che stiamo per affrontare è un viaggio tra il mito e la scienza, in quella zona di confine dove credenze e verità verificabili s'incontrano a un livello superiore e dove vengono disegnati scenari nuovi e del tutto imprevedibili.

UN LAGO MISTERIOSO

L och Ness si trova nel Nord della Scozia in quella zona del mondo un tempo abitata dalle misteriose popolazioni celtiche e dove sorgono castelli e fortezze ormai in rovina a ricordo di un passato fiero e indomito. Il lago misura 72 chilometri quadrati per una profondità media di 132 metri con punte di oltre 220 metri. Si tratta di un lago di dimensioni medie per estensione e profondità, ma ciononostante per la sua conformazione e la sua posizione geografica è ancora oggi quasi del tutto inesplorato. I fondali di Loch Ness infatti sono particolarmente melmosi e di conseguenza la visibilità in acqua, anche con le più moderne attrezzature d'immersione, è di appena pochi metri. Come se non bastasse la temperatura dell'acqua poi si aggira tra i 5 e i 12 gradi centigradi anche durante la stagione estiva.

Il primo avvistamento

Il primo avvistamento del cosiddetto Mostro di Loch Ness, o Nessie com'è stato ribattezzato dai media in epoca moderna, viene fatto risalire addirittura al 565 dopo Cristo. Nelle pagine della biografia del monaco irlandese San Colomba di Iona scritta da San Adamnano troviamo un racconto che molti esperti moderni considerano la prima testimonianza diretta di un avvistamento di Nessie. Secondo San Adamnano un giorno San Colomba e i suoi discepoli si sarebbero trovati a passare nei pressi del fiume Ness, un affluente del lago, dove vennero in contatto con alcune persone del posto che stavano celebrando un funerale.

Stando al racconto di queste persone il defunto era stato assalito da una misteriosa creatura acquatica proprio nelle acque fredde e limacciose del fiume Ness. San Colomba decise allora di debellare questa piaga, che evidentemente aveva prodotto anche altre morti in precedenza, e fece scendere in acqua un giovane monaco che lo accompagnava in modo da attirare la creatura in superficie. Dopo pochi istanti un grosso animale dalla fattezze mostruose emerse dal fondo del fiume fino ad arrivare a pochi metri dallo sventurato monaco che faceva da esca.

San Colomba però, tra lo stupore e l'incrudelita della folla, riuscì a bloccare la diabolica creatura con il solo potere delle sue preghiere e a intimagli di abbandonare quelle acque senza più nuocere alla popolazione locale. Come abbiamo già detto questo racconto viene considerato il primo avvistamento documentato, ma dobbiamo subito dire che non tutti gli storici sono d'accordo.

Per prima cosa non dobbiamo dimenticare infatti che non sono pochi i racconti medievali che parlano di santi che affrontano e sconfiggono creature mitiche e leggendarie. Tra queste la più famosa è sicuramente l'immagine di San Giorgio che affronta un drago, ma la lista è lunghissima e di racconti del genere ve ne sono a decine nei testi agiografici del cristianesimo medievale. In alcuni casi si tratta di racconti metaforici dove il drago, la bestia, o comunque sia l'animale misterioso, altro non è se non la rappresentazione del male in terra che viene sconfitto e umiliato dal potere delle fede. In altri casi si tratta semplicemente di racconti fantastici frutto della fantasia e delle credenze dell'epoca.

Tornando al racconto di San Adamnano poi non possiamo non notare che la scena si svolge nei pressi di Loch Ness, ma non esattamente nelle sue acque. Ci troviamo infatti sulle rive del fiume Ness che, per l'appunto, è un affluente del lago.

Da ultimo poi, ammettendo pure che si sia trattato di un avvistamento di qualche tipo, non possiamo escludere che si sia trattato di un qualche animale niente affatto mostruoso, ma semplicemente di una bestia poco conosciuta all'epoca. Non dobbiamo dimenticare infatti che la zona di Loch Ness dista pochi chilometri dal mare del Nord e non è infrequente che leoni marini, foche o pesci anche di grosse dimensioni risalgano le acque di qualche fiume della zona in cerca di cibo.

Se la prima possibile testimonianza di un avvistamento come abbiamo visto è del 565 è solo nel 1900 che i racconti diventano più dettagliati e frequenti.

Gli avvistamenti moderni

Il primo giornale a pubblicare un articolo sul misterioso Mostro di Loch Ness è stato l'Inverness Courier. Il 2 maggio 1933, infatti, Alex Campbell, all'epoca giornalista part-time, scrisse di quello strano e misterioso essere che popolava Loch Ness. In seguito a quell'articolo gli avvistamenti si moltiplicarono, ma la testimonianza più celebre, quella che ha dato inizio alla fama internazionale di Nessie, è senza dubbio quella dei coniugi Spicers che il 22 luglio del 1933 dissero di aver visto un'enorme creatura con una carcassa di animale tra le fauci attraversare la strada davanti alla loro macchina per dirigersi verso le acque del lago.

I coniugi Spicers descrivono una creatura dal collo oblungo della lunghezza complessiva circa 8 metri della quale, però, non ricordano di aver visto pinne o zampe di alcun tipo, forse perché nascoste dall'oscurità.

Passano poche settimane quando un motociclista di nome Arthur Grant si trova a passare nella zona nord del lago. È una notte di luna piena e la temperatura è mite anche se è già l'una del mattino. Grand vede qualcosa muoversi sul bordo della strada e pensa a qualche animale notturno, forse un rapace, ma quando si avvicina si rende conto che quello che si trova davanti a lui non è un semplice gufo ma qualcosa di molto più inquietante. Anche Grant parla di una creatura dal collo lungo che attraversata la strada sparì in acqua.

Qualcuno ha avanzato l'ipotesi che il racconto di Grant fosse una grossolana invenzione per giustificare una sua caduta in moto ma non esistono elementi a sostegno dell'una o dell'altra posizione.

Nel 1936 Marjory Moir dichiara di aver visto qualcosa di singolare nelle acque del lago:

«Piovigginava leggermente, il lago era grigio, il cielo era grigio e il colore della creatura era grigio scurissimo, in netto contrasto con lo sfondo più chiaro dell'acqua e del cielo. Il mostro era immobile in superficie, rivolto in direzione di Inverness. La lunghezza era di quasi dieci metri; è difficile valutare la distanza esatta che ci separava, tuttavia era abbastanza vicino a noi perché potessimo vederlo molto distintamente. C'erano tre gobbe, la più grande nel mezzo e la più piccola dietro il collo, che era lungo e snello, con una testa piccola e priva di tratti visibili. Immergeva spesso la testa nell'acqua, come per mangiare o forse semplicemente per divertirsi»[58].

Da quel momento i racconti di testimoni oculari si moltiplicarono con frequenza crescente, raggiungendo il loro picco negli anni 80 del secolo scorso quando ormai Loch Ness era già diventata una destinazione del turismo di massa.

---

[58] Jean-Jacques Barloy, *Les survivants de l'ombre: Enquête sur les animaux mystérieux*, Artaud, 1985.

COM'È FATTO IL MOSTRO?

I racconti dei testimoni oculari parlano quasi sempre di una creatura del collo lungo, forse un rettile, che per fattezze e dimensioni potrebbe ricordare un plesiosauro, ovvero un rettile acquatico che popolava quelle zone nel periodo Giurassico inferiore. È interessante notare come le prime testimonianze del 900 parlino di una creatura anfibia che esce sulla terra ferma per cacciare, mentre dalla fine degli anni '30 in poi le testimonianze raccontano quasi esclusivamente di un qualche animale acquatico.

Tutto questo però è facilmente spiegabile con il fatto che intorno alla fine degli anni '30 il complesso stradale intorno al lago è stato finalmente ultimato: prima di allora infatti la zona era praticamente isolata e pertanto non è difficile immaginare che, ammesso che una creatura di qualche tipo abiti quelle zone, questa abbia effettivamente cambiato le sue abitudini nel corso degli anni.

Foto e video

Nel corso degli anni comunque alle testimonianze verbali si affiancano testimonianze visive nella forma di foto e video. La prima testimonianza visiva è anch'essa del 1933. Il 12 novembre di quell'anno Hugh Gray stava facendo una passeggiata lungo le rive del lago quando la sua attenzione venne attratta da qualcosa che si muoveva nell'acqua.

Girato lo sguardo Gray vide una creatura lunga e dal corpo affusolato che saltava sul pelo dell'acqua. Impugnata la sua macchina fotografica Gray riuscì a scattare diverse foto del misterioso animale, ma solo un'immagine rimase impressa nella pellicola.

L'unica foto rimasta ci mostra un animale o forse solo un oggetto lungo e dai contorni poco chiari. Secondo alcuni studiosi si tratterebbe addirittura di un falso grossolano: sembrerebbe infatti che l'immagine, volutamente sfocata, sia semplicemente quella di un cane che nuota verso riva con un bastone in bocca.

Sulla genuinità di questa foto gli esperti dibattono ancora oggi e molti sono concordi sul fatto che siamo di fronte alla prima immagine documentata del cosiddetto Mostro di Loch Ness.

È dell'anno successivo invece la testimonianza più famosa e chiacchierata di sempre, stiamo parlando delle celebre immagine conosciuta come "la foto del chirurgo", ovvero la celebre Surgeon's Photography.

La foto del chirurgo

Come abbiamo detto "la foto del chirurgo" è senza dubbio la foto più famosa tra quelle scattata al Mostro di Loch Ness. Si tratta di una foto molto sgranata, in bianco e nero, scattata nel 1934 dal medico Robert Kenneth Wilson. A prima vista si sarebbe portati a credere ritragga una sorta di dinosauro che fuoriesce con la testa dall'acqua. Anche in questo caso il testimone sostiene di avere fatto per lo meno cinque scatti però poi al momento della stampa solo due immagini risultarono chiare.

La prima immagine, quella più celebre, ritrae appunto un collo sormontato da una piccola testa che sembrerebbe appartenere a una qualche creatura preistorica. La seconda immagine è meno chiara e di più difficile interpretazione. Per decenni quest'immagine è stata considerata la prova regina dai sostenitori della presenza di una creatura sconosciuta nei fondali di Loch Ness.

Ovviamente non sono mancati fin da subito gli scettici che hanno gridato al complotto, come fece nel dicembre del 1975 il Sunday Telegraph, che in uno storico articolo disse che la foto era un falso. In realtà nessuna indagine specifica sul materiale fotografico è stata fatta fino al 1984 quando un'equipe del British Journal of Photography ha analizzato le foto e i relativi negativi. Gli esperti arrivarono alla conclusione che l'oggetto o l'animale catturato in quell'immagine non poteva essere di grosse dimensioni e avanzarono l'idea che si trattasse di un qualche uccello pescatore.

La verità definitiva però emergerà soltanto nel 1994, quando poco prima di morire Christian Spurling, che all'epoca aveva 90 anni, confesserà alla stampa di aver partecipato alla fabbricazione di quella falsa immagine. Secondo Spurling non si tratterebbe di un uccello o di un altro animale di piccole dimensioni quanto piuttosto di un sottomarino giocattolo a cui lui, Wilson e il patrigno di Spurling, Marmaduke Wetherell, avevano attaccato una testa di serpente di cartapesta allo scopo di creare l'immagine del mostro marino di cui avevano sentito tanto parlare. Si sarebbe trattato dunque soltanto di uno scherzo o, nella migliore delle ipotesi, di una provocazione.

Pare che tutto fosse nato come vendetta nei confronti del Sunday Telegraph, giornale che come abbiamo visto si era espresso chiaramente contro la foto di Wilson e che in un suo articolo aveva ridicolizzato Marmaduke Wetherell. Ancora oggi c'è qualcuno che dibatte sull'autenticità di quest'immagine che, come abbiamo detto, per circa mezzo secolo è stata da molti considerata la prova definitiva dell'esistenza del Mostro.

A molti sembra poco chiaro il senso di tutta questa messinscena: se lo scopo fosse stato quello di ridicolizzare il Sunday Telegraph dandogli in pasto uno scoop fasullo, perché nessuno dei tre si è mai fatto avanti prima con le prove dell'inganno per godersi le reazioni e le dovute rettifiche del tanto odiato giornale?

Per quanto riguarda le indagini professionali compiute nel 1984 poi non dobbiamo sorprenderci del fatto che non siano arrivate a risolvere con certezza il mistero. Non dobbiamo dimenticare che si tratta d'immagini prese con macchine fotografiche di vecchia generazione, molto meno precise di quelle moderne quindi, e che da lunga distanza fornivano inquadrature poco chiare

Questa approssimazione nei dettagli da una parte e la quasi totale impossibilità di determinarne la genuinità o meno è stata sicuramente utilizzata da molti speculatori senza scrupoli e da altrettanti buontemponi che hanno diffuso immagini suggestive ma assolutamente fasulle di Nessie per diversi anni. Non dimentichiamo poi che il dibattito sull'autenticità di alcune immagini e video è tuttora aperto anche quando questi sono stati presi con apparecchi digitali o telefonini di ultima generazione.

Il primo filmato

Ma continuiamo con gli avvistamenti. Nel 1938 un turista sudafricano di nome Taylor gira un video a colori della durata di 3 minuti con la cinepresa da 16 millimetri dello zoologo Maurice Burton. Nel video Taylor immortala qualcosa di strano che si muove nell'acqua. Purtroppo però il video non viene mai reso pubblico a parte un singolo fotogramma e per tanto ancora oggi non possiamo formulare alcuna ipotesi al riguardo. Il fotogramma reso pubblico è stato considerato interessate dagli esperti che l'hanno visionato.

Il filmato di Dinsdale

Nel 1960 l'ex ingegnere aeronautico Tim Dinsdale raccoglie informazioni dettagliate sul Mostro di Loch Ness e si convince che non si tratti affatto di fantasia. Parte quindi per una spedizione in solitaria sulle rive del lago, è deciso a diventare il primo uomo in grado di provare l'esistenza di Nessie. Dopo 4 giorni passati a osservare la superficie dell'acqua senza successo è ormai pronto per ritornare a casa a mani vuote, quando improvvisamente vede qualcosa muoversi giusto davanti a lui. Afferra la cinepresa che teneva sempre a portate di mano e filma circa un minuto di pellicola dove riesce a immortalare l'immagine di un qualcosa che si muove nella semi oscurità.

Per qualcuno il filmato di Dinsdale mostrerebbe solo una banale imbarcazione che lascia le rive del lago la mattina presto, per altri invece potrebbe trattarsi di qualcosa di più suggestivo.

Nel 1993 alcuni esperti sottopongono il video di Dinsdale a un'attenta indagine fotogramma per fotogramma. L'obiettivo dichiarato di questa analisi è dimostrare che si tratta di un falso, ma analizzando i negativi originali gli esperti devono ricredersi.

Uno studio accurato fatto con attrezzature di tipo militare rivela infatti qualcosa, forse il corpo di una creatura sconosciuta, sotto il pelo dell'acqua. Si tratta di un dettaglio d'immagine invisibile con le attrezzature degli anni '60 di cui disponeva Dinsdale, pertanto l'ipotesi del falso costruito in laboratorio deve essere scartata. Ecco come un esperto di analisi d'immagini video che faceva parte dell'equipe di professionisti che lavorò a quel progetto ricorda quell'esperienza:

«Prima di vedere il video ero certo che tutta la storia del Mostro di Loch Ness non fosse altro che fuffa. Adesso non ne sono più così sicuro»[59].

Dinsdale dedicherà il resto della sua vita alla ricerca di Nessie. Sebbene abbia poi sostenuto di aver potuto vedere in altre due occasioni il Mostro di Loch Ness, non è stato più in grado di produrre foto o filmati di alcun tipo. Da un certo punto di vista anche questo depone a favore della genuinità del suo filmato, in molti infatti sono convinti che se si fosse trattato di un impostore assetato di fama e notorietà avrebbe costruito altre prove e ben altri falsi, come purtroppo è accaduto spesso in questi casi.

Il filmato di Holmes

Nel 2007 Gordon Holmes riesce a catturare con la sua videocamera quello che secondo lui è il corpo di Nessie che si muove nell'acqua. Il filmato fa in fretta il giro del mondo. A differenza dei video e delle foto precedenti questo infatti è stato girato con attrezzature di ultima generazione e ci riconsegna un'immagine nitida e chiara: nel video si vede un animale muoversi sotto il pelo dell'acqua.

Sembrerebbe trattarsi di un animale di grosse dimensioni dal corpo oblungo ma, come giustamente molti hanno fatto notare, manca qualsiasi punto di riferimento in acqua per poter anche solo stimare la lunghezza di questa creatura. Va detto però che pochi mesi dopo la pubblicazione del video la credibilità dell'autore del video è stata messa a dura prova quand'è emerso che si trattava dello stesso Gordon Holmes che aveva già fatto parlare di se per una serie di "avvistamenti eccezionali" in tutto il mondo. Holmes in realtà cercava di vendere online i suoi libri dove sosteneva di poter provare l'esistenza delle fate.

Chiaro che di fronte ad una situazione del genere lo scetticismo è d'obbligo, tant'è vero che oggi molti studiosi propendono per l'idea che il video di Holmes ritragga una semplice foca o un leone marino che nuota sotto il pelo dell'acqua.

Nessie su Google Earth

Nell'agosto del 2009 Nessie torna a far parlare di sé. Questa volta ad aver fotografato in maniera inconfutabile il misterioso inquilino del lago di Loch Ness è stato addirittura Google

---

[59] Ken Gerhard, *The Essential Guide to the Loch Ness Monster & Other Aquatic Cryptids*, Crypto Excursions, 2021.

Earth, il celebre servizio di mappatura globale della terra realizzato dal colosso del web statunitense. Jason Cooke, 25enne di Nottingham, aprendo Google Earth al grado di latitudine 57°12'52.13" Nord e quello di longitudine 4°34'14.16" Ovest ha scorto infatti una sagoma molto strana. I

niziativa promozionale di Google? Bravata di un ragazzino che grazie a photoshop si è guadagnato i suoi 5 minuti di popolarità? Chi può dirlo... certo è che la sagoma individuata da Cooke è decisamente troppo generica e sfuocata, tanto da rendere ancora una volta impossibile un'identificazione certa da parte della comunità scientifica internazionale.

Segnali dagli abissi

Nel 2011 un pescatore della zona registra con il sonar della sua imbarcazione la presenza di qualcosa della lunghezza di circa 2 metri di lunghezza a una profondità di oltre 20 metri. In questo caso i dati sono chiari e incontrovertibili: è infatti impossibile alterare il risultato del sonar, ma questo non basta per mettere d'accordo tutti gli esperti. Per qualcuno infatti si tratterebbe di un semplice groviglio di alghe che, spinte dalla corrente sottomarina, si muovono creando l'illusione ottica che in profondità ci sia un animale marino. Dall'altra parte però molti biologi tendono a escludere questa ipotesi, visto che le alghe hanno bisogno di luce per sopravvivere e a quella profondità di Loch Ness la luce non riesce ad arrivare.

La foto di Edwards

Nel 2012 è George Edwards a farsi avanti con una nuova immagine. La fotografia, che Edwards sostiene di aver fatto il 2 novembre dell'anno precedente, è molto nitida e chiara. Mostra quella che sembrerebbe essere la schiena di un grosso rettile che fuoriesce dall'acqua. Edwards, per la cronaca, è il proprietario di una delle imbarcazioni che ogni giorno portano in giro i turisti nel lago, ragion per cui in molti hanno avanzato dubbi sull'autenticità della sua foto.

C'è anche chi ha fatto notare che le condizioni meteo del 2 novembre 2011 erano diverse da quelle riprodotte nella foto di Nessie e che pertanto si potrebbe effettivamente trattare di un falso, o quanto meno di una segnalazione poco precisa. La polemica continua fino all'ottobre del 2013 quando Edwards finalmente confessa.

Ecco com'è stata riportata la storia dagli organi di stampa:

George Edwards ha ammesso che una foto scattata la scorsa estate al Mostro di Loch Ness, e che era stata definita la migliore mai realizzata, è un falso. Edwards ha 61 anni, abita a Drumnadrochit, un paesino nel nord della Scozia sulla costa occidentale di Loch Ness, e si guadagna da vivere trasportando turisti sul lago con la sua barca e vendendo presunte foto del mostro.

Quello che nella foto appariva come il mostro era in realtà una gobba in vetroresina utilizzata da Edwards per girare un documentario nel 2011. L'uomo ha spiegato di aver creato il falso per «divertirmi un po'».

L'episodio è l'ultimo di una lunga serie di controversie che hanno diviso le due agenzie turistiche del paese: l'agenzia Nessieland va incontro al desiderio di folklore dei turisti e dà per certa – o molto probabile – l'esistenza del mostro, mentre il Loch Ness Center and Exhibition preferisce un approccio più scientifico e parla soltanto di leggende e invenzioni fantastiche. Entrambe le agenzie offrono un giro turistico molto simile, che inizia con un tunnel al buio. Mentre quello di Nessieland prosegue raccontando avvistamenti del mostro e passaggi da cui potrebbe spuntare, il Loch Ness Center smonta gli avvistamenti degli anni Trenta – da cui cominciò la leggenda – usando in sottofondo una musica da circo.

Edwards ha detto di non avere alcun rimorso per la foto falsa, dicendosi soddisfatto di aver eguagliato l'altra celebre immagine del mostro che più di tutte contribuì a creare il mito: fu scattata dal 1934 dal chirurgo inglese Robert Wilson.

Negli anni Ottanta il Loch Ness Center dimostrò che si trattava di un giocattolo sottomarino con montata sopra una testa di serpente. Edwards ha spiegato il suo punto di vista dicendo: «Come pensate che Loch Ness avrebbe fatto negli anni senza quella foto?». Ha anche scritto una lettera alla Camera di commercio di Drumnadrochit lamentandosi dell'approccio scientifico del Loch Ness Center, che danneggerebbe l'industria del turismo locale.

«La maggior parte delle persone sulla mia barca pensa che sia solo divertente. Cosa porta più persone a Loch Ness, le mie storielle o i cosiddetti esperti che parlano di onde e pesci? Dovrebbero smetterla di prendersi così tanto sul serio». E ha aggiunto dicendo: «Pensate a cosa succederebbe se il signor Shine [direttore del Loch Ness Center] o il signor Raynor [un altro ricercatore] arrivassero in America e andassero a Disneyland a dire ai bambini che Topolino non esiste, di non credere a quella robaccia. È quello che stanno cercando di fare qui»[60].

L'ultimo avvistamento

L'ultima segnalazione è del 27 agosto 2013 quando un'onda anomala è stata immortalata in un video da David Elder un turista in vacanza nella zona. Secondo la testimonianza di Elder l'onda sarebbe stata provocata da un "oggetto scuro" della lunghezza di circa 4 metri e mezzo sotto la superficie dell'acqua. La notizia fa immediatamente il giro del mondo:

«David Elder, 50 anni, ha detto ai quotidiano inglesi di aver visto un "oggetto nero solido" scivolare sotto la superficie, oggetto che ha causato un'onda insolita quando il lago era completamente piatto. Elder, che proviene da East Kilbride, ha fatto una foto: Con la

---

[60] *In Scozia si litiga per il mostro di Loch Ness*, Il Post, 7 ottobre 2013.

coda dell'occhio destro ho visto una zona nera di acqua che si è sviluppata in una specie di onda". Non ha dubbi David. Forse non era il mostro di Lochness, ma senz'altro c'era qualcosa lì sott'acqua: "Sono convinto che sia stato causato da un oggetto nero solido sotto l'acqua. L'acqua era molto calma in quel momento, non c'erano increspature, e quell'onda è stata l'unica. Sembrava - continua - quel tipo di onda creata da una tavola da windsurf, ma non c'era nessuno sul lago in quel momento, nessuna barca, niente. È una cosa che proprio non riesco a spiegare" […]»[61].

Gli scettici sostengono che con ogni probabilità si tratti semplicemente dell'effetto di una folata di vento particolarmente violenta.

---

[61] Paul Byrne, *Loch Ness monster mania as photographer captures new shot of 'creature' making waves in water*, Daily Record, 27 agosto 2013.

CACCIA AL MOSTRO

Nel corso degli anni si sono avvicendate decine di spedizioni più o meno scientifiche e più o meno equipaggiate che avevano come obiettivo quello d'individuare e identificare il cosiddetto Mostro di Loch Ness. Si va dai gruppi di amici che decidono di passare le vacanze nella zona e passano le giornate a osservare le acque torbide e limacciose del lago, fino alle spedizioni organizzate e finanziate da enti pubblici e privati e che possono contare su attrezzature e competenze di primissimo livello.

Vediamo nel dettaglio la storia di alcune delle più importanti spedizioni organizzate e i risultati che sono state in grado di produrre. Per farlo dobbiamo fare un salto indietro nel tempo di un'ottantina d'anni, dato che la prima spedizione partì proprio nel 1934.

1934

La prima spedizione seria, come dicevamo, è datata 1934, ovvero poco dopo i primissimi avvistamenti d'inizio secolo. Un gruppo di una ventina di uomini, finanziati privatamente, perlustrano e osservano le acque del lago da diversi punti per 5 settimane per 9 ore al giorno tutti i giorni. Nessuno dei partecipanti però riesce a vedere o a percepire nulla di strano.

1962

Nel 1962 viene fondato "l'ufficio per le indagini sui fenomeni di Loch Ness", ovvero l'ente privato che ha come obiettivo quello di riunire tutti gli appassionati che vogliono partecipare alla ricerca di Nessie. L'ente rimane attivo per 10 anni durante i quali i suoi associati si danno il turno sulle rive del lago armati di binocoli e cannocchiali nella speranza di vedere la celebre creatura acquatica. Nessuno di loro però riesce mai a vedere nulla. In anni più recenti questo tipo di approccio è stato sostituito dalla tecnologia internet. Decine di webcam infatti sono state posizionate lungo le rive del lago e chiunque può connettersi da qualsiasi angolo del mondo e sperare di avvistare il famoso Mostro.

1968

Nel 1968 viene impiegato per la prima volta il sonar nella caccia a Nessie. Un potente e sofisticato apparecchio viene installato sotto il livello dell'acqua e lasciato attivo giorno e notte per due settimane. Alla fine i dati raccolti vengono sottoposti al vaglio di esperti di livello universitario. Durante quell'esperimento il sonar riesce a intercettare il passaggio di diversi animali della lunghezza di oltre 6 metri nei fondali del lago.

A quanto pare non si tratterebbe però di animali che hanno bisogno di risalire in superficie per respirare, perché di nessuno di loro viene seguita una traccia fino in superficie. Ecco uno stralcio della relazione finale che è stata presentata alla stampa:

«Secondo il professor Tucker il sonar ha segnalato la presenza di diversi oggetti in movimento alcuni dei quali raggiungevano la velocità di 12 nodi (circa 19 chilometri all'ora). Sempre secondo il professor Tucker si tratterebbe di animali ma egli tende a escludere che si possa trattare di semplici pesci.

Ecco le sue parole "la frequenza con cui questi animali si muovono in fase ascendente e discendente mi porta a pensare che non si tratti di pesci. Dall'altra parte nessun biologo marino di quelli che abbiamo consultato è stato in grado di suggerirci il nome di una specie di pesci che abbia un comportamento simile. Sono tentato di dire di aver captato il favoloso Mostro di Loch Ness con il nostro sonar».

1969

L'anno dopo, nel 1969, un'equipe americana cala in acqua un nuovo apparecchio sonar di tipo militare. Dopo pochi minuti lo strumento capta un segnale chiaro che gli esperti interpretano come corrispondente a un oggetto di oltre sei metri di lunghezza in movimento. Sempre in quei giorni vengono calati alcuni sommergibili nelle fredde acque del lago. Uno di questi sottomarini che si muove in perlustrazione a una certa profondità capta un segnale chiaro proveniente da un oggetto in movimento davanti a lui. Si tratta di una zona in cui non erano presenti altri sommergibili.

L'operatore a bordo del mezzo segue il segnale muovendosi nelle torbide acque del lago ma, dopo pochi secondi l'oggetto che ha prodotto il segnale accelera e sparisce dalla portata del sommergibile.

1970

Nel 1970 vengono piazzati alcuni microfoni sottomarini a intervalli regolari per tutta la profondità del lago. Dopo alcuni giorni i delicatissimi strumenti vengono recuperati e portati a riva con tutto il loro carico d'informazioni. Nelle tantissime ore di nastro registrate sono rimasti quasi esclusivamente i rumori ovattati e monotoni del lago, ma dopo alcune ore di ascolto i tecnici riescono a isolare alcuni suoni molto chiari. A una prima analisi sembra che si tratta del verso di un uccello.

In altri casi si sente battere un colpo come se un animale acquatico di grandi dimensioni stesse utilizzando l'ecolocalizzatore, ovvero il sofisticato sistema sonar che alcuni animali hanno e che permette loro di vagliare lo spazio intorno a loro alla ricerca di prede.

1972

Nel 1972 comincia ad appassionarsi al caso l'eccentrico miliardario americano Robert Rines di professione avvocato ma anche inventore, musicista e compositore. Rines mette a punto un nuovo strumento ottenuto dalla fusione di un sonar e una macchina fotografica subacquea.

Il principio di funzionamento è relativamente semplice: quando il sonar, opportunamente tarato, identifica il movimento di un oggetto sufficientemente grande e vicino nello spazio, una luce si accende e la macchina fotografica inizia ad imprimere sulla pellicola le immagini di ciò che le sta di fronte. Le ricerche di Rines continueranno per anni, fino alla sua morte nel 2008 all'età di 87 anni, con sistemi e apparecchiature via via più sofisticati.

Il sistema Rines ha permesso di ottenere diverse immagini di quelle che sembrano le pinne e la coda di un qualche animale che in certe inquadrature sembra davvero un rettile preistorico. Non possiamo dimenticare però che molti esperti si sono dichiarati scettici riguardo a queste immagini che in molti casi sembra siano state ritoccate per far risaltare meglio un dettaglio piuttosto che un altro. Alcuni degli scatti più famosi prodotti da Reines infatti se rivisti nel formato originale non sono altrettanto suggestivi e chiari.

1987

Nel 1987 ventiquattro imbarcazioni dotate di ecoscandaglio vengono messe in acqua. Quando una di queste individua un segnale interessante vengono fatte convergere sul porto tutte le altre. Dall'analisi congiunta dei dati di bordo emerge con chiarezza che a una profondità di circa 180 metri vi sono due o tre oggetti di grosse dimensioni in movimento. Ecco come ricorda questa esperienza Darrell Lowrance che aveva in parte sovvenzionato l'impresa:

«Qui sotto c'è qualcosa che non è un pesce ma di cui non riusciamo a capire la natura.

Forse si tratta di una qualche specie animale che non conosciamo. Non saprei»[62].

1993

Nel 1993 una spedizione di biologi marini che studia la flora e la fauna del lago intercetta ancora una volta il segnale di quello che a tutti gli effetti sembra un grosso animale in movimento.

2003

Nel 2003 il canale televisivo inglese BBC finanzia un gruppo di ricerca che può contare su apparecchiature di tipo militare e immagini satellitari. A nulla però valgono gli sforzi dei diversi esperti impiegati nella ricerca. Nessuna informazione utile viene raccolta e l'intera spedizione si rivela un grosso fiasco.

Alla fine di questa rassegna non possiamo non notare come il numero e la qualità delle informazioni raccolte sia calato nel corso degli anni. Sembrerebbe quasi che le informazioni repertate abbiano seguito un andamento inversamente proporzionale rispetto alla qualità delle apparecchiature tecnologiche utilizzate. Questo pare andare nella direzione di quanti sostengono che i fondali del lago non nascondano alcun Mostro o creatura bizzarra. In sostanza sembrerebbe che i primi apparecchi impiegati nel lago, per forza di cose meno precisi di quelli moderni, potessero captare dei segnali che le più moderne tecnologie riescono a interpretare in maniera chiara attribuendoli ad animali conosciuti o ad altri fenomeni naturali, eliminando quindi ogni equivoco.

Dall'altra parte però vi è pure chi sostiene che il Mostro di Loch Ness o, meglio, i mostri come vedremo tra breve, si sarebbero estinti negli ultimi anni, forse a causa dei cambiamenti climatici del secolo scorso.

Ne era convinto Reines, il miliardario americano che come abbiamo visto finanziò diverse spedizioni. Anche Reines infatti aveva notato come gli avvistamenti (casuali o effettuati per mezzo di apparecchiature) tendessero a diminuire per precisione e frequenza con l'andare degli anni, ragion per cui aveva ipotizzato l'estinzione del cosiddetto Mostro di Loch Ness. Ma che tipo di creatura sarebbe Nessie?

---

[62] Fiona Keeting, *New Study of Loch Ness Monster on 80th Anniversary of First Modern Sighting,* International Business Times, 14 aprile 2013.

IDENTIKIT DI UN MOSTRO

N el corso degli anni sono state avanzate diverse ipotesi sulla reale natura di Nessie. Scienziati e semplici appassionati hanno formulato le più disparate teorie al riguardo. Vediamo le più suggestive.

Animali tradizionali

Secondo molti esperti il cosiddetto mostro di Loch Ness altro non sarebbe che un animale comune che la suggestione di alcuni avrebbe trasfigurato in un essere misterioso e bizzarro. I candidati al ruolo di Nessie potrebbero essere dei semplici uccelli marini di quelli che si muovono in piccoli stormi tra le acque del lago e la terraferma. In particolari condizioni di luce e a una certa distanza infatti questi gruppi di uccelli in movimento sembrano un corpo solo, un unico essere vivente che si muove con geometrie lontane da quelle dei vertebrati come li conosciamo noi.

Qualcuno invece è convinto che si tratti di banalissime anguille cresciute oltre misura. Se da un lato le fattezze dell'anguilla potrebbero ricordare un serpente o un qualche mostro marino, dall'altro però è bene ricordare che questo tipo di animale non è in grado di far fuoriuscire la testa dall'acqua come molti testimoni raccontano di aver visto.

È stata avanzata anche l'ipotesi che gli animali visti dai testimoni possano essere degli elefanti portati a fare il bagno dagli addetti di un qualche circo itinerante. Se da un lato la visione di un pachiderma a quella latitudine potrebbe sicuramente impressionare chiunque, non si può non sottolineare come non sia stata accertata la presenza di alcun circo nella zona in occasione degli avvistamenti oculari più famosi.

Per restare nel filone esotico non possiamo non ricordare quanti sostengono che Nessie sia un esemplare di coccodrillo gigante arrivato chissà come in Scozia.

Da ultimo in molti sostengono che Nessie altro non sia che un leone marino di grosse dimensioni che in molti hanno scambiato per un grosso rettile.

L'oggetto inanimato

Vi sono poi quelli che sostengono che Nessie sia un qualche oggetto inanimato scambiato per qualcosa di diverso. In molti sono convinti si possa trattare di un tronco di un albero trascinato dalla corrente, oppure di alcune onde anomale che agli occhi di un osservatore sprovveduto e fantasioso potrebbero assomigliare al corpo di un mostro.

Il terremoto

Luigi Piccardi, geologo italiano del CERN, ha avanzato una teoria che spiegherebbe in parte i tanti racconti sul Mostro di Loch Ness. Secondo lo studioso italiano infatti i movimenti rilevati dai sonar nel lago, e anche gli strani corpi visti nel lago sono attribuibili a una particolare condizione geologica della zona. Non a caso tra il 1933 e il 1935 si sono verificati numerosi avvistamenti del Mostro a Loch Ness, e proprio nel 1934 la faglia di Great Glen è stata investita da un violento terremoto:

«Loch Ness trova la sua origine nella faglia (le faglie sono le fratture nelle rocce che muovendosi originano i terremoti) di Great Glen, grande e molto attiva. Quando si muove provoca un ribollire delle acque che poi producono delle ondulazioni che a volte vengono scambiate con il mostro. [...] quanti pensarono di aver visto un mostro in realtà avevano visto sull'acqua gli effetti provocati dalle scosse telluriche».

Luigi Piccardi dunque sostiene che le forme viste in acqua da molti testimoni potrebbero essere state prodotte dalla risalita di alcuni gas sprigionatisi per motivi del tutto naturali nei fondali del lago.

Il pleiosauro

Da ultimo vi sono quanti, e forse sono i più numerosi, sostengono che Nessie sia una creatura vera e propria e che non abbia nulla a che vedere con nessuna specie animale della zona. Sulla base delle descrizioni dei testimoni in molti infatti si sono convinti che si possa trattare di un plesiosauro, ovvero di un enorme rettile che secondo la scienza si è estinto in età Giurassica.

Si tratterebbe quindi di un esemplare, o addirittura di una colonia di esemplari, che sarebbe sopravvissuta per milioni di anni mimetizzandosi in un ambiente protetto e isolato.

La teoria del plesiosauro, le cui fattezze anatomiche ricordano molto bene la creatura vista da numerosi testimoni, è stata criticata da diversi studiosi. In particolare viene fatto rilevare che, stando alle informazioni in nostro possesso, questa specie di rettili viveva in un clima temperato se non addirittura tropicale.

Resti di questi animali sono stati sì trovati in Germania e in Gran Bretagna, ma a quell'epoca le condizioni climatiche di quelle zone erano radicalmente diverse da quelle odierne. Parliamo infatti del Giurassico Inferiore, ossia di un epoca che risale all'incirca a 190 milioni di anni fa. Inoltre molti esperti di anatomia hanno concordato sul fatto che, stando ai resti fossili di questo animale, non era tecnicamente possibile per questa specie sollevare la testa fuori dall'acqua.

Va comunque precisato che, per quanto possa sembrare ironico, il Mostro di Loch Ness non potrebbe comunque essere un dinosauro. I rettili marini dell'era mesozoica infatti erano semplicemente dei "parenti" degli antichi dinosauri che, secondo gli standard della scienza accademica, vissero soltanto sulla terraferma. Da un punto di vista storico poi pare certo che Loch Ness sia stato completamente ghiacciato per circa 20.000 anni prima di prendere le dimensioni e le fattezze attuali.

Infine viene fatto notare che un anfibio di questo tipo ha bisogno di emergere in superficie diverse volte al giorno per respirare e che, quindi, se vivesse ancora nelle acque del lago la sua presenza dovrebbe essere stata registrata praticamente ogni giorno dell'anno. Ovviamente i sostenitori della teoria del plesiosauro non demordono e infatti ribattono che molto probabilmente questa specie di plesiosauro è un'evoluzione di quella che conosciamo attraverso i resti fossili capace per questo di vivere in un ambiente diverso senza dare troppo dell'occhio.

Per altri esperti Nessie potrebbe essere una qualche specie di anfibio di enormi dimensioni se non addirittura un enorme verme marino dalle dimensioni sproporzionate. Vi sono poi quanti sostengono che Nessie appartenga a una specie sconosciuta, magari una sorta d'incrocio tra un plesiosauro e un balena di piccole dimensioni. Per quanto riguarda la necessità di emergere dall'acqua per respirare poi è stata avanzata l'ipotesi che Loch Ness sia collegato all'oceano da alcuni canali che si troverebbero a grande profondità, ragion per cui non è da escludersi che un eventuale rettile di grandi dimensioni passi solo alcuni periodi nelle acque del lago salvo poi sparire nei bui fondali dell'oceano.

Ma è tecnicamente possibile che una creatura che si ritiene estinta da milioni di anni possa in realtà essersi riprodotta fino ai giorni nostri? Si tratta di pura fantasia o esiste un qualche fondamento scientifico a supporto di questa teoria?

CRIPTOZOOLOGIA

Come abbiamo detto generazioni intere di studiosi, religiosi ma anche semplici fedeli e curiosi si son La criptozoologia è una disciplina considerata pseudoscientifica o parascientifica che si occupa della ricerca di esseri viventi che si considerano estinti, come i dinosauri, e che si ritiene possano vivere ancora mimetizzati in zone particolarmente remote e isolate del mondo.

La parola stessa criptozoologia deriva dal greco criptos, ovvero nascosto. La scienza cosiddetta ufficiale non riconosce questa branca del sapere perché fondata sullo studio degli aneddoti e delle leggende locali prima che su di un'analisi biologica, storica e zoologica in senso tradizionale. In sostanza i fautori di questa disciplina partono dallo studio delle leggende, dei racconti ma anche dalle testimonianze dirette delle popolazioni locali per formulare una teoria che cerchi di provare l'esistenza di una qualche creatura che ancora non conosciamo.

Famosissimo è il caso dello Yeti, l'uomo delle nevi dell'Himalaya, a cui abbiamo dedicato una delle nostre inchieste che avrete modo di leggere nelle prossime pagine di questo libro. Lo Yeti nel corso dei decenni è stato avvistato da numerosi testimoni (molti dei quali occidentali) e, secondo alcuni criptozoologi, potrebbe essere una qualche forma di ominide preistorico arrivata fino ai giorni nostri attraverso un percorso evolutivo diverso dal nostro.

Come abbiamo già detto l'approccio di questa disciplina non è ortodosso, ma piuttosto di tipo multidisciplinare: storia, antropologia, chimica, biologia e altre discipline si uniscono fino a formare una sorta di magma del sapere complicato e affascinante allo stesso tempo. Per la comunità scientifica internazionale gli criptozoologi sarebbero solo un gruppo di fanatici dotati di fervida immaginazione.

Da un punto di vista puramente accademico infatti viene fatto notare come questi studiosi preferiscano dedicare tempo ed energie alla ricerca di creature considerate mitiche o immaginarie piuttosto che concentrare i propri sforzi nella ricerca di più prosaiche specie di nuovi insetti o vertebrati di cui s'ipotizza già l'esistenza.

Tralasciamo per un momento la polemica accademica e concentriamoci sugli aspetti più pragmatici della faccenda. La domanda in fondo è molto semplice: è possibile che alcune creature considerate estinte siano invece arrivate fino ai giorni nostri? La risposta è sì.

Ritrovamenti eccezionali

Se abbiamo risposto sì alla domanda posta poco sopra non l'abbiamo fatto in base a una speculazione teorica, e non si tratta neanche di chissà quale ragionamento sofisticato. La risposta è sì semplicemente perché casi del genere si sono già verificati diverse volte in passato.

Il celacanto

Nel 1938 infatti, nelle acque antistanti le coste del Sud Africa, un gruppo di pescatori locali ha catturato un esemplare di celacanto, un pesce che si considerava estinto nel periodo Cretaceo. Per la precisione venne ritrovato un esemplare di Latimeria chalumnae, una delle due razze di celacanto (l'altra è la Latimeria menadoensis). Fino a quel momento gli studiosi avevano recuperato soltanto alcuni fossili di questa strana creatura.

Nessuno aveva mai ipotizzato che potesse essere ancora viva e vegeta nelle acque dell'oceano indiano, tanto che si era arrivati a ipotizzare che questo pesce fosse l'anello di congiunzione tra i pesci e i vertebrati terrestri, in pratica una sorta di specie intermedia tra i pesci e i rettili.

La latimeria menadoensis, la seconda specie di celacanto, è stata scoperta invece soltanto nel 1997, in Indonesia. Da un punto di vista zoologico la scoperta del celacanto equivale alla scoperta di un dinosauro o di un mammut in piena forma. Quel giorno tutta la comunità scientifica si è dovuta porre delle domande molto serie su tutto quello che fino a quel momento veniva considerato un sapere riconosciuto e indiscutibile.

Non possiamo comunque non rilevare che, a dispetto delle teorie e degli studi approfonditi dei criptozoologi di tutto il mondo, non si registrano casi di scoperte collegabili a questa disciplina. In buona sostanza se è vero che con ogni probabilità esistono ancora diverse specie animali di cui ignoriamo l'esistenza, quando una di queste viene rinvenuta non è mai per merito della criptozoologia quanto piuttosto per una serie di circostanze fortuite.

Saro

Il Saro, chiamato anche Arirai (nome scientifico: Pteronura brasiliensis) è una sorta di lontra gigante, un animale che vive lungo i fiumi brasiliani e che può raggiungere anche i 2 metri di lunghezza. Per molti secoli il Saro venne considerato semplicemente uno dei tanti animali leggendari del folklore sudamericano, finché non venne effettivamente scoperto e catalogato dagli zoologi.

Calamari giganti

A lungo i calamari giganti sono stati considerati animali leggendari, considerati alla stessa stregua dei draghi o delle sirene. C'erano studiosi e ricercatori che erano convinti della loro esistenza, in base a ricostruzioni teoriche e a teorie scientifiche. Questo perlomeno fino al 30 settembre 2004, quando gli studiosi del Museo Nazionale di Scienze del Giappone e dell'Associazione di Whale Watching delle Ogasawara riuscirono a fotografare per la prima volta un calamaro gigante vivo nel suo ambiente naturale. Le incredibili fotografie scattate in quell'occasione (in tutto 556) vennero pubblicate soltanto un anno dopo. Il 4 dicembre del 2006 poi la stessa equipe riuscì a filmare un calamaro gigante vivo.

I calamari giganti vivono nei più profondi abissi dell'oceano e possono raggiungere i 13 metri di lunghezza.

C'è stato chi è arrivato a ipotizzare che possano arrivare fino a 25 metri, ma non ci sono evidenze scientifiche che confermino queste ipotesi. In linea del tutto teorica quindi non possiamo escludere che, come nel caso del celacanto o dei calamari giganti, anche a Loch Ness possa vivere una qualche creatura che consideriamo estinta. Ma è possibile che Mostro di Loch Ness sia un esemplare unico che vive in maniera solitaria? Per la maggior parte degli studiosi questo non è possibile.

L'esemplare unico

La comunità scientifica internazionale su questo punto è concorde: il Mostro, inteso come unico esemplare, di Loch Ness non esiste. Al di là del fatto che non sono mai stati rinvenuti resti di questo presunto animale leggendario, per poter sopravvivere una specie ha bisogno di una colonia d'individui che permetta loro la riproduzione e la continuità. Un singolo individuo da solo non ha possibilità di perpetrare la specie che alla sua morte chiuderebbe per sempre il proprio ciclo evolutivo.

Secondo i sostenitori della teoria del plesiosauro quindi a Loch Ness ci dovrebbero essere circa 20 o 30 esemplari tra adulti e piccoli solo per poter pensare di mantenere in vita la colonia. Ma siamo sicuri che un esemplare unico sia destinato per forza di cose a estinguersi? Ancora una volta tutta la comunità scientifica era pronta a giurare che questa fosse l'unica spiegazione possibile, ma nel 2006 anche questo assunto è stato duramente messo alla prova da un fenomeno incredibile quanto imprevisto. Nello zoo di Londra infatti una femmina di drago di Komodo, un grosso rettile indonesiano, di nome Flora dell'età di 8 anni ha dato alla luce dei cuccioli senza essere mai venuta in contatto con nessun esemplare maschile. La cosa ha dell'incredibile e ha ovviamente incuriosito la comunità scientifica di tutto il mondo che alla fine si è dovuta arrendere all'evidenza di una gravidanza portata avanti da un esemplare vergine.

Si tratta di un sistema di riproduzione dei rettili che fino a quel momento era stato soltanto ipotizzato dagli studiosi, e spesso quelli che avevano avanzato questa ipotesi erano stati derisi dalla comunità scientifica internazionale. Ancora una volta appare chiaro che molte delle certezze portate avanti dalla scienza ufficiale possono franare davanti a fenomeni inaspettati e del tutto inspiegabili con l'ausilio delle conoscenze canoniche.

La catena alimentare

Quella della catena alimentare è una delle teorie più solide formulate dagli scienziati accademici per confutare l'esistenza di una presunta creatura sconosciuta. Loch Ness infatti è un lago relativamente piccolo e la piramide alimentare di un ecosistema del genere non potrebbe sostenere un'intera famiglia di predatori, soprattutto se pensiamo alle enormi dimensioni che dovrebbe avere Nessi. L'ipotesi sarebbe ancora più improbabile se si parla di più famiglie di animali che vivono nel fondo del lago.

Anche in questo caso gli studiosi non convenzionali hanno cercato di confutare questa teoria tirando in ballo un eventuale canale segreto che mette in comunicazione il lago con il mare, ma a oggi non esistono prove dell'esistenza di tale passaggio sottomarino.

UN MONDO DI MOSTRI

Il mostro di Loch Ness, assieme allo Yeti, è sicuramente una delle creature misteriose più famose al mondo. Esistono però decine di altre creature simili che popolano i racconti di diverse popolazioni a tutte le latitudini del mondo. Di seguito vi presentiamo alcune delle più straordinarie e affascinanti creature misteriose, creature che la comunità scientifica considera semplici leggende nonostante i numerosi avvistamenti.

Manipogo

Il Manipogo è una creatura simile a Nessie che alcuni ritengono possa venire nelle acque del lago Manitoba in Canada. Secondo le testimonianze dovrebbe avere una lunghezza di circa 8-12 metri e le sembianze di un grosso serpente. Nel 1962 due pescatori produssero alcune foto della strana bestia ma ancora una volta la qualità delle immagini si rivelò talmente bassa che non fu possibile utilizzarle come prova. Gli ultimi avvistamenti del Manipogo sono del 9 agosto del 2012 quando diversi testimoni hanno visto un grosso animale dalle forme preistoriche emergere dall'acqua per ben due volte.

Igopogo

L'Igopogo, conosciuto anche con il nome di Kempenfelt Kelly, è stato avvistato nelle acque del Lago Simcoe, nella zona di Toronto in Canada. Secondo le testimonianze avrebbe un lungo collo affusolato e una testa dalle fattezze canine. Alcuni video amatoriali mostrano un'ombra scura muoversi sotto il pelo dell'acqua e una testa emergere per alcuni secondi.

Come nel caso di Loch Ness sono state finanziate alcune spedizioni scientifiche alla ricerca della misteriosa creatura ma tutte si sono rivelate inutili.

Ogopogo

Ogopogo è il nome che viene dato una creatura che si ritiene viva nelle acque del Lago Okanagan non lontano da Vancouver, sempre in Canada. La tradizione e gli avvistamenti dell'Ogopogo vengono fatti risalire a molti secoli prima dell'arrivo dei colonizzatori bianchi. Sembra infatti che già le tradizioni indigene dei nativi americani della zona narrassero di questo grosso serpente che vive nelle gelide acque del Lago Okanagan. Per questo motivo ogni volta che dovevano attraversare il lago gli indigeni portavano con se alcuni polli da offrire in sacrificio all'Ogopogo e placarne così l'appetito. L'avvistamento più famoso è del 1986 quando diversi testimoni videro una bestia di grandi dimensioni, tra i 15 e i 18 metri, muoversi nell'acqua salvo poi sparire nei bui fondali del lago.

Yeti

Yeti è il nome che le popolazioni dell'Himalaya hanno dato a un essere dalle fattezze umane che è stato avvistato parecchie volte dalle genti del posto ma anche da scienziati ed esploratori che si erano spinti in quelle zone impervie del mondo. Secondo alcuni si tratterebbe di un ominide di cui non conosciamo l'origine, per altri si potrebbe trattare dell'ultima colonia vivente di uomini di Neandertal. Per altri ancora infine si tratterebbe di una specie di orso dalle fattezze umane. Per sapere l'incredibile storia dello Yeti e dei suoi avvistamenti vi rimandiamo alla sezione specifica di questo volume.

Buru

Il Buru sarebbe un rettile acquatico che vivrebbe nella valle del Jiro, in India. Si tratta di una specie sconosciuta e mai documentata scientificamente, anche se nel 1947 il Professor Christopher von Furer-Haimendorf dichiarò ufficialmente che questo animale era esistito e, molto probabilmente, già estinto a quell'epoca. I racconti folkloristici locali raccontano numerose storie su questo misterioso animale. C'è chi pensa che i buru non fossero altro che normali coccodrilli, mentre altri hanno ipotizzato che si trattasse di una particolare razza di coccodrilli evolutasi in maniera autonoma.

Bigfoot

Il Bigfoot è per molti aspetti la versione americana dello Yeti. Le prime notizie ufficiali riguardanti il Bigfoot risalgono al 1818, quando un quotidiano dell'epoca riportò la notizia dell'avvistamento di uno strano essere a metà tra l'uomo e la scimmia dell'altezza di circa 2 metri e mezzo. Dal quel momento gli avvistamenti si moltiplicarono. È stato provato però che molte di queste testimonianze erano false al punto tale che oggi è veramente difficile separare le fonti affidabili da quelle fasulle.

D'altra parte però nel caso del Bigfoot esistono tutta una serie d'indizi che sono stati studiati e analizzati a fondo, e non solo dagli studiosi non convenzionali. Sono state infatti rilevate diverse impronte di questo essere misterioso e tracce del suo DNA sono state isolate da quelle che sembrerebbero essere frammenti della sua peluria e delle sue feci. Le analisi hanno confermato che si dovrebbe trattare del DNA appartenente a una qualche specie di scimmia, di cui però s'ignora l'origine.

Esistono alcuni filmati amatoriali del Bigfoot ma, come spesso accade in questi casi, sono serviti più a dividere gli esperti che a provare l'esistenza di questa creatura. Da ultimo dobbiamo ricordare che numerosi testimoni sostengono di aver scaricato sul Bigfoot interi caricatori di fucili da caccia grossa ma di non essere riusciti nemmeno a ferirlo.

Chupacabra

Chupacabra, letteralmente "Succhia Capra", è una bestia misteriosa che si nutrirebbe di animali domestici succhiandone il sangue fino all'ultima goccia. La presenza di questa creatura è stata segnalata in America Latina, nel Sud degli Stati Uniti e in alcune zone dell'Africa. Si tratterebbe di un animale dell'altezza di circa un metro e mezzo con occhi rossi e privo di labbra.

Secondo le testimonianze oculari il Chupacabra potrebbe cambiare colore della pelle a scopo di difesa come un camaleonte. Velocità e capacità di spiccare salti altissimi sarebbero poi le sue caratteristiche più evidenti.

Alcuni criptozoologi hanno formulato l'ipotesi che si possa trattare di una qualche specie di piccolo dinosauro sopravvissuto fino ai nostri giorni. Secondo altri si tratterebbe addirittura di un essere alieno giunto sulla terra a bordo di un UFO, anche perché pare che molti dei suoi avvistamenti siano coincidenti con quelli di oggetti volanti non identificati nelle zone dove ne viene riportata la presenza. Per altri ancora si tratterebbe di un esemplare di animale creato in laboratorio dall'incrocio di diverse specie, magari per scopi militari, e poi sfuggito al controllo degli scienziati che l'avevano creato. Quello che potrebbe essere un esemplare di Chupacabra è stato ucciso da un contadino in Nicaragua nel 2000 e il suo scheletro portato a un vicino laboratorio scientifico per essere analizzato.

Ecco il racconto di questo episodio:

«Lo scheletro di un animale che succhiava il sangue di una pecora presso l'azienda agricola "San Lorenzo", di proprietà di Jorge Luis Talavera, che si trova a 154 chilometri da Malpasillo è stato trovato lunedì mattina a circa 80 metri dal recinto della fattoria. "Potrebbe essere un ibrido di diverse specie animali, magari creato in un laboratorio genetico" sostiene Giconda Chevez, veterinario di Malpasillo. Secondo la specialista i resti sono veramente strani. Sono rimaste tracce di una peluria bionda e una coda corta. Le cavità degli occhi sono molto pronunciate, mandibole forti e grandi denti completano la descrizione.

Jorge Talavera spiega di aver sparato a quello che sembra essere un Chupacabra tre giorni prima ma di aver trovato il corpo solo oggi quando ormai gli avvoltoi lo avevano completamente spolpato. In 15 giorni Talavera ha perso 25 pecore, tutte morte dissanguate e altre 35 sono state uccise nella fattoria del suo vicino. Una media di 5 pecore a notte. Nel frattempo il capitano Leonardo Carmona, a capo del laboratorio di medicina legale di Malpasillo, assicura che i resti verranno studiati con l'ausilio di esperti veterinari e biologi dell'università»[63].

Da quel giorno nessuna informazione utile a confermare o a smentire la presenza di un animale sconosciuto è stata resa pubblica e ancora oggi nulla si sa dell'esito delle analisi.

Il mostro del Lago Champlain

Il Lago Champlain si trova negli Stati Uniti, e più precisamente tra lo stato di New York e lo stato del Vermont. Nel 1609 venne avvistato per la prima volta un animale misterioso dalle fattezza di dinosauro, subito ribattezzato "mostro" dagli abitanti della zona. Nei decenni e nei secoli successivi gli avvistamenti si sono susseguiti a ritmo sempre maggiore, al punto che esiste ancora oggi una taglia di 50.000 dollari per la cattura di questo misterioso animale.

Issie

Issie è considerata la cugina giapponese di Nessie. In molti pensano si tratti di un banale caso di emulazione turistica, come del resto si può intuire anche dal nome di questa misteriosa creatura. Il Lago di Issie si trova in Giappone e tutte le apparizioni e gli avvistamenti di Issie sono successivi a quelli registrati a Loch Ness. Nonostante Issie sia stata avvistata e fotografata più volte a oggi non esistono prove certe della sua esistenza.

Mokele Mbembe

Con il nome di Mokele Mbembe viene comunemente indicato un animale misterioso che vivrebbe in una grande foresta paludosa del Congo, situata a 800 chilometri a nord di Brazzavile.

Si tratta di un'area enorme che si estende per circa 130.000 chilometri quadrati. Il Mokele Mbembe, termine che letteralmente significa "colui che ostacola il flusso dei fiumi", vivrebbe nel fondale della palude.

Il primo a parlare di questa misteriosa creatura è stato l'abate Proyar, un missionario

---

[63] Benjamin Radford, *Tracking the Chupacabra: The Vampire Beast in Fact, Fiction and Folklore*, University of New Mexico Press, 2014.

francese che si trovava in Congo nel 1700. Le successive testimonianze parlano di un animale che sembra a dir poco incredibile, una sorta d'incrocio tra un elefante, un ippopotamo e un leone, con un collo molto lungo e una coda simile a un serpente.

Queste descrizioni hanno fatto pensare a un dinosauro, molto probabilmente un sauropode, forse un Diplodocus o un Apatosaurus. Si tratta però di animali estinti da più di 65 milioni di anni. Oltre alle testimonianze tradizionali e folkloristiche però c'è stato anche uno scienziato che ha raccontato di aver incontrato il Mokele Mbembe: stiamo parlando del Dottor Agnagna, uno zoologo congolese, che nel 1983 sarebbe riuscito addirittura a osservare il misterioso animale per più di 20 minuti da una distanza di circa 250 metri.

La bestia del Gevaudan

La bestia del Gevaudan è il nome con cui è passato alla storia un animale leggendario che sul finire del '700 in Francia attaccò diverse donne e divorò alcuni bambini nei pressi di Langogne (Ardeche). Questa è la descrizione che fece una delle donne attaccata da questo misterioso essere e che riuscì miracolosamente a salvarsi:

«Grande come un vitello con un petto molto largo, testa e collo molto grosso, orecchie corte e dritte, il muso come quello di un levriero, la bocca nera e due denti molto lunghi e affilati con un manto nero dalla cima della testa all'estremità della coda, procede a balzi di oltre 9 metri, dotata di grandi e affilati artigli»[64].

Questo misterioso animale venne ritenuto responsabile della morte di 15 persone, tutte donne o bambini, che furono letteralmente divorate dalla bestia del Gevaudan. Nel corso dei secoli successivi non è stato registrato però nessun avvistamento di questa misteriosa creatura.

L'Uomo Falena

Tra i tanti animali misteriosi e leggendari che popolano la terra l'Uomo Falena riveste sicuramente un posto di primo piano. Non esiste infatti creatura misteriosa che sia stata avvistata così tante volte come l'Uomo Falena. Soltanto tra il 1966 e il 1967 sono stati documentati infatti ben 25 avvistamenti. Dal 1967 in poi però gli avvistamenti si sono praticamente interrotti, motivo che ha spinto molti studiosi a interpretare questo fenomeno come una sorta di allucinazione collettiva.

Questa misteriosa creatura vivrebbe nei dintorni di Point Pleasant, in Ohio (Stati Uniti). Tutti quelli che l'hanno visto concordano nel definirlo come una creatura volante non meglio identificata, un essere dotato di ali molti grandi e di due occhi rossi e luminosi. A Point

[64] Abbé Pourcher, *La Bêtes du Gèvoudan*, Edition Jeann Lafitte, 2006.

Pleasant esiste addirittura un museo dedicato all'Uomo Falena che, inevitabilmente, è diventato uno dei maggiori richiami turistici della piccola cittadina dell'Ohio. Anche se abbiamo parlato di numerosi avvistamenti dobbiamo precisare che non esistono foto o filmati di questa creatura.

A oggi gli studi più approfonditi sull'Uomo Falena sono stati fatti da John Keel. Il fatto che Keel sia un famoso ufologo non ha certo contribuito ad aumentare la sua credibilità tra gli studiosi convenzionali, che infatti hanno duramente criticato le sue posizioni. Keel infatti è giunto alla conclusione che l'Uomo Falena provenga addirittura da un mondo parallelo e, a sostegno della sua tesi, racconta come tutti gli avvistamenti di questo misterioso essere siano stati accompagnati da avvistamenti di UFO. C'è poi tutta una teoria che considera l'Uomo Falena come una sorta di avvertimento divino (o alieno) che si presenta in terra prima di grandi catastrofi, cosa che avvenne effettivamente a Point Pleasant, dato che nel dicembre del 1967 crollò un importante ponte.

Nell'incidente morirono quasi 50 persone e, particolare molto significativo, da quel giorno in poi l'Uomo Falena non venne praticamente più avvistato. Altri avvistamenti dell'Uomo Falena invece si verificarono nel 1985, poco prima del terremoto che sconvolse Città del Messico, e poi nel 1986, prima dell'incidente nucleare di Chernobill.

Iemisch

I fiumi e i laghi della Patagonia sarebbero la patria del leggendario Iemish, un animale misterioso che potrebbe essere descritto come una tigre d'acqua. Tutti i testimoni che l'hanno avvistato lo descrivono come un animale dal corpo allungato e basso, con denti aguzzi e con una pelliccia molto scura. Gli studiosi ipotizzano che si tratti di una specie ancora sconosciuta di lontra gigante, o forse di una particolare razza di bradipi. Sul finire del XIX secolo sono stati rinvenuti dei resti di un animale mai identificato. Alcuni studiosi pensavano si trattasse del Mylodon, un particolare tipo di grosso bradipo all'epoca già estinto. C'è invece chi è convinto che si tratti di resti di Iemish.

Il Diavolo di Labynkyr

Anche in Russia esiste una creatura misteriosa e mai identificata, e cioè il Diavolo di Labynkar. Il Lago di Labynkar è situato nella Jakuzia Orientale, una zona isolata dal resto del mondo e in cui è difficilissimo sopravvivere a causa di condizioni climatiche particolarmente ostili alla vita. La posizione particolarmente ostica peraltro ha reso anche molto più difficili gli studi, dato che organizzare una spedizione scientifica in quella regione risulta particolarmente costoso. Da decenni il Lago è infestato da un animale mostruoso che nessuno è riuscito a identificare, come ha ricordato Timur Ivanzov, fondatore del "Club degli audaci esploratori": Il primo avvistamento in epoca moderna risale al 1958, e negli anni successivi si sono moltiplicate le segnalazioni.

Questa è la descrizione che ne fece il biologo sovietico Igor Akimushkin negli anni '60:

«Sulla superficie dell'acqua spuntava poco a poco una carcassa ovale color grigio scuro. Sullo sfondo grigio scuro si vedevano ben distinte due simmetriche chiazze chiare, che somigliavano a occhi dell'animale, e dal suo corpo spuntava qualcosa che assomigliava a un bastone... Forse, una pinna? Oppure un rampone di uno sfortunato cacciatore? Noi abbiamo visto soltanto una piccola parte dell'animale, ma sott'acqua s'intuiva un enorme massiccio corpo.

[...] Di fronte a noi c'era un predatore, senza dubbio, uno dei più forti predatori del mondo: in ogni suo movimento, in ogni suo delineamento s'intuiva una ferocia indomabile, spietata e consapevole. A distanza di 100 metri dalla riva l'animale si è fermato. Inaspettatamente si è messo a battersi nell'acqua, alzando le onde, e non si riusciva a capire che cosa stesse accadendo. È trascorso, probabilmente, un minuto e l'animale è scomparso, tuffandosi. Soltanto allora mi sono ricordato della macchina fotografica. [...] Non vi erano dubbi: noi abbiamo visto il "diavolo", il leggendario mostro di questa zona»[65].

Nel corso degli anni molti biologi e zoologi hanno effettuato una serie d'importanti ricerche nella zona, arrivando a ipotizzare che nelle profondità del lago viva addirittura una colonia di ittiosauri sopravvissuti miracolosamente all'estinzione. Si esclude la trovata pubblicitaria dato che come abbiamo ricordato il lago si trova a 150 chilometri da Tontor, un piccolo villaggio che rappresenta l'unico insediamento umano nella zona. Per raggiungere il lago infatti non esistono neppure strade asfaltate, l'unico modo è quello di servirsi di elicotteri, piccoli aeroplani, cavalli o fuoristrada.

Isnashi

L'Isnashi è un animale mai classificato ufficialmente che è stato ripetutamente avvistato in Brasile nella regione del Mato Grosso. Si tratta di una bestia dotata di forza fuori dal comune, capace di seminare il panico tra gli abitanti della zona divorando numerosi capi di bestiame durante le sue scorribande. L'Isnashi non si ferma neanche di fronte agli uomini e infatti si contano un gran numero casi di aggressione contro esseri umani che hanno avuto la sfortuna d'imbattersi in questa misteriosa creatura.

I testimoni parlano di una creatura simile al Bigfoot, un animale antropomorfo capace di lasciare impronte grandi fino a 45 cm. Si tratterebbe di un mostro sanguinario capace di spaccare le teste delle vittime per risucchiare il loro cervello. Una specie d'incrocio tra un vampiro e uno Yeti dunque, come racconta Domingos Parintintin, capo di una tribù amazzonica:

«L'unico modo per ammazzare un Isnashi è sparargli in testa. È però decisamente difficile

[65] AAVV, *La Domenica del Corriere,* 14 Giugno 1964.

riuscirci perché l'Isnashi ha il potere di provocare vertigini e di tramutare il giorno in notte. La migliore cosa da fare se ne vedete uno è arrampicarsi su di un albero e nascondersi»[66].

Anche nel caso dell'Isnashi gli studiosi pensano che si potrebbe trattare di un bradipo gigante, come ad esempio il megaterio o il milodonte, animali che però risulterebbero ufficialmente estinti.

Nessie in Australia?

Nel novembre del 2013 un avvistamento misterioso ha rilanciato l'ipotesi che esistano una serie di canali nascosti sul fondo di Loch Ness che colleghino il lago al mare aperto. A Magnetic Island, spiaggia australiana che si trova nella regione del Queensland, è stata scattata una foto che ha fatto il giro del mondo. Si tratterebbe infatti di un animale in tutto e per tutto simili alle tante descrizioni del Mostro di Loch Ness. Si trattava di un pleiosauro? O Nessie ha deciso di lasciare Loch Ness? Ecco il racconto dell'uomo che ha scattato quella foto misteriosa:

«Il tempo è perfetto, è per questo che Nessie è qui. Stavo camminando sulla spiaggia quando qualcuno ha gridato "per l'amor di Dio, è il mostro di Loch Ness". Ho guardato nella direzione che indicava e l'ho visto. La testa era circa un metro e mezzo fuori dall'acqua e stava saltando su e giù. Secondo me era lungo almeno quattro metri. Poteva comunque essere un Plesiosaurus o qualcosa del genere»[67].

Il tono troppo disinvolto e consapevole del testimone ha però fatto sorgere molti sospetti: che sia l'ennesima trovata pubblicitaria? Probabile.

---

[66] Martin, Paul S., *Twilight of the Mammoths: Ice Age Extinctions and the Rewilding of America,* University of California Press, 2007.

[67] 7News Australia, *New photo of Loch Ness Monster could be most compelling evidence yet,* 30 giugno 2020.

CONCLUSIONI

Ancora oggi mentre scriviamo questo libro decine di turisti ogni giorno fanno lunghi giri organizzati lungo le coste di Loch Ness nella speranza di vedere il famoso Mostro. Molti testimoni oculari sono stati sottoposti alla prova del poligrafo, la famosa macchina della verità, e tutti l'hanno passato, segno che ognuno di loro è sinceramente convinto di aver visto qualcosa d'inusuale tra le acque di Loch Ness.

Cos'è di preciso Nessie? Un grande rettile, un semplice leone marino, un animale che si ritiene estinto o una specie di cui ignoriamo l'esistenza?

Una cosa è certa Nessie si è rivelata essere una grande attrattiva per turisti, un'autentica macchina da soldi. Ogni anno migliaia di turisti si spingono nel Nord della Scozia, una zona altrimenti lontana da ogni circuito turistico moderno, solo per provare l'ebrezza di visitare il famoso lago. Ma, molto probabilmente, nel caso di Loch Ness i soldi non sono nemmeno la cosa più importante. Quello che conta è che Nessie nel corso dei decenni è diventato un'icona, un meccanismo che produce sogni e che emoziona ancora milioni di persone in tutto il mondo.

Forse è tutto qui il significato profondo di questa storia: Nessie è ancora lì, in fondo alle acque buie e limacciose di Loch Ness, che continua ad alimentare la fantasia e l'immaginario di tutti noi. Un animale fantastico che è diventato un simbolo e che ci spinge a non fermarci, ci ricorda che non bisogna smettere mai d'inseguire i nostri obiettivi e i nostri sogni, anche quando tutto sembra remare contro di noi. Non dobbiamo mai arretrare di fronte ai limiti che possono apparirci invalicabili, non dobbiamo mai smettere di porci domande. La risposta potrebbe essere proprio lì, a portata di mano.

O magari, proprio com'è successo a Loch Ness, la risposta potrebbe essere già passata di fronte ai nostri occhi e, per mille motivi diversi, non siamo riusciti a coglierla. Loch Ness è diventato una grande metafora della nostra esistenza e dei mille dubbi con cui tutti noi dobbiamo quotidianamente confrontarci. Non ci resta che continuare la nostra ricerca, un infinito e oscuro scrutare tra le profonde e misteriose acque di Loch Ness.

Wiki Brigades

CACCIA ALLO YETI

SUL TETTO DEL MONDO

Il 1° luglio 2006 è stata inaugurata la tratta finale della linea ferroviaria che collega Pechino a Lhasa, la capitale del Tibet. La Linea del Qinghai-Tibet, Treno del Cielo o Tibet Express, è un gioiello tecnologico ed è stata possibile a costo di sforzi enormi. Nel suo punto più alto infatti la ferrovia raggiunge l'altezza record di 5.072 metri sul livello del mare, ma per l'80% del suo tragitto si trova ad un'altitudine di più di 4.000 metri sul livello del mare.

I treni che la attraversano hanno carrozze pressurizzate simili alle cabine degli aeroplani, hanno particolari protezioni contro i raggi UV e sono dotate anche di bombole d'ossigeno. Lunghissimi tratti di quest'opera enorme sono posati direttamente sul terreno permanentemente ghiacciato, il così detto permafrost, e le temperature scendono di molto sotto lo zero. Il Treno del Cielo per arrivare a destinazione passa attraverso 7 trafori, tra cui il Tunnel Fenghuoshan (la galleria lunga più di un chilometro che con i suoi 4.905 metri sul livello del mare, detiene il record di altezza), e addirittura ben 286 ponti.

Per la Cina realizzare una simile opera ha rappresentato una sfida enorme con il mondo, sia per i noti problemi politici che riguardano la questione tibetana, sia per le incredibili difficoltà tecniche di portare a termine quest'impresa titanica. L'idea originaria di una ferrovia che collegasse il Tibet al resto del mondo risale addirittura a Mao Tze Tung[68], ma per diverse decenni si trattò soltanto di un sogno. La Cina, infatti, era troppo arretrata per riuscire in un'impresa che sarebbe stata impossibile anche per gli stati più tecnologicamente avanzati dell'epoca.

Una volta terminata la Linea del Qinghai-Tibet è costata più di 4,2 miliardi di dollari, un cifra enorme che fa capire più di tante parole il livello di complessità di quest'opera. La linea naturalmente non è pensata soltanto per il traffico turistico ma, soprattutto, anche per quello

---

[68] Si veda a questo proposito *Mao Tze Tung, l'imperatore rosso*, di Richard J. Samuelson (LA CASE Books, 2012)

commerciale, dato che permette di abbattere del 75% il costo del trasporto delle merci verso il Tibet. Ma il Governo cinese ha già iniziato a pianificare un'estensione del Tibet Express con l'obiettivo dichiarato di collegare la Cina e il Tibet al Nepal. La ferrovia infatti verrà ampliata fino a Shigatse, importante città tibetana, e poi ancora fino a Nyalam, piccola città al confine con il Nepal.

C'è poi un'altra linea di sviluppo che prevedono la costruzione di una terza linea che da Lhasa porti fino a Nyngchi, a pochi chilometri dall'Arunachal Pradesh. A oggi è impossibile raggiungere il Nepal via treno viste le enormi difficoltà della regione. Una volta terminata la nuova linea ferroviaria renderà molto più semplice il raggiungimento del monte Everest. Anche una delle zone più impervie del nostro pianeta potrebbe essere a portata di mano per il turismo di massa, con tutti i conseguenti problemi che una scelta del genere porterebbe al delicatissimo ecosistema di quello che viene definito "il tetto del mondo".

Le implicazioni di questa rivoluzione su rotaia sono molte e vanno dall'impatto ambientale a quello sociale, da quello economico a quello culturale. C'è però un aspetto di cui nessuno ha parlato finora apertamente ma che, secondo alcuni voci di corridoio provenienti da ambienti vicini all'establishment cinese, sarebbero molto concrete.

Grazie al Tibet Express infatti per la prima volta è possibile trasportare macchinari di grandi dimensioni e strutture complesse in zone in cui, fino ad ora, era letteralmente impossibile arrivare.

Per gli scienziati di tutto il mondo si apre dunque una nuova eccitante possibilità, quella di creare campi base sull'Everest infinitamente più avanzati e affidabili di quelli costruiti finora. Ci saranno nuove possibilità, sarà più semplice accedere a quelle zone e, molto semplicemente, la Terra diventerà ancora più piccola. Un'opera di questo tipo darà sicuramente ulteriore spinta a studi scientifici e a ricerche di ogni tipo, visto che finora lo scoglio maggiore erano proprio le condizioni limiti di queste zone.

Certo, ci si dovrà comunque confrontare con problemi enormi viste le particolarissime condizioni climatiche dell'altopiano himalyano e di tutta la regione, ma non c'è dubbio che soltanto rispetto a una decina di anni fa le condizioni di partenza sono infinitamente migliori, anche semplicemente dal punto di vista dei costi delle spedizioni. Tra le tante ricerche che interessano gli studiosi ce n'è una che, da un punto di vista ufficiale, resta nell'ombra ma che una volta terminato l'ultimo tratto della nuova linea del Qinghai-Tibet prenderà sicuramente nuova linfa. Stiamo parlando di una ricerca che dura da decine di anni e che ha visto coinvolti scienziati, avventurieri, studiosi non tradizionali e addirittura governi (in modo ufficiale e non ufficiale).

Abbiamo utilizzato il termine "ricerca" ma forse sarebbe più corretto parlare di "caccia", perché stiamo parlando della caccia allo Yeti.

CACCIA ALLO YETI

Quando si parla dello Yeti è molto difficile separare la storia dalla leggenda, la realtà dalla fantasia. Le antiche leggende himalayane raccontano di una creatura animalesca, un bestiale incrocio tra un essere umano e un orso delle nevi che vive in condizioni selvagge nell'Himalaya.

La parola Yeti deriva infatti dall'espressione heh-teh, frase utilizzata dagli sherpa nepalesi e che letteralmente significa "quella cosa là". Lo Yeti negli anni è diventato familiare anche al grande pubblico grazie ai vari scoop che parlavano dell'abominevole uomo delle nevi, nome con cui viene universalmente designato quest'essere leggendario che in nepalese viene chiamato Metoh Kangmi, ossia "uomo-orso delle nevi".

Per i tibetani esisterebbero addirittura due razze diverse di yeti, una che comprende gli yeti più grandi e che viene chiamata Dzu-teh (fino ai 315 centimetri di altezza), e una invece chiamata Meh-the formata da essere di dimensioni minori. Soltanto il Meh-teh si nutrirebbe di carne umana, mentre il Dzu-teh preferirebbe cibarsi di yak.

Lo zoologo statunitense McNeely, che ha dedicato la sua vita alla ricerca dello yeti, descrive così i Meh-teh:

«È una creatura tozza, d'aspetto scimmiesco, alta da 1,50 a 1,65 metri, ricoperta di pelo corto e ruvido, bruno rossiccio o bruno grigiastro, più lungo sulle spalle. La testa è grossa, appuntita alla sommità, con sutura sagittale pronunciata.

Le orecchie sono piccole e aderenti al capo; la faccia è glabra e piuttosto appiattita, la bocca grande, con dentatura forte ma senza canini sviluppati.

Le lunghe braccia pendono fino alle ginocchia. Normalmente, lo Yeti cammina eretto, con passo strascicato; talvolta si mette a quattro zampe per correre o scalare le rocce.

I suoi grandi piedi hanno due grosse dita prensili e tre più piccole. È privo di coda»[69].

Per quanto riguarda la specie più grande, quella dei Dzu-teh, ci affidiamo invece alla descrizione fatta dall'etnologo austriaco R. N. Wojkowitz, che ha vissuto tre anni nel Sikkim e nel Tibet.

Wojkowitz ha studiato a lungo le antiche fonti nepalesi e ha avuto modo di confrontarsi con i maggiori esperti di tradizioni popolari di quelle regione:

«Teme il fuoco ma, malgrado la sua forza considerevole, gli abitanti meno superstiziosi dell'Himalaya vedono in lui una creatura inoffensiva, che attaccherebbe un uomo solo se ferito.

A detta dei cacciatori della regione, il nome di "Uomo delle Nevi" che gli è stato dato è doppiamente falso, perché non si tratta d'un uomo e non vive nella zona delle nevi. Il suo habitat è, invece, la zona impenetrabile delle più alte foreste himalayane.

Di giorno dorme nel suo ricovero, che lascia solo a notte fonda. Il suo approssimarsi si riconosce al rumore di rami spezzati e da una specie di fischio che emette…

Quale motivo lo spingerebbe a intraprendere delle spedizioni senza dubbio estremamente faticose nell'inospitale regione delle nevi? La spiegazione degli autoctoni sembra molto plausibile: lo Yeti ha una specie di predilezione per una specie di muschio salato che si trova sulle rocce moreniche; è quando lo cerca che lascia sulla neve le sue impronte caratteristiche. Soddisfatto il suo bisogno di sale, torna nella foresta»[70].

L'abominevole uomo delle nevi

La particolare definizione di "abominevole uomo delle nevi" nasce nel 1921, quando il tenente colonnello C. K. Howard-Bury vede con il suo binocolo una figura scura che ricorda un essere umano. Nonostante si trovi a più di 7.000 metri di altezza il colonnello si reca sul posto dove trova sulla neve una serie d'impronte molto simili a quelle lasciate da dei piedi umani.

L'ufficiale inglese in quel momento sta tentando la scalata dell'Everest attraverso il sentiero che da Kharta porta a Lhapka-la. Gli sherpa dicono al colonnello che si tratta delle impronte di un "meh-teh", ma Howard-Bury capì "metoh-kaghmi". Un giornalista poi tradusse il tutto con "abominevole uomo delle nevi" e da allora quell'espressione è diventata parte dell'immaginario collettivo mondiale.

Il primo avvistamento ufficiale di quest'essere leggendario però è datato addirittura 1407

---

[69] J. A. McNeely , E. W. Cronin e H. B. Emery, *The Yeti — not a Snowman*, Cambridge University Press, 24 aprile 2009.

[70] Daniel S. Capper, *The Friendly Yeti*, The University of Southern Mississippi, 2012.

quando Johan Schiltberger avrebbe incontrato quest'essere mitico ai confini occidentali della Mongolia. In epoca moderna invece il primo occidentale a parlare dello Yeti è R. R. Hodgson, magistrato britannico che trascorse più di vent'anni in Nepal a partire dal 1820. La prima traccia dello Yeti invece viene identificata nel 1889. A farlo è A.L. Waddel, esploratore britannico, a una quota di 5.000 metri.

Il Colonnello Waddel si trovava lungo il confine tra Nepal, Tibet e Buthan quando i suoi sherpa lo avvisarono di una serie di strane impronte impresse sulla neve. Waddel allora andò a verificare di persona e, quando chiese agli sherpa di quale animale si trattasse, gli indigeni risposero che quelle erano le impronte "dell'uomo selvaggio ricoperto di peli" che abitava quelle zone. Da quel momento in poi si sono moltiplicati gli avvistamenti, le tracce, i reperti, ma nessuna prova definitiva dell'esistenza di questo strano essere venne mai esibita.

Ritratto di un mostro

«Indiscutibilmente il profilo della figura era di forma umana, camminava in posizione verticale e si fermava di tanto in tanto a sradicare o tirare alcuni cespugli di rododendro nano. Era nettamente distinguibile in contrasto con il bianco della neve e per quanto potevo vedere, non portava abiti. Dopo circa un minuto si spostò finché divenne invisibile alla vista, sfortunatamente non ebbi il tempo di preparare l'obiettivo della macchina fotografica né di osservare l'oggetto tramite un binocolo. Durante la discesa, due ore dopo, proposi d'ispezionare il punto in cui "l'uomo" o la "bestia" era stata osservata. Esaminai le impronte chiaramente visibili sulla superficie della neve.

Erano simili per forma a quella di un uomo, ma lunghe solo 15-17 cm. Contai 50 impronte, ognuna a intervalli regolari di 30- 45 cm. Le orme erano senza dubbio state lasciate da un bipede, la sequenza di impronte non avevano le caratteristiche di nessun quadrupede immaginabile. La folta vegetazione di rododendri impediva ulteriori indagini così riprendemmo la marcia [...]»[71].

Questa è la descrizione fatta dal fotografo greco N. A. Tombazi dello Yeti nel 1925. Tomabzi, all'epoca membro della Royal Geographical Society di Londra, aveva visto una creatura che si stava muovendo all'incirca 300 metri sotto di lui mentre si trovava nella regione del ghiacciaio dello Zemu (altitudine 4.500 metri).

Non riuscì a fotografarla ma, una volta raggiunto il punto in cui aveva avvistato quello strano essere, rinvenne una serie di impronte che non potevano appartenere ad un essere umano. A ogni modo le varie descrizioni di quest'essere leggendario hanno dei tratti in comune, vediamo quali.

---

[71] Nicholas Redfern, *The Bigfoot book: the encyclopedia of Sasquatch, yeti, and cryptid primates*, Visible Ink Press, 2016.

Tutti concordano sul fatto che lo Yeti sia molto alto, generalmente tra i 180 e i 240 centimetri le femmine, mentre i maschi arriverebbero addirittura a 315 centimetri. Le impronte rinvenute infatti a volte hanno addirittura superato i 46 centimetri. Gli esemplari avvistati erano ricoperti di una pelliccia folta e fluente, in tutti i casi si parla di una pelliccia bianca o argentata particolarmente lunga nella parte superiore del corpo. Purtroppo, com'è del resto noto, a oggi non si ha una prova inconfutabile dell'esistenza di questi essere.

Alcuni scienziati hanno avanzato l'ipotesi che si possa trattare di un animale che discende addirittura dal Gigantopitecus un animale preistorico appartenente all'ordine dei primate oggi estinto, salvo appunto qualche raro esemplare. Per tutto il '900 gli avvistamenti di esseri riconducibili alla razza degli yeti si sono moltiplicati, di seguito riportiamo quelli più eclatanti.

CRONISTORIA

1934

Nel 1934 Ralph Von Koenigswald, paleontologo olandese, rinvenne ad Hong Kong un dente molare molto simile a un dente umano. Quello che colpì lo studioso fu che quel dente era enorme, di almeno sei volte più grande di quello che avrebbe dovuto essere.

Von Koenigswald aveva acquistato quello strano oggetto in una farmacia cinese che lo vendeva come "dente di drago". L'olandese continuò le sue ricerche e ritrovò denti simili in Cina, in India e anche in Pakistan. Grazie agli studi di Von Koenigswald la comunità scientifica stabilì che era esistita una specie di scimmie giganti chiamate Gigantopitecus, razza che era vissuta nel tardo Pliocene e che si era estinta da almeno 400.000 anni.

Stiamo parlando di una scimmia altra quasi tre metri, l'anello mancante che potrebbe spiegare l'esistenza degli Yeti. Per gli esperti però si tratta di un'ipotesi impossibile perché non c'è nessuna possibilità che una specie tanto antica sia riuscita a sopravvivere anche in piccolissimi gruppi, soprattutto in una zona così isolata.

1948

Nel 1948 due esploratori norvegesi, Jan Frostis e Aage Thorberg, avrebbero avuto addirittura uno scontro violento con uno Yeti. I due erano stati incaricati dal governo indiano di esplorare la regione dello Zemu per verificare se tra gli strati geologici dei quella zona ci fossero tracce di sali di uranio o di minerali pregiati.

La notizia del loro incontro con uno Yeti divenne di pubblico dominio dopo che Jan Frostis venne ricoverato all'ospedale di Darjeeling per farsi curare i postumi di un morso di Yeti. L'uomo temeva che la ferita, una vasta lacerazione che gli aveva dilaniato la spalla, potesse infettarsi. L'uomo era vivo per miracolo, dopo che il suo collega e gli sherpa l'avevano trasportato in barella a valle con una marcia disperata. I due ingegneri avevano incontrato lo Yeti dopo aver abbandonato le loro ricerche minerarie in seguito alla scoperta di una serie impressionante d'impronte sul ghiacciaio dello Zemu.

A un certo punto però i due si trovarono a tu per tu con una coppia di Yeti:

«Lunghissimi peli bruni coprivano completamente i loro corpi, ma non il viso che era nudo. Ciglia folte e cespugliose spiovevano fino a metà dei loro occhi. La corporatura era quella di un uomo di taglia robusta. La coda pelosa sembrava avere la funzione di un contrappeso o quella di un organo di direzione»[72].

Gli esploratori, che inizialmente aveva sperato di riuscire a catturare vivo almeno uno di questi due esemplari, vennero brutalmente assaliti e spazzati via. Thorberg sparò anche un colpo con il suo fucile ma non riuscì a centrare il bersaglio, mentre il suo compagno era rimasto ferito con la spalla squarciata.

1951

Nel novembre del '51 gli alpinisti britannici Eric Shipton e Michael Ward si trovavano sull'Himalaya per studiare la testa del ghiacciaio Menlung a quasi 7.000 metri d'altezza. L'8 novembre, verso le 16:00 del pomeriggio, avevano praticamente raggiunto il ghiacciaio Menlung, quando avvistarono una serie d'impronte molto nitide a sud ovest del passo di Melung-Tse, al confine tra Nepal e Tibet. Sconvolti da quelle tracce, insieme al loro sherpa Sen Tensing seguirono la pista più di un chilometro e mezzo, finché dovettero abbandonare le ricerche perché si trovavano nei pressi di un pericolosissimo crepaccio.

In quel quel punto, come raccontarono poi gli stessi esploratori, le impronte s'interrompevano di colpo:

«Dove le orme attraversavano il crepaccio, era perfettamente visibile il punto in cui la creatura aveva saltato ed usato le sue dita per assicurarsi la presa sulla neve nel ciglio opposto»[73].

Riuscirono però a scattare una serie di foto che ritraggono un'impronta ben visibile, si tratta dell'orma di un piede sicuramente umanoide, con 5 dita e che misura all'incirca 33 centimetri. In base alla profondità è stato calcolato che le tracce dovevano essere state lasciate da esseri che pesavano come minimo 100 chili.

---

[72] Nicholas Redfern, op. cit.

[73] Eric Shipton, *That Untravelled World: The autobiography of a pioneering mountaineer and explorer*, Vertebrate Digital, 2017.

Ecco la testimonianza di Ward:

«L'impronta che abbiamo fotografato mostra nettamente il disegno di cinque dita, il secondo più grande rispetto al piede umano. Il mignolo è appena rilevato. Il resto del piede pare molto simile a quello dell'uomo, ma più largo. Nel luogo in cui l'animale aveva attraversato un piccolo crepaccio, si poteva vedere l'affossamento prodotto dalle dita toccando il suolo dopo il salto, e anche, ma è impossibile essere precisi su questo punto, delle tracce di unghie»[74].

1953

Il polacco Slavomir Rawicz nel 1952 pubblico "La lunga marcia", libro in cui raccontava la sua fuga da un campo di concentramento in Siberia dopo la seconda guerra mondiale. Rawicz aveva attraversato il confine sovietico per poi attraversare tutto il deserto dei Gobi. Alla fine di un viaggio difficilissimo (e da molti ritenuto poco verosimile) Rawicz insieme ai suoi compagni era riuscito ad attraversare l'Himalaya e ad arrivare in India. Durante la sua fuga per la libertà Rawicz nella zona dei ghiacciai del Sikkim incontrò una coppia di Yeti, descritti come due esseri enormi, ricoperti di pelo e con le braccia lunghe fino alle ginocchia.

1953

Lord John Hunt nel '53 guidò una spedizione sull'Himalaya. Nelle vicinanze del Passo Zemu lui stesso vide una serie d'impronte che in un primo momento giudicò umane. Riteneva infatti che fossero state lasciate dagli esploratori di una spedizione tedesca che in quei giorni si trovava sull'Himalaya. Quando però ebbe l'opportunità di confrontarsi con gli alpinisti tedeschi dovette ricredersi, dato che affermarono con assoluta certezza di non essere mai stati in quel luogo.

1955

Nel maggio del 1955 il Colonnello Pierre Bordet, a capo di una spedizione francese sul Makalu, fotografò una serie d'impronte:

«Ho seguito le impronte per più di un chilometro, contandone circa 3000. Erano tutte dello stesso tipo, profondamente impresse da un piede di sembianze umane. La pianta era ellittica e davanti ad essa erano impresse forme circolari delle dita, che erano quattro e non cinque, il primo dito all'interno era più grande dei restanti, che erano maggiori di quelli di un

---

[74] Ib.

uomo e non possedevano artigli. [...] nell'impronta impressa più chiaramente si notavano piccoli ponti di neve che dividevano le dita, mostrando che queste erano leggermente separate quando la creatura camminava. La lunghezza delle orme era di circa 20 cm mentre la distanza dall'una all'altra era di 50 cm»[75].

Successivamente Bordet si confrontò con i professori Berlioz e Aramburg del Museo di Storia Naturale di Parigi, che dissero di non conoscere nessuna specie in grado di lasciare simili impronte. L'unica conclusione possibile fu che si trattasse di una qualche scimmia di una specie sconosciuta.

1957

Tom Slick, miliardario e criptozoologo americano, organizzò una spedizione nel 1957. Nonostante gli sforzi non scoprì nulla, ma studiò a lungo le tradizioni degli abitanti dell'Himalaya arrivando a concludere che quei popoli conoscevano la differenza tra un orso e uno "yeh-teh".

1959

Due anni dopo Slick organizzò una seconda spedizione sulle tracce dello Yeti. Durante la sua ricerca vennero rinvenuti degli escrementi che contenevano parassiti fino a quel momento sconosciuti alla comunità scientifica internazionale. Per Slick si trattava sicuramente di escrementi appartenuti a uno Yeti. Secondo lui infatti quei parassiti erano tipici dell'intestino degli Yeti e per questo assolutamente sconosciuti.

Sempre nella stessa spedizione Slick rinvenne nel monastero buddista di Tengboche un reperto che ad oggi resta un vero enigma: si tratta infatti di una mano disseccata che, secondo i monaci del luogo, era appartenuta ad uno Yeti. Venne quindi trafugato un dito, che fu esaminato a Londra.

Il risultato lasciò ancora una volta interdetta la comunità scientifica internazionale: il dito infatti venne classificato come appartenente sì ad un primate, ma di una specie assolutamente sconosciuta. Questo eccezionale reperto venne analizzato anche dallo zoologo Charles A. Leone che non fu in grado di catalogarlo in nessun modo. Anche l'antropologo George Agogino ebbe modo di analizzare il reperto e ne concluse che non poteva assolutamente trattarsi di resti umani.

Vennero fatti anche gli esami del sangue e anche questi diedero lo stesso esito: quei resti non erano sicuramente umani ma, allo stesso tempo, non appartenevano a nessuna specie conosciuta.

Al momento attuale il reperto è andato perduto e nessuno sa dove sia custodito, quindi non è possibile effettuare nuove analisi con strumenti più sofisticati.

---

[75] Lionel Terray, *Conquistadors of the Useless: From the Alps to Annapurna*, Victor Gollancz, 1963.

Voci non ufficiali dicono che sia stato acquistato al mercato nero da un ricchissimo collezionista di origini persiane e che sia conservato in una caveau a Ginevra, ma purtroppo si tratta soltanto di voci non confermate.

1960

Edmund Hillary nel 1960 rinvenne nel monastero buddista di Khumjung alcuni copricapi che, secondo la tradizione, erano stati fatti con pelle di Yeti. Anche questa volta vennero esaminati e gli esperti ritennero che si trattasse di pelle di serow, un animale locale molto raro e che può ricordare la capra. Va precisato però che non tutti gli esperti che analizzarono questi copricapi furono d'accordo con questa spiegazione.

1970

L'alpinista ed esploratore inglese Don Whillans nel 1970 si trovava sul monte Annapurna. Era alla ricerca di un luogo in cui posizionare il suo accampamento quando sentì una serie di suoni che in un primo momento identificò come urla umane. Whillans a quel punto era intenzionato a scoprire se ci fosse effettivamente qualcuno in difficoltà ma venne fermato dai suoi sherpa.

Gli indigeni erano letteralmente terrorizzati perché avevano riconosciuto in quei suoni il richiamo dello Yeti. Whillans subito dopo intravide una figura scura in un punto molto distante dal loro accampamento. Il giorno dopo in quello stesso luogo vennero ritrovate nella neve impronte profonde più di mezzo metro. Quella sera infine Whillans, preoccupato per dei rumori, uscì dalla tenda e vide chiaramente lo Yeti illuminato dalla Luna. L'esploratore inglese lo descrive come una specie di strana scimmia, un animale molto agile e veloce che sparì in un lampo.

1972

Nel dicembre del 1972 Edward Cronin stava guidando una spedizione di ricerca lungo una valle fluviale nel Nepal orientale.

L'obiettivo della spedizione era quello di studiare e catalogare una serie di piante esotiche e di animali che, grazie alla particolare conformazione geologica della zona, si erano evoluti in maniera indipendente dal resto dell'ecosistema nepalese.

La spedizione era accampata in una vasta depressione a 4.000 metri di quota vicino al monte Kongmaa quando vennero scoperte delle impronte larghe 12 centimetri e lunghe circa 23 centimetri.

Era chiaramente visibile l'orma di un alluce opponibile molto largo e una disposizione completamente asimmetrica delle altre quattro dita.

Il tallone, infine, sembrava particolarmente arrotondato. Eccitati da quella scoperta gli uomini di Cronin seguirono le impronte che, purtroppo, sparirono all'interno di un territorio roccioso e impervio.

1986

Nel 1986 Rehinold Messner, molto probabilmente l'esploratore e alpinista più famoso dell'epoca moderna, ebbe un incontro ravvicinato con uno Yeti. Messner, un uomo che è stato capace di scalare 13 cime sopra gli 8.000 metri senza ricorrere mai alla bombola d'ossigeno, ha detto di aver incontrato lo Yeti intorno ai 6.000 metri e ha descritto l'animale come un bipede dalle dimensioni enormi e che, dopo aver fissato lo sbalordito esploratore, iniziò addirittura a fischiargli contro per farlo scappare. L'esploratore italiano, che ha incontrato lo Yeti anche in almeno due spedizione successive, ha raccontato così quel momento:

«La prima volta che lo vidi fu nel 1986, in una delle regioni appartenenti al Tibet orientale, che per motivi di tutela e segretezza nei confronti della creatura, preferisco non rivelare dove mi trovassi con esattezza. Era circa mezzanotte, ero stanchissimo e stravolto dalla lunga marcia diurna ed ho avvistato un enorme essere, ritto sulle zampe posteriori, in posizione bipede. Guardava nella mia direzione.

Iniziò a fischiare come per minacciarmi. A quel punto mi sono passate nella mente tutte le storie che avevo sentito sull'abominevole Uomo delle Nevi. Avevo sempre creduto che rientrassero nella categoria dei miti e delle leggende, ma in seguito si sono verificati altri due incontri e precisamente nel 1988 e nel 1997»[76].

Ecco cos'ha dichiarato ancora Messner sui suoi successivi incontri con lo Yeti e sulla teoria che ha elaborato nel corso degli anni per spiegare l'esistenza dell'abominevole uomo delle nevi:

«[...] ho compiuto venti delle sessanta spedizioni sull'Himalaya, alla ricerca di questa creatura. Lo Yeti esiste e come sostengo [...] è un insieme di animali, una creatura misteriosa, tutta da studiare e che ha attirato l'attenzione dei criptozoologi di tutto il mondo. La ricerca che si deve condurre va concentrata sia sull'aspetto zoologico puro e semplice che su quello leggendario, del mito che gravita intorno a questo essere. [...] Lo Yeti che ho incontrato e studiato nella varie leggende locali è un essere alto circa due metri e mezzo.

Il suo peso si aggirerebbe intorno ai 300 chili e dovrebbe avere un vello lungo dai 30 ai 40 centimetri circa.

Le segnalazioni che ho raccolto durante diverse spedizioni, parlando con gli abitanti himalayani, lo collocherebbero in un ambiente che varia tra i 4000 e i 6000 metri. Gli

---

[76] Reinhold Messner, *Yeti, leggenda e verità*, Feltrinelli, 1999.

avvistamenti dello Yeti, anche quelli precedenti alle mie esperienze, lo segnalano sia di giorno che di notte, quindi con un ciclo biologico molto attivo. [...] Generalmente cammina sulle quattro zampe, come alcuni paleontologi ritengono si muovesse il Gigantopiteco, ma se si sente minacciato da qualcuno o da qualcosa si erge sugli arti posteriori muovendosi come un bipede. Dallo studio comportamentale lo Yeti himalayano segue a distanza l'uomo cercando di rubargli qualche cosa, cibo o altro.

Da altre segnalazioni raccolte tra i pastori ed i contadini risulta che la creatura, se messa alle strette, può diventare estremamente aggressiva e pericolosa. È in grado di abbattere con una sola zampata un grosso yak. [...] Nella mia ultima spedizione sono riuscito a raccogliere informazioni precise sul probabile numero di queste creature misteriose. [...] Ve ne saranno al massimo un migliaio, disseminate in una regione vastissima quale è l'Himalaya e le sue vette innevate.

Tanto per fare un esempio: questo spazio comprenderebbe una regione che va da Gibilterra agli Urali»[77].

Quello di Messner però non è l'unico avvistamento avvenuto nel 1986. Nel marzo di quell'anno infatti Anthony Wooldrige non solo avvistò un presunto Yeti nell'India del nord, ma riuscì anche a fotografarlo da una distanza di 150 metri. Un'analisi particolareggiata delle foto però non ha permesso di stabilire con certezza se si tratti effettivamente di un animale o se, invece, quella fotografata non sia una roccia dalla forma molto particolare.

1994

Nel 1994 L'Accademia Nazionale delle Scienze cinese ha deciso di intraprendere una serie di spedizioni alla ricerca dello Yeti.

La decisione venne presa all'indomani del racconto di dieci ingegneri cinesi che avevano avvistato tre grandi esseri vagamente umanoidi e ricoperti interamente di pelo in una remota regione della Cina centrale. Si tratterebbe dunque di uno dei più importanti avvistamenti esterni alla catena himalayana, come ha commentato Yuan Zhenxin, il presidente della Commissione per la ricerca di esseri rari e strani cinese:

«Si tratta della più credibile segnalazione di una creatura umanoide presente in Cina, come quella che si suppone viva nel Tibet, una segnalazione di primaria importanza [...] Siamo stati incaricati di approfondire le indagini per verificare se un uomo scimmia, descritto come timido e appartato sulle montagne, sia effettivamente presente in Cina»[78].

---

[77] Reinhold Messner, op. cit.

[78] *Bigfoot believed living in China*, Los Angeles Time, 19 aprile 2000.

Gli ingegneri cinesi che hanno avvistato queste strane creature le definirono esseri alti all'incirca 190 centimetri, coperti da una lunga pelliccia nera e con i lineamenti del viso che ricordavano vagamente quelli delle scimmie:

«Non erano uomini, né orsi, né scimmie, abbiamo cercato di seguire queste creature che sono fuggite nella densa foresta. Ma noi stessi siamo stati presi dalla paura quando abbiamo potuto vedere come questi esseri si aprivano un varco tra gli alberi con velocità e forza sovrumane»[79].

1998

Nel 1998 è stato invece l'alpinista statunitense Craig Calonica a dichiarare di aver incontrato l'abominevole uomo delle nevi. Calonica, che si trovava sull'Everest, ha raccontato di aver avvistato due esseri misteriosi che camminavano appaiati:

«La mia opinione è che ho visto qualcosa, e quel qualcosa non era un uomo, non era un gorilla, non era un orso, non era una capra e non era un cervo»[80].

2001

Tre anni dopo l'avvistamento di Calonica lo zoologo Rob McCall s'imbatte in un reperto molto particolare. McCall e la sua squadra stavano lavorando in Buthan quando rinvennero sulla corteccia di un cedro una ciocca di peli decisamente anomali. Il materiale venne immediatamente inviato alla Oxford University dove venne analizzato.

L'università inglese era infatti la numero uno al mondo nel campo delle ricerche e degli studi sul DNA, e i risultati delle analisi, pubblicati sulla prestigiosa rivista "New Scientist", furono a dir poco sorprendenti. Gli esperti infatti dissero che non solo si trattava di peli appartenenti ad una specie animale completamente sconosciuta alla comunità scientifica internazionale, ma anche che quei peli presentavano moltissime somiglianze con i reperti ritrovati da Edmund Hillary sull'Himalaya nel 1960.

Ecco cosa disse a proposito Bryan Sykes, docente di genetica noto per essere stato il primo ad estrarre i DNA dalle ossa:

«Non appartiene al genere umano. Possiamo tranquillamente affermare che non è appartiene a un orso né di altri animali a noi già noti e che quindi avremmo potuto identificare. È la prima volta che ci troviamo di fronte a un Dna che nonostante tutte le ricerche effettuate rimanga sconosciuto»[81].

---

[79] Ib.

[80] Alastair Lawson, *World: South Asia. Himalayan climber's abominable sighting*, 17 ottobre 1998.

[81] *British scientist "solves" mystery of Himalayan yetis*, BBC, 17 ottobre 2013.

Inoltre Robert McCall, biologo dell'Università di Oxford, ha sottolineato in epoca più recente come nella corteccia del cedro in cui sono stati ritrovati questi misteriosi peli erano ben visibili una serie di lacerazioni, provocate quasi sicuramente da un artiglio. Ecco cos'ha dichiarato in quest'occasione Ian Redmond, esperto di scimmie antropomorfe, all'Independent on Sunday:

«È la prova più evidente che lo yeti può esistere. Siamo entusiasti dei primi risultati, anche se ci sono ancora molti test da fare. Eravamo sicuri che appartenesse a una specie conosciuta, invece no»[82].

2003

L'esploratore Sergey Semionov ritrovò un arto che non apparteneva a nessuna razza animale conosciuta. L'incredibile scoperta avvenne sulle montagne dell'Altai, in Siberia, a circa 3.000 metri d'altezza. Gli scienziati hanno esaminato ai Raggi X il reperto. Si tratta dell'arto inferiore di un animale non meglio identificato che però camminava eretto su due gambe. L'arto è rimasto mummificato nel gelo e molto probabilmente risale a diverse migliaia di anni fa. Le caratteristiche fisiche della gamba, che è ricoperta di un lungo pelo rossastro, non avevano niente di umano: le dita dei piedi avevano degli artigli, ricordano quelle dei primati e il pollice ha tre falangi.

Semionov ha così commentato quest'eccezionale ritrovamento:

«[...] mi ha sopratutto colpito il fatto che tutti gli sciamani cui ho mostrato l'arto, tra cui una donna, non hanno avuto dubbi: "È l'arto di uno Yeti" mi hanno detto, e hanno compiuto dei riti magici. Gli sciamani siberiani considerano gli Yeti esseri magici, appartenenti a un'altra dimensione, che ogni tanto appaiono nella nostra. E mi hanno detto che io sono stato apparentemente scelto per comunicare con loro. Ma mi hanno avvertito che proprio rimuovendo la gamba sono stato la causa dei violenti terremoti che da allora hanno colpito la regione dell'Altai»[83].

Nelle settimana successive al ritrovamento infatti la regione dell'Altai è stata colpita da una scossa di terremoto violentissima che ha devastato la zona e, di fatto, rese impossibili nuove e più approfondite ricerche.

---

[82] Geoffrey Lean, Bigfoot: New evidence, *Hairs found in Indian jungle are of "no known species" say scientists,* 2 ottobre 2011.

[83] Silvano Fuso, *L'arto dello Yeti: forse un'invenzione giornalistica*, CICAP, 12 maggio 2004.

2005

Nel 2005 vengono rinvenute ancora delle impronte sospette. A farlo è la squadra guidata dall'esploratore americano Josh Gates. Le orme erano state lasciate da una creatura sicuramente umanoide ad un'altezza di 2.850 metri sul livello del mare lungo la riva del fiume Manju.

2007

Una spedizione organizzata dal noto programma televisivo americano "Destination Truth" si è recata nel 2007 sull'Himalya sulle tracce dello Yeti.

Il gruppo di esploratori ha trascorso una settimana nella religione di Khumbu, in Nepale, proprio alla base dell'Everest. Qui sono state rinvenute tre orme enormi che risultano compatibili con quelle di uno Yeti.

Le tracce sono state scoperte per la precisione nei pressi del fiume Manju, a più di 2.800 metri di altezza. La particolare conformazione delle impronte fa sì che si possa escludere che siano state lasciate da un orso.

2008

Anche nel 2008 vengono rinvenute una serie d'impronte che sembrano di uno Yeti. L'esploratore giapponese Kuniaki Yagihara raccontò infatti di aver visto sul Dhaulagiri (Nepal occidentale) tre impronte che sicuramente non appartenevano a un essere umano né ad alcun animale conosciuto. Le impronte avvistate dagli esploratori giapponesi si trovavano ad un'altezza di 4.800 metri.

2012

Gli ultimi avvistamenti in termine di tempo arrivano, ancora una volta, dalla Siberia. Si tratta di due episodi avvenuti a pochi giorni di

distanza l'uno dall'altro e che hanno coinvolto alcuni pescatori della regione del Kemerovo. Ad agosto alcuni pescatori hanno detto di aver visto due strane creature che stavano bevendo vicino ad un fiume.

In un primo momento hanno ritenuto che fossero degli orsi, subito dopo però si sono resi conto di essersi sbagliati:

«Sono scappati via di corsa: erano coperti di pelo, camminavano eretti sulle gambe mentre con le braccia si aprivano un varco tra i rami.

[...] Cosa abbiamo pensato? Bè, che non potevano essere orsi, loro camminano su 4 zampe, questi correvano su due. E sono spariti»[84].

Pochi giorni dopo lungo il fiume Mrass-Su un altro gruppo di pescatori ha avvistato degli animali mai visti prima:

«Abbiamo visto degli animali alti, dall'aspetto umano. Il nostro binocolo però era rotto e non siamo riusciti a vederli distintamente. Ci siamo rivolti a loro, ma non ci hanno risposto. Anzi, sono scomparsi dentro il bosco, correndo su due gambe. Ci siamo resi conto che non indossavano abiti scuri, ma che erano coperti da una folta pelliccia. Però si muovevano come persone»[85].

Nel 2021 però arriva la doccia gelata (non sarebbe potuto essere diversamente, vista la posizione geografica della Siberia): Tuleyev, ex governatore della zona, ha dichiarato di aver inventato gli avvistamenti dei presunti Yeti soltanto per attrarre turismo nella zona[86]. Ancora una volta siamo a punto a capo, tutto da rifare.

---

[84] *Siberian region "confirms Yeti exists"*, Phys, 11 ottobre 2011.

[85] Ib.

[86] Yaron Steinbuch, *Russian official admits staging bogus yeti sightings to attract tourists to Siberia*, New York Post, 19 aprile 2021.

CHE ANIMALE È LO YETI?

Naturalmente secoli e secoli di avvistamenti hanno dato vita alle teorie più disparate sugli Yeti che ad oggi resta la specie più famosa della cosiddetta criptozoologia ovvero il filone di ricerca che si occupa dello ricerva di animali rari o ufficialmente estinti. La teoria più diffusa è che questa misteriosa creatura discenda in maniera diretta da una razza ormai scomparsa di primati pre-umani. Lo Yeti potrebbe essere dunque il famoso "anello mancante" nella catena evolutiva, anche se c'è chi ha ipotizzato invece che si tratti semplicemente di un non meglio specificato animale in grado di stare eretto su due zampe.

Lo Yeti secondo i fautori di questa teoria dunque non sarebbe nient'altro che una sorta di incrocio tra un orso e un primate. Nella tradizione delle popolazioni che vivono sull'Himalaya lo Yeti è invece considerato un animale che vive nelle zone più alte e impervie di quella regione. Sempre secondo le tradizioni locali gli yeti sarebbero erbivori e si nutrirebbero di muschi e di licheni. Un'altra teoria è quella che identifica lo Yeti nel Chemo, ovverosia l'orso delle nevi.

Un esemplare di questo raro animale è peraltro visibile allo zoo di Lhasa, e lo stesso Dalai Lama in passato si espresso sull'argomento:

«Yeti e Chemo sono la stessa creatura: non capisco cosa s'immaginino gli occidentali pensando allo Yeti»[87].

C'è anche chi ha ipotizzato che gli Yeti altri non fossero se non uomini cresciuti in uno stato selvaggio, una sorta di Tarzan delle nevi, ma questa teoria viene considerata come molto debole da tutti gli esperti e gli studiosi che hanno affrontato l'enigma dello Yeti. Le zone particolarmente impervie in cui sono stati avvistati escludono di fatto la possibilità che

[87] Reinhold Messner, op. cit.

si tratti di semplici esseri umani dato che a quelle altitudini le condizioni di vita sono semplicemente proibitive.

Igor Burtsev, capo del Centro Internazionale per lo Studio degli Ominidi di Mosca, sostiene invece che gli yeti in realtà siano degli uomini di Nehandertal sopravvissuti fino a oggi all'interno di un ecosistema particolarmente isolato:

«Quando l'Homo Sapiens cominciò a popolare il mondo sterminò senza pietà i suoi parenti più stretti nella famiglia degli ominidi, l'Uomo di Neanderthal. Alcuni di questi però possono essere sopravvissuti a tutt'oggi in remoti ambienti montagnosi ricoperti di foreste che sono quasi del tutto inaccessibili ai loro arcinemici, cioè noi»[88].

Questa idea è stata sviluppata poi dall'antropologo russo Boris Porsnev, che ha formulato una teoria sicuramente più verosimile: per lui infatti lo Yeti potrebbe essere un ramo che discende direttamente dall'uomo di Neanderthal. Questa specie si sarebbe rifugiata sull'Himalaya per sfuggire all'avanzata dell'uomo di Cro-Magonn. Porsnev a sostegno della sua tesi raccolse numerosissime testimonianze, la più significativa è sicuramente quella rilasciata da un medico colonnello dell'esercito sovietico. L'ufficiale nel 1941 si trovava sul Caucaso e come racconta l'antropologo russo ebbe un incontro ravvicinato con lo Yeti:

«Ho ancora oggi davanti agli occhi l'immagine dell'uomo [...]. Davanti a noi stava un essere, di sesso maschile, nudo, a piedi scalzi. Si trattava indiscutibilmente di un uomo, in quanto aveva tutte le forme umane. Ma sia sul petto che sulla schiena e sulle spalle egli era tutto ricoperto da una peluria lanosa di color bruno scuro (è da notarsi che tutti gli abitanti locali hanno i capelli neri). Questo pelame ricordava quello dell'orso, ed era lungo dai due ai tre centimetri.

Al di sotto del petto, il pelo si faceva più sottile e morbido. Aveva le mani tozze, poco pelose, e le palme delle mani e dei piedi completamente prive di peli. Per contro dalla testa gli cadevano dei capelli lunghissimi, che gli giungevano fin sulle spalle e in parte gli coprivano pure la fronte. Al tatto, i capelli apparivano molto ruvidi. Non aveva né barba né baffi, su tutto il volto era cosparsa una lanuggine finissima, intorno alla bocca aveva dei peli poco lunghi e soffici.

L'uomo stava perfettamente ritto, con le braccia pendenti. Aveva una statura superiore alla media, circa 180 centimetri. Era molto pesante, largo di spalle e muscoloso. Sembrava un atleta, con la cassa toracica sviluppatissima, spinta in fuori. Sulle mani aveva delle dita molto grosse e forti, di una misura superiore a quella normale. Nell'insieme era considerevolmente più grosso degli abitanti locali. La forma del suo viso era ovale, aveva un grande naso.

Non si notavano sul volto dei tratti scimmieschi, ma il suo colorito era straordinariamente scuro, assolutamente non umano. Oltre a ciò, come ho detto, esso era ricoperto da una lieve peluria. Le sopracciglia erano molto fitte e, sotto a queste, degli occhi molto infossati. Il colore degli occhi era anch'esso scuro, e le pupille dilatate. Aveva lo sguardo inespressivo,

88 Igor Burtsev, *Auf den Spuren von Bigfoot, Yeti & Co*, Ancient Mail Verlag, 2017.

spento, assente, uno sguardo animalesco. Del resto tutto il suo insieme dava l'impressione di un animale. Se ne stava, guardando fisso in un punto, battendo le palpebre raramente, senza far niente. [...] Tutti i tentativi di provocare in lui delle reazioni vocali o alimentari restarono senza successo. [...] Devo dire che allora non potei formulare alcun giudizio definito circa la natura di questo essere»[89].

Il Dottor Sorkin, che ha dedicato allo studio dello Yeti la sua vita, ha ipotizzato invece che si tratti di una deviazione genetica avvenuta in una specie di grandi scimmie. Per giustificare la sua teoria poi Sorkin ha fatto un esempio molto semplice ma sicuramente efficace:

«Il gorilla è stato scoperto solo nei primi anni dell'800. Riuscite ad immaginare che cosa pensò chi lo vide la prima volta?»[90].

Nel 1982 del resto sull'Himalaya venne scoperto un gruppo di uomini che viveva in maniera selvaggia: si riparavano all'interno di una grotta e si cibavano di carne cruda. Vennero scoperti da una spedizione dell'esercito indiano che stava facendo dei sopralluoghi in quelle regioni disperse e, naturalmente, questa notizia diede nuova linfa a chi sosteneva la teoria che lo Yeti non fosse altro che un essere umano.

Va detto però che questo gruppo di umani che viveva in quelle condizioni selvagge si trovavano in una quota relativamente bassa e incompatibile con le enormi altezze a cui sono stati avvistati gli Yeti.

I "cugini" dello Yeti

Come sa chiunque si sia avvicinato anche soltanto in maniera superficiale a questo argomento lo Yeti non è l'unico animale mitico avvistato nel mondo. In molte altre regioni del nostro pianeta infatti sono stati visti animali simili allo Yeti, ognuno con caratteristiche ben precise.

Nelle regioni dell'Asia centrale ad esempio vivrebbe lo "Alma" o "Almasty", animale che ricorda molto lo Yeti e che è stato avvistato nella regione Caucasica e nella zona che va dalla Siberia Orientale fino alla Mongolia.

Le montagne della Cina Centrale invece ospiterebbero lo Xueren, detto anche "uomo selvaggio", essere leggendario che è stato avvistato anche in Indocina e Malesia. Il Chuchunaa invece è stato avvistato ripetutamente negli altopiani della Russia. Impossibile non citare poi il Sasquatch, detto anche Bigfoot o Wendigo, altro animale dalle caratteristiche leggendarie che vivrebbe nel nord ovest del continente americano, tra le Montagne Rocciose e il Canada e di cui abbiamo già parlato nelle pagine precedenti.

Nell'America del Sud esisterebbe l'Isnashi, nelle Ande l'Ucumar, nella foresta amazzonica

---

[89] Nicholas Redfern, op. cit.

[90] Ib.

la Scimmia di De Loys, in Australia lo Yowi, il Kikomba e il Kakundali nell'Africa centrale, lo Yoshil nella Terra del Fuoco, il Nittaewo nello Sri Lanka. Anche nelle alpi è stato avvistato un essere misterioso che ricorda lo Yeti, il leggendario "Omo salvarego".

La scimmia di De Loys

Con il nome di Scimmia di Loys è conosciuto un primate non identificato che venne incontrato nel 1920 dal geologo svizzero François De Loys in Amazzonia. Il primate, conosciuto anche con il nome di Ameranthropoides Loysi, non è mai più stato individuato da nessun altro studioso. De Loys però riuscì a fotografare l'animale dopo averlo ucciso. Va detto che gran parte della regione amazzonica è ancora oggi inesplorata dove vivono diverse tribù di uomini che non hanno mai avuto contatti con la così detta civiltà. In un contesto di questo genere dunque l'esistenza di una specie non ancora conosciuta non dovrebbe sorprendere. L'avvistamento di De Loys avvenne tra Colombia e Venezuela, sulla Sierra de Perije.

Il geologo svizzero raccontò che la spedizione aveva subito un'aggressione da parte di due scimmie di dimensioni enormi. I due animali erano talmente grandi che inizialmente gli esploratori pensavano si trattasse di due orsi, ma più gli animali si avvicinavano e più gli uomini della spedizione si rendevano conto che quelle due bestie avevano caratteristiche palesemente antropomorfe. A quel punto gli esploratori spararono a uno dei due animali uccidendolo e, a quel punto, l'altro scappò nella foresta. Venne quindi studiata la carcassa.

Si trattava di una creatura che somigliava molto ad una scimmia ragno anche se le dimensioni erano molto maggiori. Si parla di una bestia alta quasi 160 centimetri a dispetto dei 100 centimetri delle scimmie ragno. Un'altra particolarità era rappresentata dai denti: l'animale infatti ne aveva 32, mentre di norma le scimmie americane hanno 36 denti. Infine, particolare che allertò immediatamente gli esploratori, l'animale era privo di coda. Purtroppo le foto originali scattate da De Loys andarono perdute in un'inondazione e rimasero soltanto delle copie.

È bene precisare che in America del Sud esistono da tempi immemorabili leggende che raccontano di grandi scimmie antropomorfe, leggende che variano da regione a regione ma che hanno comunque molti tratti in comune.

Nel 1991 giunse a sorpresa una conferma dell'esistenza della scimmia di De Loys. Una spedizione statunitense infatti fece vedere ad alcune tribù d'indigeni venezuelani le foto della scimmia di De Loys. Gli abitanti locali dissero di conoscere quel tipo di animale, una scimmia che loro chiamavano "mono grande", e cioè molto semplicemente "grande scimmia". Anche alcuni reperti fossili hanno confermato l'esistenza di antenati delle scimmie ragno di queste dimensioni, una sorta di scimmie primitive chiamate Protopithecus brasiliensis.

Almas

L'Almas è una creatura mitica che vivrebbe nelle aride e desolate regioni della Mongolia. Si tratterebbe di un animale molto simile allo Yeti, anche se più piccolo (non supererebbe i 180 centimetri) e con le braccia più corte. Questi misteriosi animali sono stati avvistati soltanto di notte e sembra si nutrano di bacche. La parola "Almas", nell'antica lingua mongola, significa "Uomo Selvaggio".

Si tratta di un essere mitico che ha un ruolo importante nelle leggende locali, tanto che numerose città e villaggi portano il suo nome. Come detto vivrebbe nelle regioni più aride della Mongolia, all'interno del famigerato deserto del Gobi, ma alcuni di questi animali sono stati avvistati anche sulla catena del Tien Shan, lungo il confine con la Cina, o addirittura negli Urali e nelle regioni di nord ovest della Russia. Ci sono numerose testimonianze sull'esistenza degli Almas, alcune antichissime. Il primo avvistamento documentato risale al 1420: l'esploratore tedesco Johannes Schiltberger venne catturato dai nomadi mongoli, che lo trasportarono lungo le montagne di Tien Shan.

Schiltberger parla degli animali umanoidi che vivevano in quelle zone in questo modo:

«[...] uomini selvaggi che nulla hanno a che vedere con gli esseri umani, hanno una folta pelliccia che ricopre tutto il corpo fatta eccezione per le mani e la faccia. Queste creature corrono tra le colline come animali e si cibano di foglie, erba e qualsiasi cosa riescano a trovare»[91].

Nel 1941 un Almas venne addirittura catturato. Si trattava di un "uomo sospetto" fermato dall'esercito mentre vagava nudo in pieno inverno tra le montagne. Nonostante i diversi tentativi d'interrogatorio quest'uomo non pronunciò mai nemmeno una parola. Oltre a non essere in grado di esprimersi aveva il corpo interamente ricoperto di peli scuri. Il suo corpo inoltre era interamente infestato di pidocchi, ma si trattava di una specie diversa da quella che normalmente infesta gli esseri umani. Venne giustiziato perché ritenuto una spia.

Anche il professor Porsnev, di cui abbiamo già avuto modo di parlare, organizzò una serie di spedizioni per cercare questo misterioso animale. Di fatto dunque non esistono prove certe dell'esistenza degli Almas, anche se le più recenti teorie ritengono che questi esseri potrebbero rappresentare una sorta di regressione di un paleo-aborigeno Siberiano.

---

[91] Johannes Schiltberger, *The Bondage and Travels of Johann Schiltberger, a Native of Bavaria, in Europe, Asia, and Africa, 1396-1427*, Adamant Media Corporation , 2001.

YETI, VERITÀ O LEGGENDA?

Sono decenni che numerosi studiosi e semplici appassionati si tormentano con la stessa semplice domanda: lo Yeti esiste davvero oppure è solo una leggenda, un mito frutto della fantasia dell'uomo. Una cosa è certa esistono numerosissime tradizioni patrimonio di popoli diversissimi e geograficamente molto lontani che parlano di figure assimilabili allo Yeti. Si tratta di semplici coincidenze? Forse, resta in ogni caso forte il sospetto che qualcosa di vero si nasconda dietro a tutte queste tradizioni popolari.

Quello dello Yeti non è una vicenda isolata. La storia passata e recente ricorda numerosi casi simili come la storia del mostro di Loch Ness o gli avvistamenti di enormi rettili in alcune zone dell'Africa. I più scettici hanno sempre catalogato queste storie come semplici panzane frutto della suggestione di qualche sprovveduto o nella peggiore delle ipotesi come operazioni di marketing studiate allo scopo di lanciare una qualche forma di turismo in zone normalmente considerate poco attraenti.

Tutto questo fino al 1938 quando un avvenimento del tutto inaspettato rimescolò le carte della Storia naturale e impresse un nuovo corso nello studio della zoologia. È di quell'anno infatti la scoperta più sensazionale a livello naturalistico mai fatta in epoca moderna. Il 23 dicembre alcuni pescatori sudafricani gettarono le reti in mare come ogni mattina. Come ogni giorno rientrarono al porto con il loro bottino di pesci e crostacei e di diressero ai banchi del mercato.

Quando scaricarono la loro mercanzia sui tavoli dei venditori si accorsero che tra le decine di pesci e crostacei che pescavano ogni giorno ve n'era uno diverso, mai visto prima. La voce si diffuse presto fino ad arrivare alle orecchie della curatrice del museo di scienze naturali che un po' per curiosità un po' per scherzo si diresse anch'essa al mercato come tanti altri curiosi. Quando mise gli occhi su quel pesce però il suo sorriso di circostanza sparì immediatamente dal suo volto. Quel pesce l'aveva già visto e non certo sui banchi di un mercato o nelle vasche di un acquario. Quel pesce l'aveva visto sotto forma di fossile e disegnato nei libri di paleozoologia. Quel pesce così singolare era sicuramente un celacanto e non doveva trovarsi in quel posto in quel giorno perché secondo tutti i libri di scienze dell'epoca doveva essersi estinto milioni di anni prima.

A livello naturalistico la scoperta di quel pesce era equiparabile alla scoperta di un dinosauro vivo e vegeto. Quel 23 dicembre la storia delle scienze naturali come la conosciamo cambiò per sempre. Se è stato possibile rinvenire un esemplare di celacanto (e negli anni successivi ne sono stati trovati altri nella stessa zona e altrove) allora non possiamo escludere che altri esseri viventi considerati estinti si nascondano ancora oggi in qualche remoto ed inospitale angolo della terra. Secondo alcuni studiosi non possiamo nemmeno del tutto escludere che esistano alcuni esemplari di grossi dinosauri che vivano ancora all'interno di alcuni tratti di foresta vergine in Amazzonia o in alcune zone dell'Africa nera. Infatti esistono numerosissime leggende locali che parlano di grossi rettili con le fattezze di antichi dinosauri che si nascondono agli occhi degli uomini all'interno delle aree più nascoste e inesplorate di queste zone remote.

Non possiamo poi escludere il fatto che esistano gruppi di individui che a tutt'oggi vivono del tutto isolati dal resto del mondo cosiddetto civilizzato. Allo stesso modo non possiamo escludere che questi individui siano il frutto di un ciclo evolutivo diverso dal nostro e che magari discendano dal famoso uomo di Neandertal o da altri ominidi di cui ignoriamo addirittura l'esistenza. Sembrano semplici fantasie ma come possiamo dimenticare episodi della storia recente come quello accaduto nell'agosto del 2013?

Stiamo parlando del celebre ritrovamento di due uomini che da oltre 40 anni vivevano come selvaggi nella giungla del Vietnam. Ho Van Thanh e il figlio Loan hanno vissuto isolati dal resto del mondo da quando per sfuggire a un bombardamento americano Thanh era fuggito nel cuore della foresta indocinese con in braccio in figlio Loan di pochi mesi. Per oltre 40 anni i due hanno vissuto di caccia e agricoltura senza nessun contatto col mondo civilizzato. Loan praticamente non parla la sua lingua madre e non ha avuto nessuna forma di istruzione.

Eppure i due sono riusciti a sopravvivere perfettamente mimetizzati agli occhi degli abitanti dei villaggi vicini. Quella che fino a poche settimana prima era una semplice storia di fantasia, la leggenda di Tarzan, è diventata d'un tratto un caso di cronaca con cui fare i conti. Dobbiamo arrenderci all'idea che in questo campo del sapere tutto può cambiare da un giorno all'altro.

Jeremy Feldman

2012

L'ULTIMA VERITÀ

NOTA DELL'AUTORE

Tre anni fa quando ho cominciato ad occuparmi delle diverse teorie sul 201292 l'ho fatto convinto che si trattasse dell'ennesima sciocchezza figlia della new age tanto di moda negli ultimi anni: i Maya, gli alchimisti medievali, Nostradamus, il catastrofismo cinematografico, le profezie di popoli passati e le cospirazioni governative mi sembravano infatti i classici ingredienti delle storie incredibili che tutti noi siamo abituati a vedere al cinema o in televisione.

Dopo anni di studio però ho iniziato a capire che la situazione era molto diversa: sono tanti, troppi e convergenti gli elementi con cui mi sono confrontato nel corso dei miei studi. Tutti questi tasselli portano verso un unico punto: l'anno 2012.

Personalmente non credo che in quell'anno saremo travolti da un evento catastrofico come temono in molti ma sono più portato a credere che si verificherà qualcosa di diverso. Alcuni studiosi hanno ipotizzato che l'umanità vivrà una specie di salto in avanti, che abbiano ragione? Oppure siamo di fronte semplicemente alla fine di un ciclo astrologico? È impossibile dare una risposta univoca a queste domande perché è difficile valutare elementi di questa portata sulla base dei nostri schemi mentali tradizionali.

Una cosa però è certa: le lancette dei nostri orologi corrono inesorabili verso quella data ed è arrivato il momento di cominciare ad analizzare uno per uno tutti gli elementi che ci parlano del 2012 e che ci sono stati lasciati in eredità dai popoli antichi. Il nostro viaggio parte da lontano, da un popolo che ancora oggi è avvolto nel mistero: i Maya.

---

[92] Il volume "2012, l'ultima verità" è stato pubblicato per la prima volta nel 2011.

LA PROFEZIA MAYA

L a civiltà Maya comincia a svilupparsi intorno al 1500 a.C. in una zona vastissima dell'odierna America Latina che va dallo Yucatan al Belize, dal Guatemala all'Honduras. Dopo un periodo iniziale di nomadismo i Maya, a differenza di altre civiltà fiorite in quell'epoca, si stabiliscono in territori molto lontani tra loro e dalle condizioni climatiche molto diverse. In poche parole le maggiori città di questa misteriosa civiltà spuntano letteralmente in ogni angolo del centro America a migliaia di chilometri di distanza, fenomeno quantomeno bizzarro se si considerano i mezzi di trasporto disponibili in quegli anni. Sembra quasi che per i Maya i criteri di selezione dei luoghi dove fondare le loro città-stato fossero determinati da fattori diversi rispetto a quelli usati dagli altri popoli. Questo comportamento agli occhi di noi uomini moderni può sembrare del tutto irrazionale ma non c'è alcun dubbio che invece abbia una spiegazione molto precisa. Secondo recenti studi infatti tutte le città Maya sarebbero state costruite in zone particolarmente ben posizionate per l'osservazione della volta celeste. Al contrario di quanto fatto dalle altre civiltà antiche dunque i Maya non sceglievano dove edificare le loro città in base al clima, alle risorse disponibili, alla possibilità di difendere il territorio o in base a motivi commerciali.

Questo popolo antico e a tutt'oggi misterioso aveva infatti due grandi ossessioni, le stelle ed il tempo, e in base a criteri astronomici ed astrologici individuava i luoghi in cui stabilirsi. Nel periodo che va dal 400 al 900 d.C. la civiltà Maya vive un momento di grandissimo splendore. Nelle sue città-stato si studiano a fondo non solo le stelle, ma anche la matematica e la geometria con un livello di precisione e complessità che potrebbe sembrare incredibile per una popolazione di quell'epoca. Gli edifici da cui vengono studiati gli astri erano accurati e posizionati con grande maestria: stiamo parlando di un livello di precisione e di perfezione tecnica che sarebbe difficile ottenere anche oggigiorno con l'ausilio di tutte le nostre più moderne tecnologie. Dopo il 900 d.C però succede qualcosa e lo scenario cambia bruscamente.

Decadenza

Una dopo l'altra infatti le città-stato vengono tutte abbandonate ed i Maya quasi scompaiono inghiottiti dalla storia, come se si fossero di colpo trovati nel bel mezzo di un enorme buco nero. Quello che resta dei Maya nei secoli successivi sono solo alcune migliaia di individui concentrati per lo più nella penisola dello Yucatan, nell'odierno Messico. Ma la cosa che lascia ancora più di stucco è che dal decimo secolo in poi questo straordinario popolo è come se perdesse memoria delle sue conoscenze scientifiche: senza nessuna ragione apparente regredisce improvvisamente ad uno stadio che potremmo definire pre-scientifico. La scienza e la sapienza antica vengono resettate di colpo. Tabula rasa.

Gli archeologi stanno ancora oggi cercando di dare una spiegazione che metta tutti d'accordo per questo fenomeno quantomeno singolare. Sembra infatti che non sia stato un evento traumatico di qualche tipo come una guerra con una popolazione vicina o una lunga carestia a far abbandonare le proprie abitazioni ai Maya. Di sicuro infatti non si è verificato nessun evento catastrofico di questo tipo. È come se ad un certo punto avessero semplicemente deciso di uscire di scena.

In altre parole è come se i Maya in un momento ben preciso della loro esistenza avessero raggiunto lo scopo che si erano dati secoli prima e, non avendo altri obiettivi, si fossero semplicemente dissolti. Ma qual era questo scopo, questo obiettivo che una volta raggiunto avrebbe tolto ogni altra aspirazione terrena ad una civiltà tanto colta e raffinata? Forse una risposta la possiamo trovare nelle due grandi ossessioni dei Maya che abbiamo ricordato in precedenza: gli astri ed il tempo.

Il pantheon Maya

Nel complesso sistema teologico dei Maya il supremo dio creatore era chiamato Hunab Ku spesso tradotto dagli esperti con l'espressione "la farfalla cosmica". Il simbolo che rappresentava questa divinità era una sorta di spirale che per certi aspetti richiama la simbologia orientale dello yin e yang. Per i Maya Hunab Ku era una forza concreta, reale, e si trovava al centro della Via Lattea. Questa divinità simboleggiava il creatore supremo che siede al centro della nostra costellazione ed che ha caratteristiche di saggezza, di equilibrio delle forze, oltre ad essere il mezzo per entrare in contatto con dimensioni parallele altrimenti sconosciute agli uomini. Da questa enorme spirale si sarebbe originata la galassia nella quale ci troviamo.

Secondo la tradizione maya questa divinità si troverebbe in una condizione di moto perpetuo e continuo, e proprio da questo enorme motore stellare verrebbero di conseguenza create e distrutte le stelle. Il dio supremo avrebbe il dominio su tutto e attraverso periodiche esplosioni sarebbe capace di riportare sotto il suo controllo anche un pianeta lontano e periferico come il nostro .I Maya insomma erano convinti che il "Creatore" a partire dal suo centro, attraverso fuoriuscite di " Energia di Coscienza" periodiche, avesse il dominio su ogni cosa che avviene nella nostra galassia. La periodicità e il continuo movimento a spirale tra l'altro sono due concetti fondamentali del sapere Maya. Per questo popolo misterioso infatti il tempo non sarebbe una linea retta e sempre proiettata verso il futuro come siamo abituati a pensarlo nella tradizione occidentale. Al contrario il tempo sarebbe una specie di sistema di ruote ove tutto torna e si ripete con una frequenza specifica.

Per molti anni tutte queste credenze sono state bollate come teorie mitologiche di un popolo particolarmente fantasioso. Questo fino a quando la nostra tecnologia moderna non ci ha permesso di individuare un enorme buco nero proprio al centro della Via Lattea, esattamente nel punto in cui i Maya sostenevano che si trovasse la "farfalla cosmica".

Buchi neri e stelle lontane

Sagittarius A, così è stato ribattezzato questo immenso buco nero, è in continuo movimento e la sua forza di attrazione è in grado di divorare letteralmente interi pianeti, mentre il suo moto produce nuove stelle. Tutto esattamente come ci hanno tramandato i Maya, con la "piccola" differenza che noi ci siamo arrivati con circa 1.000 anni di ritardo rispetto a loro, nonostante tutta la nostra tecnologia, la nostra scienza e la pretesa superiorità.

Ma c'è di più: nel 2002 un'equipe di studiosi del New Mexico ha fatto una sorprendente scoperta. I loro telescopi hanno registrato alcuni segnali radio intermittenti provenienti dal centro della nostra galassia. Una sorta di borbottio che pare emesso da una qualche entità pensante. Lo studio di questi ricercatori, capitanati dal professor Scott Hyman dello Sweet Briar College, è stato pubblicato nel 2005 sul numero 434 della prestigiosa rivista Nature. Che cosa sono questi strani rumori nel bel mezzo della nostra galassia?

È difficile trovare una risposta che convinca tutti e ancora oggi la comunità scientifica internazionale dibatte sulle possibile interpretazioni di questo fenomeno. Di sicuro sappiamo soltanto che dal 30 settembre al 1° ottobre 2002 il telescopio Very Large Array di Soccorro, nel New Mexico, ha rilevato con intervalli regolari di 77 minuti per un periodo di 7 ore una serie di cinque emissioni radio ad alta energia e di uguale intensità, tutte della durata esatta di 10 minuti. Ma continuiamo il nostro viaggio alla scoperta della cultura Maya.

Kukulkan, il messaggero venuto dallo spazio

Una delle divinità più importanti del loro pantheon era senza dubbio Kukulkan, un dio dalla natura molto complessa che veniva raffigurato con le sembianze di un serpente piumato. Per i Maya fu proprio Kukulkan che, giunto sulla terra da un punto remoto dello spazio, avrebbe poi trasmesso tutto il patrimonio di conoscenze alle genti dell'attuale America Latina. A un certo punto Kukulkan avrebbe deciso di intraprendere un viaggio per tornare da dove era venuto. Prima di partire avrebbe promesso di tornare sulla Terra un giorno lontano nel tempo. Da quel momento i Maya aspettano con trepidazione che il dio serpente torni ad illuminarli con la sua presenza.

È importante sottolineare che i Maya, come tutti i popoli dell'antichità, hanno parlato per simboli. Tutti i testi chiave della storia dell'uomo, dalla Bibbia ai libri Veda, sono infarciti di messaggi importanti a volte mascherati da racconti semplici ed inverosimili, secondo un simbolismo preciso e ben codificato. Per questa ragione l'uomo contemporaneo tende normalmente a liquidare queste fonti di sapere come pura fantasia, soprattutto quando il racconto si fa particolarmente incredibile per la nostra sensibilità moderna.

Ma possiamo veramente limitarci a dire che siamo soltanto di fronte ad un racconto fantasioso? Chi o che cosa si nasconde dietro la figura di Kukulkan, il messaggero venuto dallo spazio? In molti ancora oggi se lo chiedono e negli anni sono state avanzate le più diverse interpretazioni. Per cercare di far luce su questa storia dobbiamo familiarizzare con un concetto scientifico abbastanza complesso come quello della precessione degli equinozi che, per altro, è stato un concetto fondamentale per svelare il mistero delle grandi piramidi di Giza[93]. In sostanza la Terra non impiega sempre lo stesso tempo per percorrere la sua orbita intorno al Sole. Ogni anno il nostro pianeta ritorna al punto iniziale, l'equinozio, con una impercettibile frazione di secondo di anticipo. Impercettibile, avete capito bene, perché è praticamente impossibile rendersene conto senza l'ausilio delle moderne tecnologie scientifiche.

Anche in una vita intera una persona non riesce a rendersi conto di questo scostamento ma, nel corso degli anni, dei secoli e dei millenni, questo scostamento aumenta sempre più e nel frattempo il Sole sorge illuminando di volta in volta le diverse costellazioni che appaiono nel cielo. Un ciclo completo dura 25.920 anni, un'eternità che va ben al di là dell'orizzonte temporale di qualsiasi essere umano. Apparentemente questo calcolo non doveva aver spaventato i Maya che, anzi, riuscirono a costruire templi e monumenti perfettamente allineati con le costellazioni ed i pianeti che ritenevano maggiormente influenti sulla Terra. Tra tutti spicca per precisione la piramide dedicata a Kukulkan rinvenuta nel sito di Chichen Itza nella penisola dello Yucatan in Messico.

Questa perfetta opera di ingegneria ha resistito praticamente intatta per secoli ed ogni anno nel giorno dell'equinozio un raggio solare ne illumina la scalinata: in quel momento l'ombra dei gradoni assume le sembianze di un enorme serpente che simboleggia proprio Kukulkan. Alla base della piramide infatti si trova la testa scolpita del dio piumato. Ogni anno il corpo del serpente creato dall'ombra dei gradini prende forma ma non riesce mai a combaciare perfettamente con la testa del dio e questo a causa del già citato effetto della precessione.

Il 21 dicembre del 2012 però assisteremo alla fine di un ciclo precessionale ed allora, e solo allora, per alcuni istanti il corpo e la testa del dio Kukulkan si uniranno perfettamente. È forse quello il giorno che i Maya stavano aspettando? Kukulkan tornerà finalmente sulla Terra come promesso nelle antiche profezie? Di fronte a fatti del genere però non possiamo non continuare a chiederci come è stato possibile per genti che potevano contare su tecnologie primitive calcolare con assoluta precisione l'angolo con cui costruire una piramide di quelle dimensioni, in modo che si trovasse perfettamente allineata con il Sole in un preciso

---

[93] Si veda a questo proposito quanto scritto a proposito nella sezione dedicata alle Piramidi.

istante oltre mille anni dopo la sua costruzione. Noi abbiamo interpellato alcuni esperti costruttori e nessuno si è detto in grado di poter raggiungere tanta precisione con il solo ausilio dei mezzi dell'epoca.

Il Tempo per i Maya

Come abbiamo detto tutta la complessa sapienza Maya ruota attorno al concetto di tempo. Per questo straordinario popolo però a differenza di noi uomini moderni occidentali il tempo non è una linea retta proiettata verso l'infinito. Il tempo per i Maya è piuttosto simile ad un complesso sistema di ingranaggi dove tutto, prima o poi, ritorna in una specie di moto incessante. Per misurare il tempo i Maya hanno costruito precisissimi calendari sotto forma di sculture. Questi bassorilievi sono in grado di misurare lo scorrere del tempo secondo la loro concezione così complessa ed articolata.

Una cosa lascia subito senza parole gli osservatori che si confrontino con questa civiltà: il tempo per i Maya ha un inizio, come per la maggior parte delle culture dell'antichità, ma ha anche una fine. Il calendario Maya, forse la loro opera di maggior ingegno e precisione, termina infatti proprio il 21 dicembre 2012. Quel giorno, quando per effetto della precessione, Terra, Sole ed il centro della galassia si troveranno finalmente riallineati, il calendario Maya improvvisamente si fermerà. Qualcosa potrebbe succedere, qualcosa di sconvolgente in grado, forse, di cambiare le regole stesse della fisica come le conosciamo oggi.

Dopo quel giorno il mondo potrebbe non essere più quello che abbiamo conosciuto finora ed i concetti stessi di tempo e spazio come li conosciamo forse non potranno più essere applicati alla realtà che ci circonda. Ma andiamo per ordine e cerchiamo di capire come funziona il complicato strumento che chiamiamo calendario Maya. Come abbiamo già ricordato per questo affascinante popolo, a livello cosmico, tutto tende a ritornare con una certa frequenza.

In quest'ottica un calendario è quindi uno strumento abbastanza diverso da quello che conosciamo noi. Per noi uomini moderni il calendario infatti è in sostanza uno strumento per definire giorni, mesi e stagioni in maniera chiara e razionale al fine di favorire e facilitare i rapporti umani.

Ad esempio per noi oggi è importante sapere con esattezza in quale giorno di un certo mese ci incontreremo con un'altra persona per discutere di un possibile affare. Per i Maya questo aspetto era secondario: quello che interessava loro era creare l'armonia tra le azioni umane ed i cicli cosmici che le influenzano. Per capire appieno il funzionamento di questo strumento dobbiamo fare un ulteriore sforzo e metterci nei panni dei Maya.

Come sappiamo per loro tutto funzionava a cicli quindi su larga scala diventa fondamentale capire l'epoca nella quale stiamo vivendo o verso la quale ci stiamo avviando. Una volta interpretato correttamente il momento storico in cui ci troviamo non dovremmo far altro che armonizzare le nostre azioni per renderle un tutt'uno con le forze dell'universo che ci circonda. Cercare di forzare un andamento naturale sarebbe non solo inutile ma anche dannoso. Appare evidente fin da subito la distanza che separa questa concezione dell'essere umano come corpo unico immerso nell'universo rispetto alla nostra visione occidentale, che tende invece a vedere nel singolo individuo un organismo a sé stante ed in lotta con gli altri elementi della natura.

Per certi aspetti la cultura Maya ricorda molto da vicino certe filosofie orientali e in particolare il buddismo. È interessante sottolineare poi come la madre di Gautama Buddha, ovvero Siddartha, secondo la tradizione si chiamasse proprio Maya. Solo una coincidenza? Forse. Ma proseguiamo nel nostro racconto.

Il calendario Maya

Il calendario Maya è uno strumento complesso che legge il concetto di tempo in maniera radicalmente diversa rispetto a quella con cui siamo abituati a confrontarci quotidianamente. Questo strumento tiene infatti anche conto del fenomeno della precessione degli equinozi nonostante si tratti di un fenomeno assolutamente impercettibile senza l'ausilio di sofisticati strumenti di misurazione. L'aver inserito nel computo del tempo la variabile degli equinozi a prima vista potrebbe sembrare la risposta ad una richiesta di maggior precisione, ma in realtà il discorso non è così semplice.

Il considerare la precessione degli equinozi, infatti, fornisce sì uno strumento assolutamente preciso per la misurazione del tempo, ma anche un meccanismo praticamente perfetto per definire la posizione della Terra in un dato momento. In sostanza il calendario Maya potrebbe essere paragonato ad un moderno navigatore satellitare galattico assolutamente preciso. Il tempo e lo spazio per i Maya non sono quindi due concetti separati e distinti ma piuttosto un'entità unica ed inscindibile. Tutto questo non vi ricorda nulla? Vi diamo un aiuto: è proprio questo il concetto su cui si basa la famosa teoria della relatività ristretta di Einstein resa nota al mondo nel 1905 e messa in discussione a fine 2011 dalla recente scoperta della velocità dei neutrini.

Vediamo più da vicino come funziona il calendario Maya. Il sistema di misurazione spazio-tempo di questa favolosa civiltà si basava su tre distinti calendari. Il primo, il cosiddetto Tzolkin, era il calendario sacro ed era costituito da 13 mesi di 20 giorni ciascuno per un totale di 260 giorni. Questo periodo di tempo è equivalente al periodo di gestazione umana e quindi appare chiaro che questo tipo di strumento aveva una dimensione prettamente terrena. Lo Tzolkin è tutt'ora utilizzato da diverse comunità del Mesoamerica, dove tra le altre cose c'è la convinzione che il carattere dell'individuo sia influenzato dal giorno di nascita calcolato secondo questo antico almanacco. Il calendario o ciclo Haab invece era costituito da 18 mesi di 20 giorni ciascuno più un mese infausto di 5 giorni soltanto. I mesi fausti erano chiamati Pop, Uo, Zip, Zotz, Tzec, Xul, Yaxkin, Mol, Chen, Yax, Zac, Ceh, Mac, Kankin, Muan, Pax, Kayab, Cumku mentre il mese infausto prendeva il nome di Uayeb.

I due cicli Tzolkin e Haab erano rappresentati come due ruote dentate che si muovevano contemporaneamente. Tzolkin, essendo più corto, era ovviamente rappresentato da una ruota più piccola.

Le date del calendario Haab e quelle dello Tzolkin ritornavano a corrispondere solo ogni 52 cicli Haab, pari a 73 cicli Tzolkin, ovvero ogni 18.980 giorni. In poche parole le due ruote si trovavano nella stessa combinazione ogni 52 anni. Il terzo calendario è il cosiddetto "Lungo Computo". In questo calendario la numerazione dei giorni segue una logica progressiva: in sostanza ad ogni giorno è assegnato una precisa sequenza di numeri, una specie di codice a barre, che lo identifica rendendolo riconoscibile e diverso da qualsiasi altro giorno che lo ha preceduto o che lo seguirà.

Partendo da questa prospettiva per i Maya perdevano di importanza concetti terreni come i mesi e le stagioni. Lo scorrere del tempo misurato dal "Lungo Computo" è di tipo più elevato ed è pensato per avvicinare l'uomo all'essenza stessa della natura e delle forze che la regolano. Ogni giorno viene codificato con un numero di cinque cifre calcolate attraverso un complesso sistema matematico. Il ciclo completo del Lungo Computo è composto da 1.872.000 giorni ovvero circa 5.125 anni. Il giorno zero, ovvero il primo giorno secondo i Maya, sarebbe stato il 13 agosto del 3.113 avanti Cristo, momento in cui il mondo come lo conosciamo si sarebbe messo in moto. Se fate i calcoli vi renderete conto che il ciclo si è quasi concluso e che i 5.125 anni stanno ormai per finire.

La data esatta della fine del "Lungo Computo" è, ancora una volta, il 21 dicembre 2012. Come sappiamo secondo i Maya tutto funziona secondo cicli cosmici ben determinati, ognuno dei quali ha visto l'affermazione e la scomparsa di alcune razze. Ogni ciclo corrisponde ad un Lungo Computo di 5.125 anni. In poche parole ogni 5.125 anni tutto il mondo verrebbe scosso da un'incontrollabile mutamento e ne uscirebbe profondamente cambiato.

Nel passato si sarebbero già susseguite diverse ere, l'ultima delle quali è quella che stiamo vivendo noi in questo momento. Arrivati a questo punto è bene chiarire un concetto. Per i Maya la fine del mondo come lo conosciamo andrebbe situata il 21 dicembre 2012: con quel giorno si chiude matematicamente un'era iniziata il 13 agosto del 3.113 avanti Cristo. Cosa succederà dopo i Maya non sono stati in grado di dircelo o, forse, noi non siamo ancora in grado di capirlo.

CAMBIAMENTO

Una cosa è certa: i Maya non ci hanno tramandato nessuna visione apocalittica sulla fine del mondo. Parlano semplicemente della fine di un ciclo oltre il quale non possono o non voglio andare con i loro calcoli. D'altro canto per un popolo che aveva fatto della comunione con l'universo il suo credo sarebbe stato per lo meno incoerente voler dare un giudizio morale di qualsiasi tipo su un evento del genere. Quella che per alcuni può essere letta come una tragedia per la razza umana potrebbe infatti rappresentare un'occasione di miglioramento per il cosmo all'interno di una prospettiva più ampia. Quanto deve succedere succederà in ogni caso dunque, e non sta a noi esseri umani voler cercare di cambiare le cose.

Questo, in estrema sintesi, sembrano volerci dire i Maya con il loro imperscrutabile silenzio. Secondo loro le epoche che si sono già concluse hanno visto grandissimi sconvolgimenti del globo terraqueo: inondazioni, glaciazioni in certe zone della terra e desertificazione in altre.

Ogni 5.125 anni sembra quasi che la natura e l'universo stesso vogliano rimescolare le carte e far ripartire tutto da zero. È forse questo il significato della tanto attesa venuta di Kukulkan prevista proprio per il 21 dicembre 2012?

Se vogliamo dirla tutta alcuni segnali preoccupanti negli ultimi anni ci sono stati: il livello dei mari continua a salire anche ad opera dell'ormai inarrestabile fenomeno dello scioglimento dei ghiacci polari. Ancora pochi anni e secondo molti esperti il fenomeno diventerà irreversibile.

Intanto la Terra è percorsa da violenti maremoti come i tristemente famosi tsunami del 2004 in Indonesia e del 2011 in Giappone. Vaste zone del mondo nel frattempo si stanno desertificando, intere aree geografiche sono sottoposte a cambiamenti climatici evidenti perfino ai non esperti, per non parlare dei disastri naturali causati dallo scellerato comportamento degli uomini che hanno modificato in maniera forse irreversibile il delicato ecosistema del nostro pianeta.

«Va tutto bene» ci assicurano gli scienziati convenzionali, «sono fenomeni naturali assolutamente normali». Intanto però il 21 dicembre 2012 continua ad avvicinarsi inesorabile e questi sembrano proprio dei segnali di un qualche sconvolgimento in atto.

Tracce nascoste

Finora abbiamo analizzato una serie di indizi e di affascinati teorie sul 2012 ereditate dal popolo Maya. Molti lettori, ce ne rendiamo conto, saranno ancora scettici perché in fin dei conti i Maya sono un popolo di cui si conosce molto poco e di cui ci sono giunte informazioni dirette quantomeno scarse. Passiamo ora in rassegna le testimonianze che ritroviamo in altre culture e che sembrano in qualche modo richiamare in maniera diretta questa fatidica data.

Abbiamo già parlato nel dettaglio dei tanti misteri che circondano le piramidi e la civiltà egizia. Ora, andando a ritroso nei secoli è possibile individuare l'ultima volta in cui il Sole sorse sulla costellazione del Leone, fenomeno che si verificò intorno all'anno 10.400 a.C. Gli Egizi avrebbero quindi voluto lasciarci dei messaggi chiari per individuare con precisione una data particolare? Alla luce di queste sconvolgenti scoperte è possibile dare un'interpretazione tutta nuova ad un celebre passo del Libro Dei Morti, il famoso libro Egizio che racchiude la complessa conoscenza teologica ed astronomica di questo misterioso popolo.

Ecco come viene tradotto questo geroglifico oscuro e misterioso:

«Calcolando e tenendo in considerazione i giorni e le ore propizie gli astri di Orione e delle Dodici Divinità che le reggono, ecco che esse uniscono le mani palmo su palmo ma la sesta di esse pende sull'orlo dell'abisso».

Per gli antichi Egizi, un popolo di grandi astronomi da sempre convinto che gli astri potessero influenzare la vita degli uomini sulla Terra, le Dodici Divinità altro non erano che le costellazioni dello zodiaco. Il momento il cui le Dodici Divinità si tengono per mano potrebbe quindi essere il momento di passaggio tra una costellazione zodiacale ed un altra. Il geroglifico indica che la sesta costellazione è in bilico sull'orlo dell'abisso.

Ma di quale costellazione stiamo parlando? Qual è la sesta delle Dodici Divinità? Proviamo a prendere come data di inizio del nostro computo quel 10.400 a.C. che secondo molti studiosi sarebbe la data che gli antichi Egizi ci hanno voluto tramandare con tanta precisione.

Considerato che ogni costellazione ha una visibilità nel cielo di circa 2.160 anni ci troviamo di fronte ad un dato sorprendente: partendo dal Leone, la costellazione che la Sfinge doveva fissare quando è stata costruita, la sesta costellazione, quella che pende sull'abisso, è proprio la nostra.

Il cambio di costellazione si verificherà esattamente nel 2012 quando la costellazione attuale, quella dei Pesci, dopo più di 2.000 anni uscirà di scena e farà il suo ingresso la costellazione dell'Acquario.

Gli Egizi ed i Maya, due popoli ossessionati dalla studio delle stelle, sembrano convergere su questa data, il 2012, come una data in cui qualcosa di rivoluzionario accadrà. Non sono i soli ad averlo fatto, vediamo assieme dove ritroviamo ancora questa fatidica data. Non molti anni fa il giornalista e ricercatore Michael Drosnin ha pubblicato un libro, il Codice Genesi, che è diventato in brevissimo tempo un bestseller planetario. Secondo l'autore, all'interno delle pagine della Bibbia si nasconderebbe un messaggio criptato individuabile utilizzando particolari sequenza di lettere.

In pratica partendo da una lettera ben precisa all'interno di un testo, per capire il codice bisogna prendere in considerazione tutte le lettere che si trovano ad una precisa distanza l'una dall'altra escludendo quindi tutte le altre. Se mettiamo poi queste lettere in fila otteniamo una gigantesca matrice di lettere e suoni con ogni probabilità privi di alcun senso. Questo è vero per la maggior parte se non per tutti i testi letterari al mondo fuorché per la Bibbia che, infatti, sembra celare alcuni sorprendenti messaggi nascosti.

Secondo Drosnin analizzando il testo sacro di Ebrei e Cristiani con questo metodo statistico sarebbe possibile individuare una serie di messaggi ben precisi, alcuni dei quali anche molto chiari.

Da un punto di vista statistico la probabilità che scegliendo un testo a caso ed esportando una sequenza di lettere come ha fatto Drosnin si trovino frasi di senso compiuto è assai remota anzi, per dirla tutta questa possibilità è praticamente inesistente. Ma che messaggi nascosti è stato in grado di isolare Drosnin con il suo paziente lavoro?

Per esempio sarebbe stato in grado di isolare il nome del celebre politico israeliano Yitzhak Rabin associato alla frase "assassino che verrà ucciso" unita ad un luogo, Tel Aviv, ad una data, il 1995, e ad un nome, Amir.

Nel 1995, per precisione il 4 novembre, Rabin è stato assassinato a Tel Aviv da un colono ebreo di nome Amir. Il fatto sorprendente è che la scoperta di Drosnin è antecedente l'omicidio di Rabin. Tra gli altri Drosnin sostiene di aver trovato messaggi nascosti relativi all'omicidio di Kennedy e ai campi di sterminio nazisti ma, soprattutto, una tremenda coincidenza ci rimanda alla cosiddetta profezia maya. Tra le interminabili sequenze di lettere analizzate dal computer di Drosnin una su tutte salta all'occhio ovvero quella che recita "Terra annientata. Sarà frantumata, distrutta, io la annienterò" vicino ad una data del calendario tradizionale ebraico che corrisponde al nostro anno 2012. Coincidenze? Forse sì, ma tutte finora incredibilmente convergenti.

Ovviamente non tutti concordano sulla validità delle conclusioni a cui Drosnin è giunto. Harold Gans, per esempio, è un espero di crittologia in pensione del Dipartimento della Difesa americano. Ecco le sue parole:

«Nel libro si sostiene che i codici della Torah siano utilizzabili per predire il futuro. Ciò è assolutamente infondato. Non vi è alcuna base scientifica o matematica a sostegno di una simile affermazione, e il ragionamento seguito per giungere a una conclusione del genere nel libro è chiaramente in errore. Se è vero e dimostrabile che certi eventi storici sono stati codificati nella Genesi in vari schemi, non è invece assolutamente vero che ogni configurazione del genere di parole "codificate" rappresenti necessariamente un potenziale fatto storico. Difatti è vero esattamente l'opposto: la maggior parte di tali configurazioni saranno piuttosto casuali e si incontreranno in qualunque testo di sufficiente lunghezza.

Il Sig. Drosnin sostiene che la "sua" predizione dell'assassinio del primo ministro Rabin sia una "prova" che col Codice Genesi si possa prevedere il futuro. Ma un solo successo, non importa quanto spettacolare, o anche altre fortunate predizioni del genere, non dimostrano assolutamente niente a meno che non siano proposte e valutate in condizioni attentamente controllate. Ogni scienziato che si rispetti sa che le evidenze aneddotiche non sono mai prova di niente».

Resta comunque l'inquietante coincidenza di una data, il 2012, che ritorna con frequenza all'interno di testi figli di una sapienza antica anche in contesti molti diversi tra loro.

Terence McKenna è considerato un simbolo se non addirittura il fondatore della cosiddetta filosofia del New Age. Nato in una cittadina del Colorado, dopo aver terminato la scuola superiore McKenna si iscrisse all'università U.C. di Berkeley. Prese alloggio a San Francisco nel 1967 proprio alla vigilia della famosa "Estate dell'Amore" e cominciò a far uso di cannabis e LSD assieme ad un compagno di corso. Si laureò nel 1969 in Ecologia e Conservazione, passò gli anni successivi insegnando Inglese in Giappone e facendo viaggi esplorativi in India e più in generale in tutta l'Asia.

Nel 1971 Terence e suo fratello Dennis assieme altri tre amici si recarono nel bel mezzo della foresta amazzonica alla ricerca di esperienze in grado di espandere la loro conoscenza. Fu proprio durante uno di questi esperimenti psichedelici che McKenna disse di essere entrato in contatto col "Logos", una voce interiore allucinatoria che egli riteneva onnipresente. Logos suggerì a McKenna di studiare da vicino l'I Ching, l'antico sistema di esagrammi cinesi.

L'I Ching, conosciuto anche con il nome di "Libro dei mutamenti", è un complessissimo sistema di simboli a cui, nella cultura tradizionale cinese, viene attribuito un valore divinatorio. McKenna si convinse che l'I Ching potesse in qualche modo essere una rappresentazione del fluire del tempo cosmico.

Partendo da questa intuizione egli riuscì a trovare uno schema matematico, una specie di algoritmo, che si celerebbe dietro questo sofisticato sistema di esagrammi. Secondo McKenna la storia del mondo sarebbe tutta un susseguirsi di momenti di innovazione artistica e tecnologica seguiti immancabilmente da momenti di in cui la società e l'essere umano regredisce ad un livello più basso. La cosa particolare, secondo la teoria di McKenna, è che questi cicli sembrano aumentare la frequenza andando così a formare la cosiddetta "onda temporale di mutamento accelerato".

In parole povere nel passato i cicli duravano più a lungo mentre mano a mano che ci si sposta più avanti nel tempo questi cicli durano sempre meno e sono sempre più ravvicinati tra loro. Possiamo immaginare questa concezione del fluire del tempo come un bicchiere vuoto fatto oscillare su un tavolo. Da principio le oscillazioni sono ampie ma poi per effetto della gravità in il bicchiere tende a compiere movimenti sempre più brevi e veloci fino a che non si arresta del tutto.

Per McKenna l'epoca in cui stiamo vivendo sarebbe l'ultima oscillazione del tempo, un'oscillazione della durata di 67 anni ed iniziata nel 1945 all'indomani dello scoppio della bomba atomica di Hiroshima. La conclusione di questo ciclo corrisponde al 2012, l'anno della profezia dei Maya. Nostradamus, al secolo Michel de Notre-Dame, viene ricordato per le sue famose Centurie, ovvero la raccolta di profezie che ancora oggi sorprendono per la loro precisione ed accuratezza[94]. In realtà Nostradamus fu una figura complessa di intellettuale del 1500 le cui conoscenze spaziavano dalla botanica alla matematica passando per la medicina e la retorica. Per lunghi anni Nostradamus viaggiò attraverso l'Europa frequentando i personaggi più in vista della cultura del suo tempo.

Renucio Boscolo ha passato gran parte della sua vita a studiare i testi e la vita di Nostradamus, ecco come ripercorre la sua biografia:

«Era medico ma, come molti intellettuali del suo tempo, era un grande appassionato di scienze esoteriche. Quando si laureò in medicina, a Montpellier, nel 1530, era già famosissimo per aver salvato decine e decine di persone durante alcune epidemie di peste. Aveva messo a punto delle ricette che sembravano miracolose. Tutti lo consideravano un portento. Ma quando la peste colpì la sua famiglia, non riuscì a compiere alcun miracolo. Perse la giovane moglie e due figli. Disperato, decise di lasciare la patria e di viaggiare per l'Europa. Probabilmente la medicina lo aveva deluso e la sua passione segreta per l'esoterismo e l'astrologia ebbe il sopravvento.

Da bambino era stato introdotto dal nonno materno, ebreo osservante, agli studi della Cabala, delle dottrine gnostiche e neoplatoniche, della "Gematria" e del "Notarikon". Così decise di approfondire le scienze esoteriche, volle avvicinare e conoscere i grandi maestri di queste scienze occulte. A Salisburgo, in Austria, conobbe Paracelso, il famoso medico e filosofo che fu anche un grande astrologo e alchimista. Poi scese in Italia e sappiamo che soggiornò a Torino, Bologna, Firenze, Roma, Verona, Padova, Ferrara e Venezia. In queste città prendeva contatto con i vari gruppi esoterici. Forse nacque a Venezia il progetto di scrivere le Centurie. Infatti, tornato in Francia, Nostradamus si risposò e cominciò una nuova esistenza, standosene tranquillo e dedicando tutto il suo tempo alle scienze esoteriche e a scrivere le Centurie».

Per molti studiosi fu proprio durante queste peregrinare su e giù per l'Europa che Nostradamus venne in contatto con qualche studioso dell'occulto in grado di prevedere il futuro. Per altri Nostradamus potrebbe addirittura aver trovato dei libri segreti contenenti delle testimonianze sulle epoche future.

Se questa sconvolgete teoria fosse confermata troverebbe finalmente una spiegazione la famosa lettera al figlio Cesare in cui l'anziano veggente scrive:

«Sono entrato in possesso di molti volumi nascosti per lunghi secoli; dubitando di ciò che ne sarebbe accaduto, dopo la lettura li ho gettati alle fiamme e mentre esse li divoravano,

---

[94] Si veda a questo proposito *Le profezie di Nostradamus, con un saggio introduttivo di Esther Neumann*, Nostradamus e Esther Neumann, LA CASE Books, 2021.

divampando alte, generavano un insolito chiarore, più intenso della fiamma naturale, simile a un accecante folgore».

Quali volumi aveva riportato alla luce Nostradamus nei suoi viaggi? Dove si trovavano questi libri e soprattutto da dove provenivano? Queste domande sono ancora oggi al centro di accesi dibatti tra gli esperti. Per molti il linguaggio sibillino e di difficile interpretazione delle Centurie di Nostradamus sarebbe un'ulteriore dimostrazione del fatto che l'autore avesse effettivamente avuto accesso a testi segreti e misteriosi, altri invece hanno avanzato ipotesi diverse, come ad esempio scrive Esther Neumann nella sua introduzione alle Centurie scritte dall'oscuro Veggente:

«[...] il linguaggio utilizzato da Nostradamus nelle sue profezie è volutamente criptico ed iniziatico, ricco di simbologia esoterica e di difficilissima comprensione. Il motivo è presto detto: dopo che il 31 ottobre 1517 Lutero aveva appeso le famose 95 tesi sul portone della Chiesa di Wittenberg e che nel 1543 Copernico aveva pubblicato il suo De Revolutionibus, nel 1545 si erano aperti i lavori del Concilio di Trento che avrebbe definito, nel 1563, i parametri della Controriforma. Insomma, non era proprio il momento giusto per professare idee e tesi non gradite alla Chiesa di Roma, come avrebbe dimostrato ampiamente la vicenda di Galileo Galilei mezzo secolo più tardi. Nostradamus dunque decise di attuare la famosa *obfuscatio* per tutelarsi dalle possibili interferenze papali: l'anziano Veggente era riuscito ad aprire una breccia sul futuro dell'umanità ma non voleva rischiare di essere accusato di magia nera o, peggio ancora, di eresia. Il risultato dunque è che molti versi sono apparentemente incomprensibili e soltanto a posteriori possono essere finalmente svelati»[95].

Nostradamus dunque, temendo una persecuzione religiosa o forse semplicemente non ritenendo di poter diffondere chiaramente quello che aveva scoperto perché troppo sconvolgente, avrebbe preferito rendere le sue quartine ermetiche per permettere solo ad una minoranza colta e preparata l'interpretazione di un messaggio così rivoluzionario. Il lavoro di Nostradamus non sarebbe stato quello di profetizzare il futuro quando piuttosto quello di diffondere in maniera criptata e quasi incomprensibile un messaggio di cui era venuto in qualche modo a conoscenza.

Nelle quartine di Nostradamus infatti non troviamo nessun riferimento diretto a delle date o a dei momenti storici precisi e il 2012 non fa eccezione. È grazie al paziente lavoro di studiosi ed interpreti che alcuni passi delle Centurie vengono però associati a precisi avvenimenti di epoche successive.

Per quanto riguarda il 2012 gli esperti si sono concentrati sul cosiddetto "Libro Perduto di Nostradamus" meglio noto come "Vaticinia di Nostradamus". Si tratta di un codice che raccoglie 80 immagini ad acquerello riportate alla luce nel 1982 dai giornalisti Enza Massa e Roberto Pinotti nella Biblioteca Nazionale Centrale di Roma e attribuito appunto a Nostradamus. In una nota originale vergata a mano e allegata al manoscritto, si dice che il

---

[95] Nostradamus, Esther Neumann, op. cit.

codice venne portato a Roma dal figlio di Nostradamus, Cesare de Notre-Dame, per essere donato al futuro papa Urbano VIII il cardinale Maffeo Barberini. Nelle ultime pagine di questo manoscritto sembrerebbero esserci dettagli molto più precisi riguardanti la Fine dei Tempi.

Mentre alcune figure non sarebbero altro che la rappresentazione della disposizione di astri e stelle che saranno visibili nel 2012, l'ultimo acquerello invece rappresenta la fuga da una città murata di un alto prelato di pelle nera, assieme al suo seguito. Secondo l'interpretazione più comune questa immagine rappresenta il massacro di sacerdoti di molte razze e nazionalità.

Questa miniatura è stata messa in relazione al terzo mistero di Fatima e pare che sia molto simile ad una visione che avrebbe avuto Papa Pio X. La figura dalla pelle nera rappresenta veramente un prelato o un Papa o, come si chiedono in molti, sta ad indicare un leader politico?

Comunque sia Nostradamus prevede un qualche evento traumatico che si dovrebbe verificare nel 2012. Alcuni esegeti dell'oscuro Veggente hanno identificato questa figura di potente dalla pelle nera con Barack Obama, il Presidente degli Stati Uniti, che affronterà proprio nel 2012 le elezioni per rinnovare il suo mandato. A ogni modo questa "fuga" di questo misterioso personaggio dalla pelle nera dovrebbe rappresentare il preludio di un rinnovamento epocale che dovrebbe traghettare la razza umana verso un periodo di pace, prosperità ed armonia tra le genti.

PAROLA ALLA SCIENZA

Fino a questo momento abbiamo parlato di antichi popoli e di messaggi nascosti. Sono emerse alcune inquietanti coincidenze ed abbiamo visto come molte fonti diverse siano concordi nel segnalare la data del 2012 come un momento nel quale si dovrebbe verificare qualcosa di rivoluzionario e, secondo molti studiosi, spaventoso per il nostro pianeta e per il genere umano. In questo preciso momento solo pochi mesi ci separano da quella fatidica data. Se stiamo effettivamente andando incontro ad una catastrofe di qualche tipo dovremmo cominciare ad avvertirne alcuni sintomi. I diversi osservatorii scientifici sparsi in tutto il mondo dovrebbero aver cominciato infatti a registrare alcuni segnali che qualcosa non va. Vediamo quindi assieme cosa è in grado di dirci la scienza ufficiale ed accademica su quanto sta succedendo attorno a noi proprio in questo preciso momento.

Cominciamo con un documento ufficiale, "Il Sesto programma di azione per l'ambiente della Comunità Europea". Si tratta di un opuscolo stampato nel 2001 e che, come si legge nell'intestazione, «propone un nuovo documento programmatico di ampio respiro, che affronta le tematiche ambientali dei prossimi 5-10 anni». All'interno di questo documento troviamo alcuni studi sullo stato di salute del nostro pianeta e le linee direttive della comunità Europea per la salvaguardia dell'ambiente. Ecco uno stralcio di questo documento che fa il punto sul cambiamento climatico in atto.

«È ormai dimostrato che il cambiamento climatico è una realtà. L'attività umana provoca un innalzamento delle temperature mondiali: negli ultimi 100 anni la temperatura media in Europa è aumentata di 0,8°C circa e secondo alcuni modelli potrebbe aumentare da 1 a 6°C di qui al 2100. Le conseguenze di tali mutamenti sono divenute fin troppo chiare con le recenti inondazioni e tempeste, che forse sono solo un preludio del dramma che ci aspetta. Nell'Unione Europea vive appena 5% della popolazione mondiale, che però è responsabile del 15% circa delle emissioni mondiali di gas ad effetto serra. I gas serra, generati principalmente dai trasporti stradali e dalla produzione energetica, provocano aumenti di temperatura, che a loro volta alterano il clima. Questi gas sono il biossido di carbonio (CO_2), il metano, l'ossido di azoto e i cosiddetti gas fluorurati. L'Europa deve schierarsi risolutamente a favore di un'importante riduzione delle emissioni. Le nostre politiche dei trasporti vanno completamente ripensate se vogliamo evitare il grave aumento delle emissioni previsto per il prossimo decennio a seguito dell'incremento dell'uso di automobili e aerei.Anche i nostri sistemi energetici devono cambiare, assegnando ad esempio un ruolo prominente all'energia eolica e solare. Ciascuno di noi può fare qualcosa: si può fare di più per proteggere i suoli e il patrimonio boschivo, veri e propri "bacini" capaci di assorbire il biossido di carbonio dall'aria; mentre l'industria deve puntare ad un aumento dell'efficienza energetica pari almeno all'1% annuo. Anche se riusciremo ad abbattere le emissioni, tuttavia, un certo grado di cambiamento climatico sarà inevitabile; per cui dovremo comunque adattare le nostre infrastrutture affinché resistano a situazioni meteorologiche estreme, nonché dovremo migliorare i servizi sanitari e di pronto intervento poiché alcune malattie, tra cui i disturbi del sistema digestivo, sono destinate a diventare più diffuse».

Per gli esperti della comunità Europea le recenti inondazioni e tempeste che si sono abbattute sul nostro pianeta potrebbero pertanto essere il preludio di qualcosa che non siamo ancora riusciti a capire. Se non correggiamo la rotta qualcosa di ben più spaventoso e grave sembra attenderci, qualcosa in grado probabilmente di cambiare per sempre il nostro rapporto con il pianeta in cui viviamo.

Ma non è tutto. Secondo molti studiosi negli ultimi anni stiamo assistendo ad un fenomeno naturale molto pericoloso e soprattutto assolutamente incontrollabile. Sulla Terra si è potuta sviluppare la vita perché si sono combinate una serie di circostanze favorevoli che hanno reso questo pianeta un unicum tra tutti quelli presenti nel nostro sistema solare. Tutti abbiamo sentito parlare della fascia d'ozono che avvolge il globo dalle radiazioni solari e nella quale, in parte anche per colpa dell'uomo, si stanno aprendo enormi e pericolose falle.

Il cosiddetto buco nell'ozono però è solo una delle fasce protettive che avvolgono il nostro pianeta e lo rendono vivibile: un altro involucro schermante fondamentale è la cosiddetta magnetosfera, ovvero la barriera creata dal campo magnetico terrestre e che ci protegge dalle cariche radioattive provenienti dal Sole.

Se la nostra magnetosfera fosse meno efficace sulla Terra non si sarebbero mai verificate le condizioni per ospitare la vita nella forma in cui noi la conosciamo e il nostro pianeta assomiglierebbe probabilmente ad uno dei tanti satelliti e pianeti disseminati attorno al Sole. In poche parole si tratta di uno speciale scudo magnetico in grado di respingere quelle che altrimenti sarebbero delle particelle radioattive provenienti dal Sole. Se questo scudo dovesse per qualsiasi motivo venire a mancare in pochi anni la vita sulla Terra così come la conosciamo sarebbe assolutamente impossibile. Ma anche un suo allentamento o una breccia al suo interno, simile al buco nell'ozono, potrebbe avere effetti catastrofici imprevedibili.

Come abbiamo detto il Sole irradia nello spazio particelle caricate elettricamente, questi flussi sono costanti nel tempo ma ad intervalli più o meno regolari assistiamo alle cosiddette tempeste solari ovvero momenti di grande attività sulla superficie del Sole durante le quali i flussi di particelle sparate verso il nostro pianeta aumentano a dismisura. Se una di queste tempeste solari dovessi farsi largo attraverso la magnetosfera anche per brevi spazi di tempo la nostra esistenza potrebbe essere messa a serio repentaglio dato che tutte le reti di alimentazione che somministrano elettricità sulla faccia della terra sono molto sensibili e vulnerabili alle cariche elettriche.

In poche parole se una tempesta solare dovesse abbattersi sulla Terra il rischio di trovarsi di fronte ad un black-out dalla durata e dalle dimensioni imprevedibili è tutt'altro che improbabile. Un situazione del genere metterebbe immediatamente in ginocchio qualsiasi paese del mondo cosiddetto civilizzato. Tutte le grandi nazioni del pianeta soffrono di una grandissima dipendenza energetica. Maggiore è il livello di industrializzazione di una certa nazione e maggiori sarebbero i rischi connessi ad un black-out generalizzato. In un attimo tutte le grandi metropoli si spegnerebbero di colpo: nessuna comunicazione radio o telefonica sarebbe più possibile, i trasporti aerei, via treno ma anche su gomma si fermerebbero quasi subito. Le conseguenze anche da un punto di vista di ordine pubblico potrebbero essere imprevedibili. Nessun governo potrebbe coordinare alcun tipo di servizio di prevenzione o difesa. Le strade diventerebbero ben presto un territorio assolutamente anarchico e pericoloso. Il cibo comincerebbe a scarseggiare in pochi giorni così come l'acqua potabile.

Rispetto ai secoli scorsi l'uomo contemporaneo ha raggiunto un livello di dipendenza dalla tecnologia che lo rende particolarmente vulnerabile a qualsiasi fenomeno che metta a rischio l'approvvigionamento energetico. I governi di tutto il mondo lo sanno bene ed è per questo che ogni anno vengono combattute decine di guerre, alcune famose altre meno, nella speranza di garantirsi risorse energetiche a basso costo. Se una tempesta solare avesse colpito la Terra 1.000 anni fa avrebbe causato danni modesti e assolutamente non in grado di modificare la vita quotidiana delle persone. Se questo dovesse succedere oggi potrebbe mettere in ginocchio una nazione sviluppata come gli Stati Uniti.

Le tempeste solari, lo abbiamo visto, normalmente non giungono fino a noi perché vengono intercettate e schermate dalla corazza chiamata magnetosfera. Purtroppo però da alcuni anni questo involucro si sta indebolendo e secondo alcuni studiosi esisterebbero già delle vere e proprie falle capaci di far penetrare i flussi di particelle radioattive senza che queste incontrino nessuna resistenza.

Per alcuni ricercatori infatti l'indebolimento della nostra corazza magnetica sarebbe all'origine della cosiddetta Anomalia del Sud Atlantico o SAA:

«Alcuni ricercatori credono che l'anomalia sia un effetto secondario dell'inizio di un'inversione magnetica: la letteratura esistente sull'argomento riporta come una delle varie cause dei cambiamenti dei confini della SAA dalla sua scoperta ad oggi il lento indebolimento del campo magnetico terrestre. Quello che è certo è che il campo magnetico si sta indebolendo e che le fasce di Van Allen si avvicineranno alla superficie terrestre allargando di conseguenza l'area della SAA. L'anomalia del Sud Atlantico produce conseguenze di grande importanza per i satelliti astronomici e per altri veicoli spaziali che orbitano intorno alla Terra ad altezze di diverse centinaia chilometri in quanto queste orbite portano questi oggetti periodicamente, ad ogni orbita, all'interno dell'anomalia esponendoli così ogni volta a forti radiazioni per la durata di parecchi minuti. La progettazione della Stazione Spaziale Internazionale che avendo un'inclinazione di 51,6° vi passa attraverso in una parte delle sue orbite, ha richiesto una schermatura supplementare per risolvere questo problema: il telescopio spaziale Hubble e altri satelliti non effettuano osservazioni quando attraversano la SAA».

La situazione è drammatica: il nostro pianeta sembra sempre più indifeso e vulnerabile. Se altre falle della magnetosfera si dovessero aprire questa volta in prossimità di terre abitate si potrebbe verificare velocemente un effetto domino dai risultati imprevedibili. L'economia moderna è per definizione globalizzata, un evento che si produca in un certo punto del sistema finisce sempre ed inevitabilmente per avere ripercussioni in tutto il mondo. Un ultimo dato inquietante, secondo molti esperti la prossima grande ondata di tempeste solari potrebbe avere luogo tra il 2012 ed il 2013.

Come possiamo difenderci?

Se queste sinistre previsioni fossero confermate nel 2012 il mondo intero si troverebbe ad affrontare una catastrofe dalle dimensioni inimmaginabili. Internet, le televisioni, ma anche la corrente elettrica, i viaggi aerei, le comunicazioni a lunga distanza potrebbero essere cancellate nello spazio di pochi istanti su tutta la superficie colpita dagli effetti delle tempeste solari che dovrebbero raggiungere il loro apice proprio in prossimità della data indicata dai Maya come la fine del loro calendario. Le conseguenze di un evento catastrofico di queste dimensioni potrebbe mettere velocemente in ginocchio il sistema politico militare di qualsiasi nazione e ben presto assisteremo a fenomeni di migrazioni di massa dalle zone colpite a quelle meno interessate dal fenomeno. Allo stesso tempo le città tenderebbero a spopolarsi e gran parte della popolazione mondiale si riverserebbe nelle zone di campagna che, in gran parte delle nazioni occidentali, o sono praticamente scomparse o comunque non sono in grado di sostenere un flusso migratorio in ingresso.

Il collasso economico e politico ipotizzabile in uno scenario di questo tipo sarebbe veloce e probabilmente incontrovertibile. Le tempeste solari sono una certezza scientifica e molti titolati studiosi sono convinti che a breve la Terra ne sarà colpita da alcune di particolare intensità.

Viene naturale chiedersi che cosa stiano facendo i governi di tutto il mondo per prepararsi a fronteggiare gli scenari apocalittici che abbiamo appena descritto: ufficialmente nulla. Non si hanno notizie di provvedimenti atti a rispondere ad un black-out energetico di vaste dimensioni. Ma è veramente così?

Riportiamo di seguito una lettera di un sedicente politico norvegese spedita originariamente al sito Project Camelot e che da mesi ormai gira in rete. Premettiamo che potrebbe trattarsi di un falso confezionato ad arte per distrarre e turbare l'opinione pubblica. La lettera comunque ha avuto un'eco planetaria al punto che addirittura la CNN le ha dedicato un servizio speciale. Ma vediamo nel dettaglio cosa dice questa presunta personalità politica norvegese a proposito di quello che accadrà di qui a breve:

«Sono un politico norvegese. Vorrei parlare delle cose difficili che accadranno dal 2008 al 2012. Il governo norvegese sta costruendo basi sotterranee e bunker in numero sempre maggiore. Israele e molti altri paesi stanno facendo la stessa cosa. Quando ho chiesto spiegazioni, hanno semplicemente risposto "per proteggere il popolo norvegese". Ho chiesto anche quando avrebbero pensato di terminare il lavoro e la risposta è stata "prima del 2011". La prova di quello che sto dicendo è nelle fotografie che ho mandato di me stesso e di tutti i Primi Ministri che ho avuto cura di incontrare mettendoli al corrente della questione.

Loro sanno tutto di ciò che sta per accadere, ma non vogliono assolutamente fare allarmismi o creare panico di massa. Il pianeta X sta arrivando e la Norvegia ha cominciato con l'approvvigionamento di cibo e sementi nella zona di Svalbard e nel Nord Artico con l'aiuto degli US e UE e di tutto il paese. Salveranno solamente chi fa parte dell'élite di potere e coloro che potranno ancora creare o costruire: dottori, scienziati e così via.

Quanto a me, già so che partirò prima del 2012 per l'area di Mosjoen, dove si trova un'agevole base militare sotterranea. Lì saremo divisi in settori rossi, blu e verdi. I distintivi dell'esercito norvegese sono già stati dati loro, e gli alloggi costruiti già molto tempo fa. La gente che sarà lasciata sulla superficie e morirà insieme a tutti gli altri, non riceverà nessun tipo di aiuto.

Il piano è che 2 milioni di Norvegesi si salveranno e gli altri moriranno, questo significa che 2.600.000 persone periranno nella notte senza sapere cosa fare. Tutti i settori e le arche sono collegate tra loro attraverso tunnel e un sistema di comunicazione di binari per macchine che ti possono portare da un arca a un'altra. Solo grandi portoni separano i settori così che non siano compromessi in nessun modo. Sono molto triste, spesso mi ritrovo a piangere insieme ad altri che sanno che così tanti sapranno troppo tardi la verità e che tutto finirà per loro.

È fin dal 1983 che i governanti raccontano bugie, tutti loro sono a conoscenza di ciò che succede in Norvegia, ma pochi lo diranno apertamente, hanno troppa paura di perdere il NOAH 12 railcar che li porterà alle arche mettendosi in salvo. Dicendolo a qualcuno moriranno sicuramente. Io non sono preoccupato per me, il genere umano deve sopravvivere, la specie deve sopravvivere. La gente deve sapere. Tutti i governanti sono consapevoli della situazione e di ciò che sta per accadere.

Per le persone che potranno salvarsi, consiglio di spostarsi in posti alti, e trovare grotte o caverne dove poter stipare riserve di cibo per almeno 5 anni, scatolame e acqua che duri per un po'. Per chi se lo può permettere suggerisco anche pillole antiradiazioni e tute spaziali. Possa Dio aiutare tutti noi... ma so che Dio non ci aiuterà.

Ogni singola persona può fare la differenza. SVEGLIATEVI, per favore! Avrei potuto scrivere usando un altro nome, ma non ho più paura di nulla. Quando sai certe cose diventi invincibile e nessun danno ti può arrivare quando sai che la fine è vicina.

Assicuro al 100% che tutto ciò accadrà. Abbiamo 4 anni per prepararci alla fine dei giochi. Armatevi, create gruppi di sopravvivenza, e trovate un luogo per potervi salvare con cibo a sufficienza. Chiedetemi qualsiasi cosa sul coinvolgimento norvegese alla questione e cercherò di rispondervi al meglio delle mie possibilità e con tutte le informazioni a mia disposizione. Ma guardatevi intorno: stanno costruendo basi e bunker sotto terra ovunque.

Aprite gli occhi gente! Chiedete ai governanti cosa stanno costruendo, vi risponderanno che è solo immagazzinamento di cibo, vi renderanno ciechi con tutte le loro bugie. I segni della presenza aliena sono anche qui e spesso vedo la classe politica norvegese non è come dice di essere. È come se fossero controllati in ogni pensiero, per me è chiaro chi sono e chi non sono. Lo puoi vedere nei loro occhi e nelle loro menti.

Ricordate che coloro che si troveranno nelle aree delle città nel 2012 saranno colpiti per primi e per primi moriranno. Più tardi l'esercito si libererà del resto dei sopravvissuti, avranno fucili per ristabilire l'ordine nel caso ci fosse la benché minima resistenza che impedirà loro di raggiungere gli accampamenti dove ognuno sarà registrato con un numero e una targhetta. La gente comune non saprà nulla fino alla fine, perché il governo non vuole creare panico di massa. Tutto accadrà silenziosamente e i governanti semplicemente spariranno.

Vi dico questo: non girate tranquilli di notte, prendete precauzioni per salvarvi con la vostra famiglia. Unitevi agli altri, lavorate insieme per trovare soluzioni a tutti i problemi che dovrete fronteggiare. Gentili saluti…».

Come abbiamo detto non ci sono prove concrete dell'autenticità di questa lettera né tanto meno dei suoi contenuti, ma proviamo ad analizzarla ugualmente dato che siamo di fronte ad un documento che ha suscitato un'eco enorme in tutto il mondo. Lo studio di un documento del genere nella peggiore delle ipotesi ci permette comunque di capire lo stato d'animo e le paure che permeano la nostra società.

Innanzi tutto questo scritto fa evidentemente parte del filone catastrofista ovvero quell'insieme eterogeneo di teorie che prevede un epilogo violento e drammatico una volta scoccata l'ora X nel 2012. Vedremo più avanti che esistono altri approcci e diverse teorie al riguardo. La lettera parla dell'arrivo di un pianeta misterioso che avrebbe un effetto devastante sul pianeta Terra.

È una vecchia teoria quella che a volte prevede l'arrivo di un asteroide, di una cometa e in altri casi ancora di un vero e proprio pianeta, chiamato Nibiru. Questa teoria trova riscontro anche in alcune antiche iscrizioni di popolazioni antiche tra cui gli Egizi. Secondo gli Egizi infatti un pianeta sconosciuto, con regolarità di alcune migliaia di anni, si troverebbe a condividere per un breve lasso di tempo la sua orbita con quella della Terra.

A onor del vero sono state rilevate alcune irregolarità di tipo statistico e fisico all'interno del nostro sistema solare che farebbero propendere per l'idea che effettivamente esista o sia esistito un altro pianeta non lontano dal nostro. Secondo alcuni studiosi in epoche remotissime questo pianeta sarebbe uscito violentemente dal sistema solare e avrebbe cominciato a vagare seguendo un orbita diversa che ad intervalli di migliaia di anni lo riporterebbe vicino a noi.

È parere di alcuni studiosi delle religioni antiche che questo evento catastrofico sia stato interpretato e tramandato nella storia dell'uomo attraverso i numerosi miti di lotte fratricide tra divinità dello stesso sangue che altro non rappresenterebbero che i diversi pianeti del sistema solare. Più interessante è la parte dedicata a come il governo norvegese e più in generale i governi del mondo si starebbero preparando a fronteggiare l'imminente catastrofe.

Per l'autore ormai da anni sarebbero pronte o in fase di ultimazione migliaia di rifugi anti-radiazioni in grado di ospitare l'élite del mondo che qui troverebbe rifugio durante i momenti, o forse gli anni, di massima crisi. Non è chiaro come siano stati selezionati i membri di questo ristretto gruppo di esseri umani in grado di sopravvivere. Si tratta di una selezione basata esclusivamente sull'appartenenza all'élite, come la chiama l'autore di questo documento, o si tratta piuttosto di un campione umano in grado di riprodurre in piccolo conoscenze, esperienze e capacità diverse e capaci di rimettere in moto il mondo una volta che la situazione sia tornata sotto controllo?

Al di là di questi dettagli però salta agli occhi l'insistenza con sui l'autore torna sull'argomento delle grandi costruzioni sotterranee invitando tutti ad indagare su quanto ci sta accadendo intorno. Indagando su questo aspetto sono incappato in una storia che ha dell'incredibile.

Spostiamoci negli Stati Uniti, in Colorado per la precisione, a migliaia di chilometri di distanza dalla Norvegia descritta nella lettera. Per gli standard degli Stati Uniti Denver, la capitale del Colorado appunto, con i suoi 600.000 abitanti è una città di dimensioni medio-piccole. Tanto per capirsi nella classifica delle città più popolate degli USA precede la poco conosciuta Louisville nel Kentuky. Da un punto di vista geografico non ha una posizione particolarmente strategica, tant'è vero che negli anni '70 quando il governo americano e l'ente dell'aviazione studiarono dove aprire il più grande hub degli Stati Uniti la location di Denver non venne nemmeno presa in considerazione.

A giocarsi la partita furono due aeroporti che per ragioni diverse avevano le caratteristiche per diventare punti di snodo del traffico aereo internazionale, stiamo parlando dell'aeroporto di Kansas City e di quello di Atlanta. Alla fine ragioni politiche e approfonditi studi tecnici fecero optare per Atlanta che nel 1980 inaugurò il più grande terminal aeronautico al mondo, in grado già da allora di ospitare più di 55 milioni di passeggeri in transito all'anno.

Da quel giorno l'aeroporto di Atlanta ha continuato a crescere e ormai da molti anni è a tutti gli effetti uno dei terminal più trafficati al mondo con oltre 88 milioni di passeggeri all'anno. Kansas City uscì di scena e rimase un piccolo aeroporto di provincia dove ancora oggi, una volta usciti dal terminal, si viene investiti dal profumo di erba fresca e dal cinguettare degli uccelli.

Denver come dicevamo non ha mai avuto le caratteristiche geografiche né tanto meno le dimensioni demografiche per ospitare un grande terminal ed infatti per molti anni ha avuto un aeroporto di medie dimensioni che operava per lo più su tratte brevi. Poi d'improvviso si decise di costruire un nuovo aeroporto nel bel mezzo del nulla.

Il nuovo aeroporto di Denver infatti sorge a diversi chilometri dalla città e non è facilmente raggiungibile. La sua posizione poi è particolarmente esposta al vento tanto è vero che molti voli in arrivo ed in partenza da questo terminal subiscono forti ritardi quando non addirittura delle cancellazioni vere e proprie. La nuova struttura si estende su di un area di ben 135 chilometri quadrati ed è a tutti gli effetti uno degli aeroporti più estesi al mondo. Il costo totale dell'opera si è aggirato intorno ai 5 miliardi di dollari. A dispetto della spesa il nuovo aeroporto di Denver non sembra aver apportato un sostanziale miglioramento nel servizio, se è vero che in molti a Denver lamentano che il vecchio terminal era molto più comodo e meglio funzionante.

Come numero di passeggeri smistati Denver non è mai andata oltre il 10 posto della classifica dei terminal più trafficati al mondo rimanendo sempre dietro gli aeroporti di Atlanta, Los Angeles e Chicago. Ma allora perché investire tutte queste risorse per costruire quella che a molti sembra una sorta di cattedrale nel deserto? C'era veramente bisogno di questo dispendio di energie? Paradossalmente la risposta potrebbe avere qualcosa a che fare con la lettera del politico norvegese che stiamo analizzando. Ma procediamo con ordine.

Sono andato personalmente a visitare questo terminal. All'ingresso principale ci imbattiamo subito in una targa commemorativa che ricorda i lavori di costruzione dell'aeroporto. La targa di marmo all'apparenza è uguale alle decine di targhe simili che si trovano un po' in tutti gli aeroporti del mondo se non fosse per quel simbolo, una squadra ed un compasso, che vi si trova proprio nel centro. Avete capito bene, la squadra ed il compasso, i simboli massonici per eccellenza si trovano nella targa commemorativa di questo immenso aeroporto. Davvero qualche ordine massonico ha contribuito alla costruzione di questo terminal? Per quale motivo? E poi perché voler lasciare una traccia così chiara? La targa reca la firma "New World Airport Commission", la commissione aeroportuale del nuovo mondo.

Per quante ricerche e domande abbiamo fatto in giro non siamo riusciti a risalire a nessuna organizzazione che operi sotto questo nome. In poche parole è come se questa fantomatica "New World Airport Commission" non esistesse affatto. Ma c'è di più.

Diverse pareti sono state decorate con dei coloratissimi murales opera dell'artista di origini messicane Leo Tanguma famoso per i suoi soggetti onirici e spesso spaventosi. I murales che decorano l'aeroporto di Denver raffigurano scene di guerra e devastazione e dovrebbero essere un invito al superamento delle differenze e degli odii tra le diverse nazioni in nome di un'auspicata pace universale. Analizzando da vicino queste opere d'arte ci imbattiamo in una serie di inquietanti messaggi. Nel primo murales vediamo tre bare aperte all'interno delle quali troviamo i cadaveri rispettivamente di una donna di colore, un'indiana americana ed una bambina occidentale, forse tedesca o svizzera. La bambina ha una stella di David gialla cucita sul vestito e tra le braccia stringe una bibbia cristiana. Che messaggio si vuole passare con questa immagine? Si vuole forse suggerire che le religioni tradizionali, o per lo meno quella ebraica e cristiana, sono in qualche modo a rischio? Stessa sorte dovrebbe attendere anche la cultura africana e quel poco che resta di quella nativa americana?

Alle spalle delle bare un'altra bambina regge tra le mani una specie di tavoletta o un frammento di bassorilievo che per alcuni interpreti potrebbe raffigurare la fine del grade computo del calendario Maya. Nel secondo murales lo scenario cambia: un soldato con il volto coperto da una maschera antigas uccide una colomba bianca, simbolo della pace, ed impone il suo controllo sul pianeta. Alle sue spalle un cielo nero che risucchia un arcobaleno rende tutto molto spettrale e catastrofico. In basso, tra le macerie di una casa, un foglio di carta recante alcune scritte. Cosa vuol significare tutto questo? Un periodo di lotta e violenza in cui la cultura e tutte le conquiste del sapere umano rappresentate dal foglio di carta saranno accantonate e soverchiate da valori nuovi?

Nel terzo murales vediamo una rappresentazione dei diversi popoli del mondo dopo la catastrofe: sono tutti bambini e si stringono attorno a delle scritte che inneggiano alla pace in diverse lingue del mondo. Chi rappresentano questi bambini veramente e perché ad un tratto sono spariti tutti gli adulti? Si tratta forse della nuova generazione di esseri umani, quelli che in qualche modo dovranno rifondare il mondo? Al centro della scena un bambino dalle fattezze ariane e vestito alla tedesca distrugge a colpi di martello le armi che altri bambini gli portano avvolte nelle bandiere di diverse nazioni. La violenza e la guerra sono solo un ricordo di epoche passate? La nuova umanità saprà vivere in armonia? Concetti come Nazione e Stato sovrano sono destinati a sparire?

Nell'ultimo murales vediamo infine i bambini stringersi attorno ad una specie di guru che sta officiando un qualche rito. Sullo sfondo diversi animali ed una natura rigogliosa. Da questi pochi dettagli emerge chiaramente che la serie di murales presenti nell'aeroporto di Denver si presta a diverse interpretazioni. Per molti osservatori le diverse scene ricordano da vicino le tematiche propagandate dal movimento noto come "Nuovo Ordine Mondiale". L'esistenza di questo gruppo non è mai stata dimostrata ufficialmente ma secondo i sostenitori di questa teoria si tratterebbe di una realtà concreta che da anni si starebbe adoperando per prendere il controllo del mondo. Alla base della loro visione del mondo ci sarebbe l'idea che concetti come Stato e Chiesa andrebbero superati e annientati con la forza.

L'umanità dovrebbe superare le differenze culturali che oggi mettono gli uni contro gli altri e cominciare a vivere e a pensare in maniera globale. Il disarmo totale del pianeta è sicuramente un passaggio fondamentale in questa evoluzione come un periodo di guerra e violenza potrebbero rendersi necessari per estirpare una volta per tutte tutti gli elementi di divisione presenti sul nostro pianeta.

L'ultimo murales ci rimanda ad un concetto di spiritualità nuova dove le religioni tradizionali non esistono più e l'uomo trova la sua dimensione immergendosi completamente nella natura. Anche questi sarebbero concetti portati avanti dai membri di questo gruppo. La massoneria stessa, che abbiamo visto è citata con i suoi simboli nella targa commemorativa dell'aeroporto, ha tra i suoi ideali quelli del superamento delle divisioni nazionali e del progresso dell'essere umano. Ma i misteri dell'aeroporto di Denver non finiscono qui.

Le foto prese dall'alto mostrano una singolare e del tutto inusuale disposizione delle piste di atterraggio, che per la cronaca sono in numero minore rispetto al vecchio aeroporto. Viste da una ripresa aerea le piste formano il disegno di una svastica. Ora questo potrebbe essere un effetto del tutto casuale ed imprevisto del progetto ma secondo alcuni dietro questa inusuale disposizione delle piste di decollo ed atterraggio ci sarebbe un messaggio da decifrare.

La svastica è un simbolo antichissimo che è apparso un po' ovunque in oriente ma anche in Europa e nel continente indiano. Forse non tutti sanno che anche alcune popolazioni di nativi americani hanno utilizzato questa simbologia. In particolare la misteriosa popolazione degli Hohokam che vissero in una zona corrispondente all'odierna Arizona e che si estinsero misteriosamente intorno al 1.450 dopo Cristo. A differenza di altre popolazioni di quella zona, come ad esempio gli Apache che secondo le ricostruzioni più attendibili provenivano dal Canada o addirittura dai territori freddi al di là dello stretto di Bering, gli Hohokam erano una popolazione autoctona della zona. Gli Hohokam si distinsero per la progettazione e lo scavo di canali di irrigazione che per complessità e precisione rivaleggiano con quelli degli antichi Egizi.

Come dicevamo gli Hohokam utilizzarono il simbolo della svastica come elemento decorativo in diversi manufatti. In particolare possiamo vedere questo simbolo in un vaso, il reperto 14, conservato all'Heard Museum di Phoenix nella stanza dedicata a questa misteriosa ed oscura popolazione. Come tutti sappiamo nel ventesimo secolo la svastica è diventata tristemente famosa per essere stata adottata come simbolo dal movimento nazionalsocialista tedesco, ma cosa simboleggiava la svastica per i popoli antichi?

Secondo l'interpretazione più comune la svastica starebbe a rappresentare il disco solare e per questo sarebbe stata usata come simbolo di vita ed energia. Dimentichiamo quindi per un attimo i valori negativi associati alla svastica nel '900 e prendiamo il suo significato simbolico originale di disco solare.

Per alcuni le piste di atterraggio dell'aeroporto di Denver sarebbero un indizio che ci dovrebbe far pensare al sole ed alla sua potenza. Si tratta forse di un richiamo alle famose tempeste solari che potrebbero ben presto mettere fuori gioco tutta la nostra tecnologia? E i murales di Leo Tanguma sono la rappresentazione di quello che potrebbe accadere se queste tempeste solari o un'altra catastrofe si abbattesse sul nostro pianeta? Ma come si collega tutto questo alla lettera del sedicente politico norvegese?

Un collegamento c'è, infatti non sono pochi quelli che ritengono che l'aeroporto di Denver altro non sia che una costruzione di copertura sotto la quale vi sarebbe un complesso sistema di gallerie e stanze del tutto simile a quello descritto nella lettera. A onor del vero gran parte della superficie del terminal è del tutto inutilizzata perché il basso numero di passeggeri in transito su Denver non necessita di una tale struttura. Eppure i lavori di costruzione continuano senza sosta tutt'intorno. Si tratta appunto di grandi scavi la cui utilità è francamente oscura.

Nei paraggi dell'aeroporto poi si nota una presenza di personale militare molto superiore a quella visibile in scali di gran lunga più importanti come Los Angeles o Chicago. L'esistenza di una installazione sotterranea effettivamente spiegherebbe le tante contraddizioni e i molti misteri che ruotano attorno a questa costruzione. Questo è solo un esempio, ma quante altre installazioni segrete sorgono in tutto il mondo? Qual è effettivamente la loro funzione?

Va detto poi che il mercato "privato" dei bunker antiatomici negli ultimi anni ha subito un'impennata impressionante: secondo i dati riportati dalla CNN nel 2011 la richiesta di appuntamenti per un preventivo per la costruzione di bunker di questo tipo è aumentata del 1.000%! Il giro d'affari che ruota intorno ai cosiddetti "doomsday bunker" è aumentato del 70% su base annua soltanto nel 2011, e stiamo parlando di veri e propri bunker a 5 stelle che possono arrivare a costare anche la cifra record di 20 milioni di dollari.

Ecco cos'ha dichiarato a questo proposito Stephen O'Leary, professore di comunicazione dell'Università della California del Sud:

«Decine di milioni di persone credono ad una apocalisse nel vero senso del termine, che prevede terremoti, uragani, disastri di proporzioni globali e in particolare catastrofi legate al Medio Oriente».

C'è anche chi, come la società Vivos, sta costruendo un bunker sotterraneo di gruppo, situato in una zona segreta del Nebraska: si tratta di una struttura in grado di ospitare circa un migliaio di persone per un periodo massimo di un anno e capace di resistere all'onda d'urto di un'esplosione nucleare di 50 megatoni. Questo incredibile bunker di gruppo si sviluppa lungo una superficie di 12.700 metri quadrati per ben quattro piani capaci di offrire ogni comodità ai rifugiati: salotti, cucine, soggiorni, una cantina con vini pregiati, un centro per animali domestici, una zona computer, un piccolo centro medico e perfino una prigione.

Non si è ancora riusciti a scoprire il nome del committente di questo bunker faraonico, ma sicuramente siamo di fronte ad un'organizzazione molto importante. C'è chi ha avanzato che l'ideatore del progetto sia un notissimo personaggio legato alla Chiesa di Scientology, ma si tratta soltanto di indiscrezioni che non sono mai state confermate. Questa paura per il 2012 ha contagiato infatti moltissime personalità di Hollywood, come ad esempio George Lucas, l'inventore della celebre saga di Guerre Stellari.

Ecco cos'ha dichiarato a questo proposito Steven Spielberg, uno dei migliori amici di Lucas, durante un'intervista al Toronto Sun:

«George è fissato con questa cosa, mi dispiace... All'inizio ero convinto che stesse scherzando ma poi ho capito che era serissimo. Allora ho pensato che se George è realmente convinto di questa cosa, ovvero che il mondo finirà fra un anno, deve avere pronta da qualche parte un'astronave per la fuga, così gli ho chiesto se mi lasciava un posto. Ma lui mi ha assicurato di non aver costruito alcuna astronave... Però non ho dubbi sul fatto che ci sia un Millennium Falcon in un garage da qualche parte, con un pilota a bordo, pronta per decollare».

Ma l'ironia con cui Steven Spielberg ha cercato di sdrammatizzare la cosa non cambia la realtà dei fatti, e c'è chi ha messo in giro la voce che Lucas abbia costruito un enorme doomsday bunker all'interno del suo Skywalker Ranch, l'immensa proprietà di quasi 20 chilometri quadrati che il regista americano possiede in California. Il mercato dei doomsday bunker comunque non può essere liquidato come l'ennesima stranezza tipica degli americani, dato che anche in Europa c'è stata un'impennata verticale di richieste per strutture di questo tipo. Il proprietario di una ditta specializzata nella realizzazione di bunker ha dichiarato al quotidiano italiano Il Corriere della Sera che fino a qualche anno fa venivano realizzati in media 4 bunker privati all'anno, mentre adesso la situazione è cambiata:

«Quelli di una volta erano sfarzi da ricchi dove, soprattutto, venivano custodite pellicce e gioielli. Oggi c'è il timore che nel 2012 possa davvero accadere qualcosa, e allora le richieste sono aumentate. Per la scatola interrata di un bunker servono in media dai 1.000 ai 1.500 euro al metro quadrato, poi serve l'arredamento. Bisogna sapere quant'è grande il nucleo familiare e per quanto tempo si vuole rimanere al riparo».

Sono fenomeni come questo che illustrano molto più chiaramente di tante parole come ci sia una percezione diffusa ormai, anche al livello del cosiddetto "uomo della strada", che nel 2012 la Terra sarà devastata da un evento apocalittico. Se con l'arrivo del 2.000 la preoccupazione era quella di avere qualche problema a causa del millennium bug, ora bisogna fare i conti con quella che potrebbe diventare una vera e propria psicosi di massa.

COSA ACCADRÀ?

Alla fine di questo viaggio dentro i misteri dell'anno 2012 dobbiamo riassumere le diverse teorie che cercano di prevedere cosa accadrà tra pochi mesi.

Molti, forse la maggioranza, sono scettici o non si pongono il problema. La storia infatti è piena di suggestioni apocalittico-millenaristiche. Ad esempio nel medioevo si era diffusa l'idea che l'anno 1000 sarebbe stato contraddistinto dalla nascita dell'Anticristo e che il mondo sarebbe stato distrutto. L'anno 1000 è passato e tutti sappiamo come sono andate le cose. Questa del 2012 potrebbe essere una delle centinaia di date simbolo che diverse religioni e sette in tutto il mondo hanno indicato come fondamentale per un qualche motivo, salvo poi tradire le aspettative. Non sarebbe poi la prima volta.

All'estremo opposto ci sono i cosiddetti catastrofisti, ovvero quelli che ritengono che nel 2012 il mondo sarà investito da una qualche tragedia dalle proporzioni inimmaginabili e che con ogni probabilità annienterà gran parte della popolazione terrestre. I catastrofisti sono una galassia variegata e al loro interno troviamo tendenze ed impostazioni anche molto diverse tra loro. C'è chi si dice convinto che saranno le tempeste solari a mettere in ginocchio il mondo altri parlano di pianeti o asteroidi che verrebbero ad abbattersi sulla Terra come già successo in passato.

Altri ancora parlano di alieni già presenti tra di noi e pronti a colonizzarci. In molti casi i catastrofisti pescano a piene mani dalla cosiddetta teoria del complotto ovvero l'idea che i governi di alcuni paesi ed alcune organizzazioni siano a conoscenza di importanti segreti che non intendono condividere con il resto della popolazione. Il filone catastrofista, com'è facile immaginare, è un magma indefinito ed al suo interno vi sono movimenti, gruppi e sette che stanno utilizzando la data del 2012 esclusivamente per fare del terrorismo mediatico.

Ci sono poi quelli convinti che qualcosa stia effettivamente per accadere, ma che non debba per forza di cose essere un evento drammatico. In molti, anche sulla base di approfonditi studi di testi antichi, hanno maturato l'idea che la nostra civiltà sia prossima ad un cambiamento epocale. Questo potrebbe corrispondere con una grande ed inattesa rivelazione magari anche di tipo religioso in grado di mettere fine agli odii ed alle divisioni cui siamo purtroppo abituati. Molti gruppi di preghiera pensano che possa essere la Vergine Maria il tramite tra la nostra epoca e la prossima, un capitolo della storia del mondo si starebbe per chiudere e nell'attesa del ritorno sulla terra della Madonna sempre più comunità si riuniscono ogni giorno per celebrare la Vergine attraverso la preghiera del Rosario.

Queste antiche forme di preghiera rituale infatti permetterebbero all'animo umano di isolarsi dal resto del mondo per raggiungere un livello di estesi mistica in cui è possibile accedere a conoscenze altre, proprio come accade con l'Ohm della tradizione buddista. Ma c'è di più: un gruppo di ricercatori dell'Università di Praga ha studiato approfonditamente il culto mariano e il suo enorme sviluppo negli ultimi anni, soprattutto grazie all'opera di Papa Wojtyla che, non va dimenticato, si professava "innamorato della Madonna". Ebbene da questi studi sembra emergere che Lourdes, Fatima e Medjugorje siano i tre punti nevralgici di un'antichissima direttrice magica. Stiamo parlando di un'antica strada che in epoca pre-indoeuropea aveva un'importanza fondamentale per le comunità magico-esoteriche all'interno di un viaggio iniziatico di cui purtroppo non si sa praticamente nulla, se non che si trattava di un antichissimo culto legato alla divinità della Terra, simbolo della fertilità, una sorta di Gea primigenia.

Quello che appare certo però è che queste tre località già in epoca remotissima fossero note come punti di collegamento con un mondo altro, un mondo capace di dare la vita: si trattava di antichi Stargate? Erano punti in cui agivano e in cui hanno continuato ad agire forze al di là della nostra comprensione? Impossibile affermarlo con certezza, ma è impossibile non notare come la figura cristiana della Madonna sia da sempre intimamente legata a personaggi dall'enorme forza spirituale e capaci di azioni inspiegabili con la scienza moderna, da San Giovanni Evangelista (il probabile autore dell'Apocalisse, non dimentichiamolo) a San Pio da Pietrelcina.

Una nuova teoria

Dopo anni di ricerche e di studi ho elaborato anch'io una mia teoria, alternativa a tutte quelle presentate finora. L'idea mi è venuta dopo aver visionato ore ed ore di filmati, dopo aver consultato migliaia di testi e di manoscritti in rete e in alcune delle biblioteche più antiche del mondo. Tra le migliaia di interventi e contribuiti video la mia attenzione è stata attratta da un'intervista rilasciata da Terence McKenna poco prima di morire in cui il problema veniva analizzato da un nuovo punto di vista. Ma procediamo per gradi.

Abbiamo visto che esistono una serie di credenze, alle volte probabilmente solo delle leggende, che ci porterebbero a credere che nel 2012 il mondo sarà sconvolto da una qualche tragedia. Tutto però parte dalla cosiddetta profezia dei Maya e dalla constatazione che per questo popolo nel 2012 il calendario finisca senza proseguire oltre. Questo elemento ha dato il via negli anni alle più diverse interpretazioni la maggior parte delle quali, lo abbiamo visto, di tipo catastrofista. Ma cosa hanno detto esattamente i Maya?

Per quanto riguarda il 2012 i Maya non fanno diretto riferimento né a tragedie né tanto meno ad apocalittiche catastrofi. I Maya parlano del ritorno di Kukulkan e ci hanno trasmesso la loro idea di un calendario che finisce il 21 dicembre del 2012. Come sappiamo questo popolo aveva una concezione del tempo molto sofisticata e come abbiamo visto erano arrivati a concepire dei concetti come lo spazio-tempo che la cultura occidentale farà propri solo nel ventesimo secolo.

Proviamo allora a fare uno sforzo e rivediamo l'intero messaggio Maya alla luce di questa considerazione. Un calendario che finisce nel 2012 non rappresenterebbe l'arrivo di un evento catastrofico ma semplicemente la fine del tempo come l'abbiamo sempre conosciuto. Niente tragedie o apocalissi di alcun tipo ma, semplicemente (si fa per dire), la distruzione di una variabile fisica che da sempre condiziona la vita e l'esistenza degli esseri viventi: il tempo. Molti di voi si staranno chiedendo come possa verificarsi un evento del genere eppure in realtà un modo c'è ed è rappresentato dall'invenzione della macchina del tempo. Un dispositivo in grado di viaggiare nel tempo rappresenta da sempre il sogno dell'umanità.

Tutti abbiamo visto uno dei tanti film in cui un gruppo di ricercatori viaggia nel tempo attraverso le epoche della storia o un simpatico teenager americano riesce ad incontrare i suoi genitori giovani alcuni anni prima della sua nascita. Da sempre i film e la letteratura sull'argomento basano le loro storie sugli effetti imprevedibili che la manipolazione del passato potrebbe avere nel futuro. A livello di fiction la cosa è sicuramente interessante e capace di gran presa sul pubblico, ma c'è un aspetto legato alla meccanica dei viaggi nel tempo se possibile ancora più rivoluzionario.

Pensateci un attimo; nel momento stesso in cui una tecnologia del genere fosse disponibile l'uomo avrebbe effettivamente piegato una variabile fisica, una dimensione che ci condiziona fin dall'alba dei tempi. Il fluire del tempo, così come lo conosciamo, cesserebbe di fatto di esistere, così come lo spazio. Un oggetto o una persona potrebbero essere in posti diversi nello stesso momento e potrebbero viaggiare a piacimento senza rispettare nessuno di quei vincoli fisici che oggi conosciamo.

In pratica questo sarebbe l'avveramento del sogno degli alchimisti simboleggiato dalla pietra filosofale, che altro non rappresenterebbe se non l'eterno tentativo di arrivare alla perfezione e superare gli ultimi confini dell'esistenza. Se una cosa del genere dovesse accadere il calendario come concetto non avrebbe più alcuna ragione di esistere.

Insomma potremmo tranquillamente terminare il computo del tempo come lo conosciamo per avventurarci in una dimensione assolutamente nuova e totalmente sconosciuta. Come dicevo l'idea mi è venuta da un'intervista di McKenna dove il ricercatore cercava di dare una spiegazione all'intensificarsi dei cicli dell'I Ching da lui studiato. Secondo lui un tale fenomeno poteva essere spiegato appunto con l'invenzione di una tecnologia in grado di viaggiare nel tempo. Proviamo allora a fare un volo di fantasia: immaginiamo che un gruppo di viaggiatori del tempo abbia in effetti percorso a ritroso i secoli e i millenni ed abbia visitato alcune antichissime civiltà.

Gli Egizi parlano di epoca degli dei, i Maya di Kukulkan, in diversi scavi in tutto il mondo sono emersi manufatti che sembrano rappresentare uomini all'interno di navi spaziali o strani veicoli, la letteratura sacra di tutto il mondo è piena di racconti fantastici che sembrano usciti da un romanzo di fantascienza. E se tutto questo non fosse altro che il modo con cui popoli meno sofisticati ed evoluti hanno trovato per dare una spiegazione a fenomeni assolutamente al di fuori della loro comprensione? Immaginiamo che Kukulkan altro non sia che il nome dietro al quale si cela una missione di ricercatori provenienti dal futuro. I membri di questo programma comunicano una data, il 2012, quando i primi studi sulla macchina del tempo hanno prodotto un sostanziale passo in avanti. I Maya assimilano questo concetto e coerentemente fanno finire il computo del tempo con quell'anno.

La storia dell'uomo arriva ad un bivio nel 2012 e per i Maya questo messaggio va trasmesso, senza catastrofismi. Prima di ripartire i ricercatori, ribattezzati Kukulkan, promettono di tornare. Non lo faranno mai e i Maya li attendono per secoli invano. Perché queste missioni si sono interrotte? Forse viaggiare nel tempo ha effettivamente prodotto degli effetti nel presente di quegli individui e le organizzazioni preposte all'utilizzo di questa tecnologia hanno deciso di interrompere la sperimentazione. Comunque sia, anche se inutilizzata, una tecnologia del genere rappresenta comunque un punto di non ritorno per la razza umana. Distruggendo concetti come tempo e spazio si entra effettivamente in un'epoca nuova.

L'ipotesi può sembrare fantascienza ma a livello puramente teorico la possibilità di viaggiare nel tempo è tutt'altro che fantasiosa. È di questa opinione Seth Lloyd del MIT di Boston che, come riportato da alcuni quotidiani, «alla guida di un gruppo internazionale di studiosi che include pure due italiani Lorenzo Maccone e Vittorio Giovannetti, ha dimostrato con una sofisticata ma corretta spiegazione come in effetti una viaggio a ritroso nel tempo sarebbe affrontabile».

Sempre dallo stesso articolo leggiamo:

«Ma il nuovo tentativo teorico finalizzato ad immaginare una macchina del tempo nasconde, in realtà, un valore aggiunto forse ancora più affascinante e che rappresenta la grande sfida che da decenni, almeno dall'epoca di Einstein, tortura i fisici. È il sogno di unire insieme la meccanica quantistica e le leggi della relatività per arrivare all'ambitissima "teoria del tutto", vale a dire ad un'unica, semplice, legge universale che unifica tutte le altre semplificando la descrizione del mondo. Oltre all'eccitante frontiera della conoscenza c'è inoltre un intento più concreto. L'effetto di post-selezione impiegato dal professor Lloyd è alla base delle ricerche sul computer quantistico di cui si incominciano a intravedere all'orizzonte alcune possibilità e che quando si materializzerà sconvolgerà di nuovo la nostra vita».

A tal proposito riportiamo anche le parole del professor Brian Cox dell'università di Manchester:

«Sappiamo già, dagli acceleratori di particelle, che il tempo rallenta per gli oggetti che si muovono ad alte velocità; quando portiamo una piccola particella al 99.99% della velocità della luce nello LHC, ovvero il Large Hadron Collider, del Cern di Ginevra, il tempo che si sperimenta è solo una frazione del nostro, un sette millesimo.

Se costruissimo un'astronave abbastanza veloce, potrebbe raggiungere molte altre stelle già durante la vita del suo equipaggio, ma sulla Terra sarebbero trascorsi intanto due miliardi e mezzo di anni».

Sappiamo quindi che a livello teorico c'è un grande fermento della comunità scientifica internazionale sull'argomento mentre non ci è dato sapere se delle sperimentazioni pratiche su questo campo sono effettivamente in atto da qualche parte nel mondo. In linea del tutto teorica non possiamo escludere che queste ricerche siano già arrivate ad un buon punto e che solo pochi mesi ci separino da un ulteriore balzo in avanti. Siamo convinti comunque che allo stadio attuale si tratti solo di studi su particelle subatomiche

Prima di vedere una tecnologia del genere applicata su un organismo vivente potrebbero passare secoli. Ciò però non toglie che se un'avanzamento della scienza su questo senso dovesse essere compiuto anche a livello microscopico il concetto di spazio-tempo come lo conosciamo cesserebbe immediatamente di esistere.

Le recentissime scoperte fatte sul superamento della velocità della luce dei neutrini dai fisici del CERN di Ginevra tra l'altro andrebbero proprio in questa direzione, superando di fatto la teoria della relatività di Einstein come abbiamo precedentemente ricordato. La comunità scientifica internazionale sta dibattendo sui risultati ottenuti dai fisici del CERN: il fisico Andrew Cohen e il premio Nobel Sheldon Glashow dell'MIT di Boston infatti hanno i risultati dell'esperimento fatto a Ginevra.

Purtroppo a oggi non esistono verità scientifiche che confermino con dati certi al di là di ogni dubbio quella che sarebbe senza dubbio una scoperta rivoluzionaria e dalle portate inimmaginabili. In quest'ottica, infatti, tutto troverebbe una sua spiegazione a partire dal mito di Kukulkan, il dio venuto dallo spazio che promette di tornare, alle misteriose rappresentazioni di uomini vestiti come astronauti rinvenute in diversi siti archeologici, passando per i miti degli antichi Egizi e per gli oscuri libri rinvenuti da Nostradamus.

Il tempo potrebbe finire e per gli esseri umani comincerebbe finalmente una nuova era evolutiva svincolata dalla fisica che abbiamo imparato a conoscere. Forse nel 2012 non succederà nulla di sconvolgente, ma da qualche parte nel mondo qualche scienziato isolerà un procedimento rivoluzionario.

Forse non si capirà subito la portata di quella scoperta ma qualcosa cambierà e sarà per l'eternità. Anzi il concetto stesso di eternità, con tutto il suo retroterra culturale e religioso, sparirà... in un attimo.

JEREMY FELDMAN

Storico e divulgatore, Feldman ha dedicato i suoi studi al sottile confine che separa il sapere accademico dalle tradizioni e dalle conoscenze non accademiche. Il suo audiolibro su Atlantide, pubblicato da LA CASE Books nel 2011, è diventato un classico del genere. La sua ultima fatica è la biografia dedicata a Vlad Tepes, il voivoda di Valacchia da cui ha preso spunto Bram Stoker per creare la leggenda di Dracula.

WIKI BRIGADES

Wiki Brigades è un collettivo internazionale di giornalisti che ha indagato su alcuni dei misteri più intriganti e affascinanti del nostro tempo. I loro lavori sui segreti dell'Area 51 e sugli attacchi terroristici del 2001, entrambi pubblicati da LA CASE Books, sono diventati negli anni dei veri e propri bestseller digitali.

LA CASE BOOKS

LA CASE Books è un progetto editoriale nato nel 2010 da un'idea di Jacopo Pezzan e Giacomo Brunoro. Agli inizi del 2010 infatti Pezzan, che vive a Los Angeles, capisce che quella dell'editoria digitale non è una semplice scommessa sul futuro ma una realtà concreta.

Così quando in Italia non era ancora possibile acquistare ebook su iTunes, e Kindle Store era attivo soltanto negli USA, LA CASE Books inizia a pubblicare ebook e audiolibri in italiano e in inglese sul mercato mondiale.

Nel 2020, per celebrare i primi dieci anni di attività della casa editrice, iniziano anche le pubblicazioni in formato cartaceo. Oggi LA CASE Books ha pubblicato più di 700 titoli tra libri cartacei, ebook e audiolibri in inglese, italiano, tedesco, francese, spagnolo, russo e polacco, ed è presente in tutti i più importanti digital store internazionali.

www.lacasebooks.com

EXPLORER. VIAGGIO NEL MISTERO.
Jeremy Feldman, Wiki Brigades

Copyright © 2021 LA CASE
Copyright © 2015-2021 LA CASE
ISBN 9781953546647
Tutti i diritti riservati

LA CASE Books
PO BOX 931416, Los Angeles, CA, 90093
info@lacasebooks.com || www.lacasebooks.com

www.ingramcontent.com/pod-product-compliance
Lightning Source LLC
Chambersburg PA
CBHW080659110426
42739CB00034B/3330